JN197458

La Carte des Vins *s'il vous plaît*

L'ATLAS DES VIGNOBLES DU MONDE

56 pays, 92 cartes,
8 000 ans d'histoire

Adrien Grant Smith Bianchi

Jules Gaubert-Turpin

*"Prenons soin de la Terre,
c'est la seule planète où
l'on peut produire du vin."*

「地球を大切にしよう。
ワインを造ることのできる
唯一の惑星なのだから」

8 000 年の史実から識る

56カ国92地域のワイン産地の

歴史と今

著：ジュール・ゴベール＝テュルパン

地図製作：アドリアン・グラント・スミス・ビアンキ

訳：河 清美

Sommaire

目次

Les auteurs

著者紹介

この地図帳は、アドリアン・グラント・スミス・ビアンキとジュール・ゴベール=テュルパンによって作成されたワイン産地のガイドブックとマップのコレクションから生まれました。二人が醸造学に興味を持ち始めたとき、美しく現代的なワイン地図が不足していることに気づき、ジュールはワイン産地の解説を、アドリアンは地図のデザインをそれぞれ担当し、コンビでワインとテロワールに関する新しいタイプの出版物の作成に取り組みました。
2014年に最初の作品であるボルドーワイン地図を刊行して以来、ワインのガイドブックを4冊、4カ国語で出版し、92のワイン産地の地図を作成しました。パリの書店に置かれていた地図がフランスの出版社の目にとまり、本書の出版が決定しました。
なお、二人の作品は以下のウェブサイトで紹介されています。
lacartedesvins-svp.com

Jules Gaubert-Turpin
ジュール・ゴベール=テュルパン

Adrien Grant Smith Bianchi
アドリアン・グラント・スミス・ビアンキ

Avant-propos
序文

大地の恵みと人類の情熱の結晶、我々を魅了してやまない特別な飲み物であるワインは、この地球の食文化を伝える最良の使者といえるでしょう。

本書はこの素晴らしき美酒を生んだ土地と人について語ったものです。

ワイン産地を知るのに地図より良い方法があるでしょうか？　国境が明確に画定されているとしても、ワイン産地の境界線は絶えず変化しています。ドナウ川流域でも、アンデス山脈の麓でも、ブドウは育った土地の気候、土壌、環境の恵みを受け、その土地固有の風味を備え持つようになります。

本書の執筆にあたっては、マダガスカルのブドウ栽培に関する植物学者の論文を読み込み、翻訳ソフトを使って、ハンガリー語を夜通し解読するなどして、多方面から情報を収集しました。

驚くべきは全てが繋がっていることです。古代の兵士の疲れを癒すものとして、またサンフランシスコの上流階級の社交に欠かせないものとしても、ワインは常に文明の歩みとともに発展してきました。その辿ってきた道を1つにまとめたものが本書なのです。

今から、世界のワイン産地の誕生、繁栄、歴史を紐解くための旅が始まります。この旅はワインの発祥地から始まり、その輝かしい繁栄の歴史を年代順に辿るプランとなっています。ワインの歴史と今をどうぞお楽しみ下さい。

謝辞
アイデアの源となる書物を提供してくださったボルドー市のシテ・デュ・ヴァン（ワインセンター）、
貴重なワインを提供してくださったラ・リーニュ・ルージュ（ワインバー）、
本書の執筆を依頼してくださったエレーヌ・ダルジャントレ、ラファエル・ウォキエ、
エマニュエル・ル・ヴァロワ、
出版前に熟読してくれたマルセル・テュルパンに心より感謝します。

Comment bien déguster ce livre?

本書の味わい方

本書は、ワイン造りを最初に行ったといわれている紀元前6000年のジョージアからはじまり、未来のワイン産地までを時系列で追う構成となっております。本文ではワイン造りが始まった頃の歴史と、現在の生産状況を併せて掲載しています。生産地の過去を知ることは、現在の状況を知ることにつながります。ワインの歴史を振り返りながら、生産地の今を味わってください。

キーワード
旅情を喚起するために、それぞれの産地を象徴するものをいくつか挙げています。

面積と生産量
各産地の規模をより良く把握し、世界の中で占める割合を知るために必要な情報として、ブドウの栽培面積とワインの年間生産量を示す数字を掲載しています。※

黒ブドウと白ブドウの栽培比率
各産地における黒ブドウと白ブドウの栽培比率を円グラフで示しています（●が黒ブドウ、●が白ブドウ）。ロゼワインや一部の発泡性ワインが黒ブドウから作られていることをお忘れなく！

まずは知っておきたい産地（地区）
それぞれの国（地域）のワインの特徴をより良く知るために、まず初めに試してみるとよいワインの産地（地区）をセレクトしています。

※現代のブドウの栽培面積および生産量については、OIV（Organisation Internationale de la vigne et du vin〈国際ブドウ・ワイン機構〉）の発表している2016年データを参考にしております。OIVによる発表のないデータは原書に合わせております。ご了承ください。

Lire les cartes

地図の見方

トカイ地域 Tokaj	産地（地方、州、地域）名		湖
トルナ地区 *Tolna*	産地のなかの地区名／原産地統制呼称（アペラシオン）に認定された地区名		河川
	ブドウ栽培／ワイン生産地帯		周辺の国
□ ブタペスト Budapest	□ 首都		国／地域／地帯
○ ジェール Györ	○ その他の市町村		沿岸地域
大西洋 *Atlantic Ocean*	海洋の名称		国境
		ルーマニア Romania	周辺国名

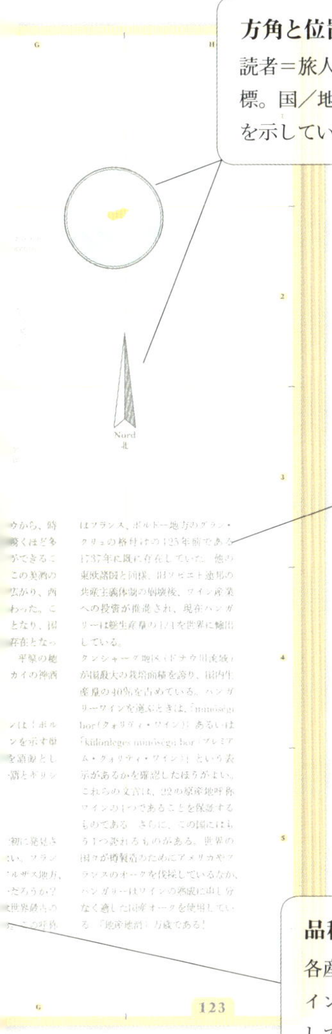

方角と位置

読者＝旅人が迷わないための道標。国／地域の位置と北の方角を示しています。

解説

歴史と現代の2部で構成しています。現在の状況を知るには過去を振り返ることが重要なのです。

品種

各産地で栽培されている主なブドウ品種を●赤ワイン用の品種、●白ワイン用の品種に分けて掲載しています。下線のあるブドウ品種はその産地の土着品種であることを示しています。（※表記も土着品種は原産国の表記に合わせています）

Qui fait du vin en -3000?

紀元前3000年にワインを造っていた地域は?

研究者たちは数千年もの時を遡り、ブドウ栽培とワイン造りの起源を紐解こうとしている。
一つ確かなことは、人類が車輪より前にワインを発明したということだ。
我々の祖先は生きる上で何を優先させるべきかを本能的に知っていたと言えるだろう。

-6000 -5500 -5000 -4500

- ジョージア
- 史上初のワインの痕跡

北極圏

北緯45度

北回帰線

赤道

南回帰線

南緯35度

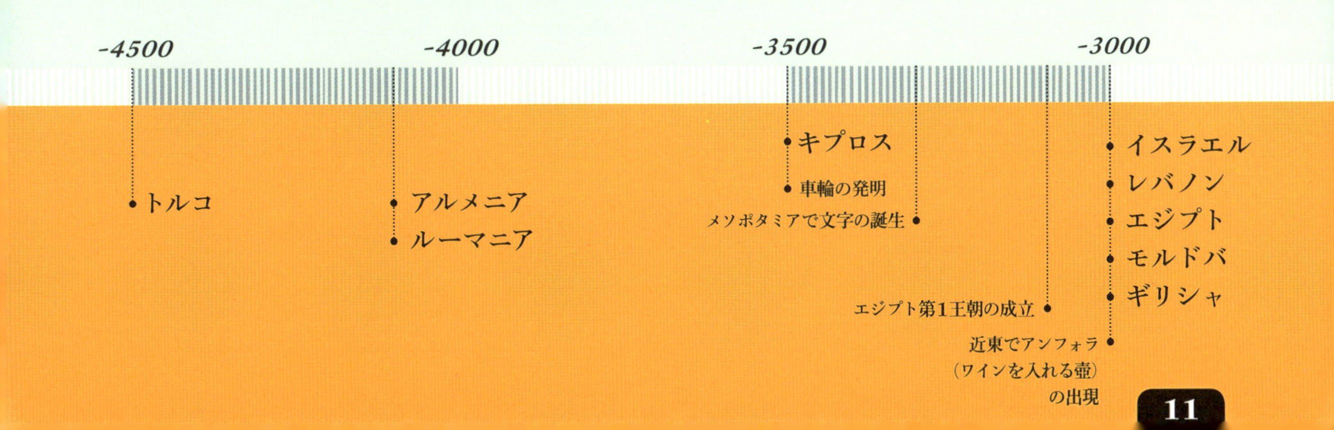

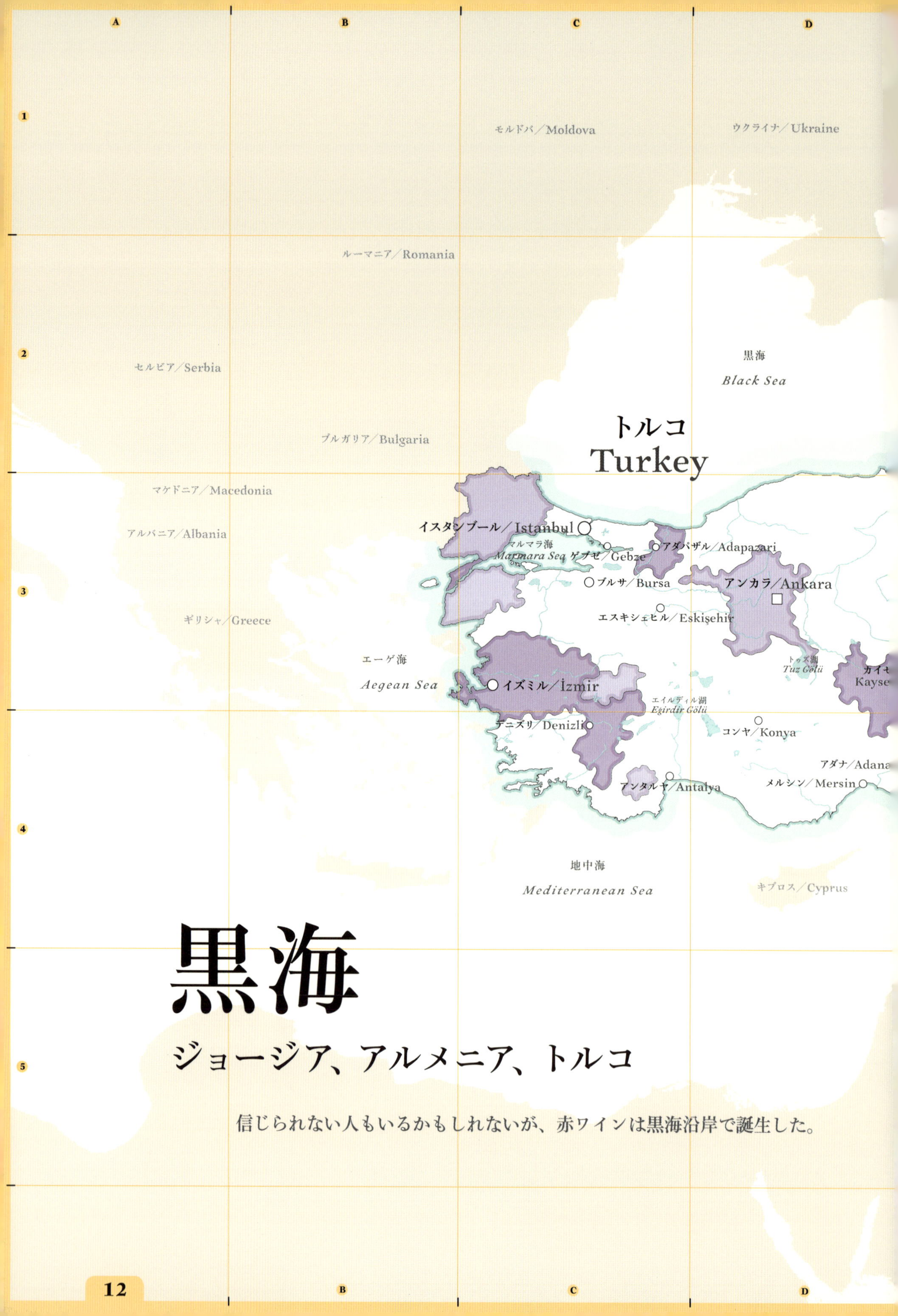

黒海

ジョージア、アルメニア、トルコ

信じられない人もいるかもしれないが、赤ワインは黒海沿岸で誕生した。

我々の旅はここから始まる。
歴史地理学の教授がメソポタミアの
「肥沃な三日月地帯」と呼ぶ地域で
ワインが誕生したのは、それほど驚くことではないだろう。

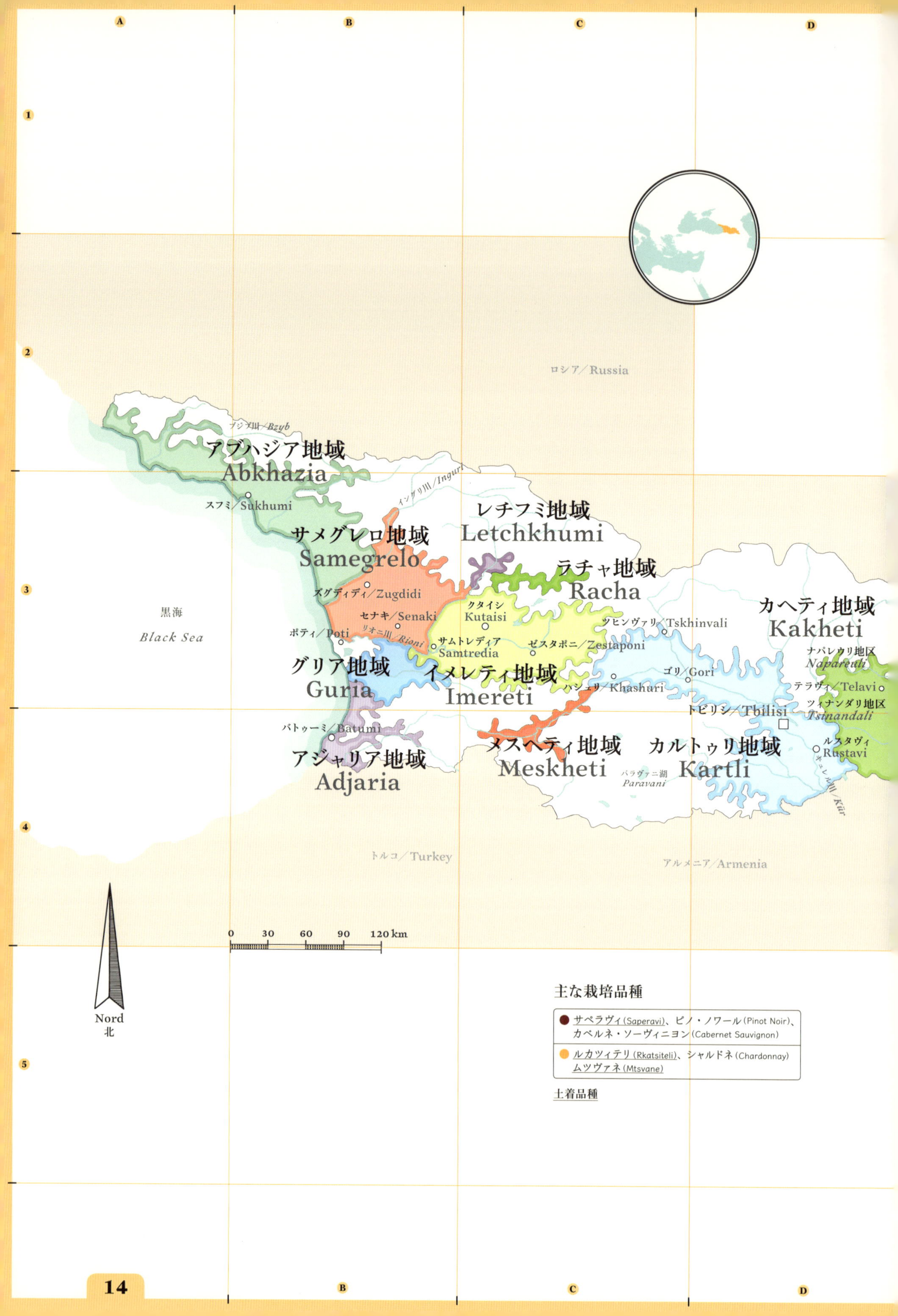
ロシア／Russia
ブジブ川／Bzyb
アブハジア地域
Abkhazia
スフミ／Sukhumi
イングリ川／Inguri
レチフミ地域
Letchkhumi
サメグレロ地域
Samegrelo
ラチャ地域
Racha
ズグディディ／Zugdidi
クタイシ
Kutaisi
セナキ／Senaki
ツヒンヴァリ／Tskhinvali
カヘティ地域
Kakheti
黒海
Black Sea
ポティ／Poti
リオニ川／Rioni
サムトレディア
Samtredia
ゼスタポニ／Zestaponi
ナパレウリ地区
Napareuli
グリア地域
Guria
イメレティ地域
Imereti
ゴリ／Gori
ハシュリ／Khashuri
テラヴィ／Telavi
トビリシ／Tbilisi
ツィナンダリ地区
Tsinandali
バトゥーミ／Batumi
メスヘティ地域
Meskheti
カルトゥリ地域
Kartli
ルスタヴィ
Rustavi
アジャリア地域
Adjaria
パラヴァニ湖
Paravani
キュル川／Kür
トルコ／Turkey
アルメニア／Armenia
0 30 60 90 120 km
Nord
北
主な栽培品種
サペラヴィ(Saperavi)、ピノ・ノワール(Pinot Noir)、カベルネ・ソーヴィニヨン(Cabernet Sauvignon)
ルカツィテリ(Rkatsiteli)、シャルドネ(Chardonnay)
ムツヴァネ(Mtsvane)
土着品種

GEORGIA

クヴェヴリ
オレンジワイン
無形文化遺産
「ガウマルジョス」(我々の勝利に!)

ジョージア

ヨーロッパとアジアに挟まれた、コーカサス地方の小国は、
ワイン発祥の地と見なされている。ジョージア人は品種から醸造法まで、
ワインについて語った最初の民族であろう。

歴史

クヴェヴリ(Kvevri)は、ジョージアワインの象徴である。300~3,500ℓものワインを貯蔵することのできた巨大な素焼きの壺は、現代の樽の祖先といえよう。ブドウ果汁で満ちた壺は一定の温度で発酵させるために、数週間、土の中に埋められた。8,000年もの歴史を誇るこの醸造法は、2013年にユネスコの「無形文化遺産」に登録された。

クヴェヴリ(Kvevri)はジョージアワインの象徴である

ジョージアはエチオピアとアルメニアとともに、国教としてキリスト教を導入した最初の国家の一つであった。そのため、儀式や伝統行事におけるワインの重要性は高かった。ペルシア、ローマ、ビザンチン、アラブ、モンゴル、オスマンといった帝国の支配を受けた後、東ジョージアは1801年にロシア帝国に併合された。2006年になると、ロシアがジョージアワイン輸入禁止の決定を下した。ジョージアの生産者たちはすぐさまこの禁止令に奮起し、ワインの品質を向上させて西洋へと販路を広げた。

現代

ジョージアのワイン生産者数は100人ほどであるが、多くの家庭が自家製のワインを造って飲んでいる! 原産地呼称保護が認められている18の生産地区で、世界最多の525もの土着品種が栽培されている。カヘティ地域で国内生産量の70%近くが生産され、東部は赤と白の辛口ワイン、西部は甘口ワインを主に生産している。

18のアペラシオンで栽培されている土着品種の数は525種で世界最多である

ジョージアは「オレンジワイン」と呼ばれる、珍しく魅力的なワインの発祥地でもある。これは赤ワインのように醸造する白ワインで、ブドウ果汁に果皮と時には花梗も漬けたままままで発酵させる。この伝統製法は今もスロベニア、イタリア、フランス、さらにはオーストラリアの生産者にインスピレーションを与えている。

ジョージア政府はNASAの協力を得て、ワイン発祥国であることを科学的かつ決定的に証明しようとしている。その熱意には頭が下がる!

キンズマラウリ地区
Kindzmarauli
ムクザニ地区
Mukazani
カルデナヒ地区
Kardenakhi
アゼルバイジャン
Azerbaijan

世界ランキング(生産量)
24

栽培面積(ha)
48,000

年間生産量(100万ℓ単位)
170

黒ブドウと白ブドウの栽培比率

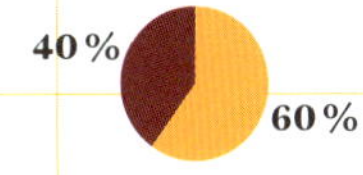

収穫時期
9~10月

ワイン造りの始まり
紀元前
6000
年

5 まずは知っておきたい産地
- ツィナンダリ
- ムクザニ
- ナパレウリ
- カルデナヒ
- キンズマラウリ

TURKEY
トルコ

大陸を横断する大国は、主要なワイン生産国になるポテンシャルを秘めているが、宗教上の理由により、その生産量は今も限られている。

世界ランキング（生産量）
32

黒ブドウと白ブドウの栽培比率
60％ 40％

栽培面積（ha）
480,000

収穫時期
9月

年間生産量（100万ℓ単位）
54,6

ワイン造りの始まり
紀元前
4500
年

歴史

アナトリア（現在のトルコ）は先史時代において、文明が最も進んだ地域の一つだった。まさにこの地で銅が発掘され、冶金術が発展した。ヨーロッパ、アジア、アフリカ間の貿易の要衝となるべく絶好の立地条件に恵まれたトルコは、歴代の偉大な帝王が手中に収めようと奪い合った地域でもある。ワイン史において重要な時代は2つある。1つはワインが盛んに造られ、北ヨーロッパまで運ばれていたローマ帝国、ビザンチン帝国の時代、もう1つは1453年にコンスタンチノープルが陥落し、オスマン帝国が築かれた時代で、イスラムの名のもと、ワインは5世紀もの間追放された。1923年まで、畑は専ら食用ブドウの栽培に充てられていたが、トルコ共和国の初代大統領、ムスタファ・ケマルが政教分離の思想を貫き、ワインの生産を復活させた。

現代

トルコは世界5位のブドウ栽培面積を誇るが、ワイン醸造に使用されるブドウは全体の5％に過ぎない。
西部の二大産地、マルマラ地方と

**世界5位の
ブドウ栽培面積を誇るが、
ワイン生産向けは
全体のわずか5％**

エーゲ海地方では、ソーヴィニヨン・ブラン、シラーなどの国際品種を主に栽培しているが、中央部の生産者は土着品種の栽培にこだわっている。ワイン産業は復興の一途を辿っているが、生産量の90％は一握りの大手ワイナリーによるもので、ほぼ独占状態となっている。

主な栽培品種

● オクズギョズ（Öküzgözü）、シラー（Syrah）、ボアズケレ（Boğazkere）
● サルタナ（Sultana）、ナリンジェ（Narince）エミル（Emir）

土着品種

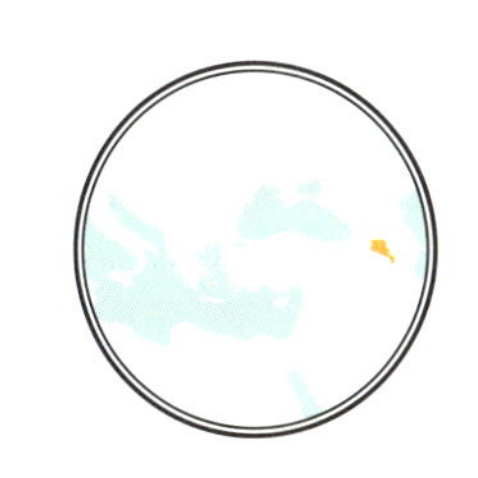

世界ランキング
（生産量）
47

栽培面積（ha）
17,000

年間生産量
（100万ℓ単位）
6

黒ブドウと白ブドウの
栽培比率

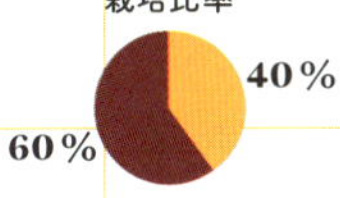

収穫時期
9〜10月

ワイン造りの始まり
紀元前
4100
年

ARMENIA
アルメニア

「ワインを世界で初めて造った民族」の座をジョージアと争っている国。

歴史

アルメニアは海に全く面していない、数少ないブドウ栽培国の1つ。この内陸国では全ての生産地が標高800m〜1,900mの高地に位置する。このような地理的条件であっても、世界で初めてブドウを栽培し、ワインを発見した地域の一角をなすことに変わりはない。

これまで発見された中では最古とされるワイン醸造所の痕跡が残る国

聖書の第1書である「創世記」では、ノアが史上初のブドウ栽培者として登場する。大洪水の後、ノアはアララト山の支脈に3株の苗木を植えた。キリスト教が浸透したこの国では、ブドウ栽培は脈々と受け継がれた。ソビエト連邦による支配の時代、モスクワ政府は栽培者たちにブランデーの生産を強制した。この伝統は今も残っており、アルメニア人は収穫量の半分を、ブドウの蒸留酒の製造に充てている。この酒は地元では「コニャック」と呼ばれている。

現代

降水量が少ないため、現代の生産者は灌漑を活用している。2007〜2010年に、アイルランド、アメリカ、アルメニア合同の考古学班が、アレニ村近郊の洞窟の奥で、先史時代のブドウの種と若枝、原始的な圧搾器を発掘した。現時点で世界最古の醸造所と見なされている。ワインの発祥地を自負するジョージア人たちがこの発見に歯ぎしりしたのは無理もないことだ。現代のワイン生産は農業と工業の2方面に進んでいる。アルメニアを訪れることがあれば、小規模な生産者がワインをペット・ボトルに入れて売っていることを知るだろう。

デベド川／Debed
デベド川／Debed
ヴァナゾール／Vanadzor
ジョージア／Georgia
ギュムリ／Gymri
アゼルバイジャン／Azerbaijan
フラズダン川／Hrazdan
アラガツォトゥン地方 Aragatsotn
フラズダン／Hrazdan
ガヴァル／Gavar
セヴァン湖／Sevan Lich
ヴァガルシャパト／Vagharshapat
アボヴァン／Abovyan
エレバン／Yerevan
アルマヴィル／Armavir
アラクス川／Araxe
アルタシャト／Artashat
アルマヴィル地方 Armavir
アララト地方 Ararat
バヨツ・デゾール地方 Vagots Dzor
トルコ／Turkey
ゴリス／Goris
ヴォロタン川／Vorotan
アゼルバイジャン／Azerbaijan
カパン／Kapan
Nord
北
0 50 100km

主な栽培品種

● アレニ・ノワール（Areni Noir）、クンドグニ（Khndogni）

● チラー（Tchillar）、ヴォスケハット（Voskehat）、ルカツィテリ（Rkatsiteli）、ムスカリ（Mskhali）

土着品種

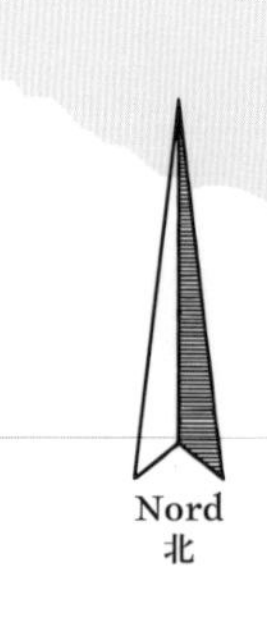

近東

レバノン、イスラエル、パレスチナ、エジプト

現代のレバノンに相当する地域を起源とするフェニキア人は、
ワインを商品として扱った最初の民族であった。
その頑強な商船を駆使して、地中海沿岸のほぼ全域に
ワインを詰めたアンフォラ壺と醸造の知識を広めた。

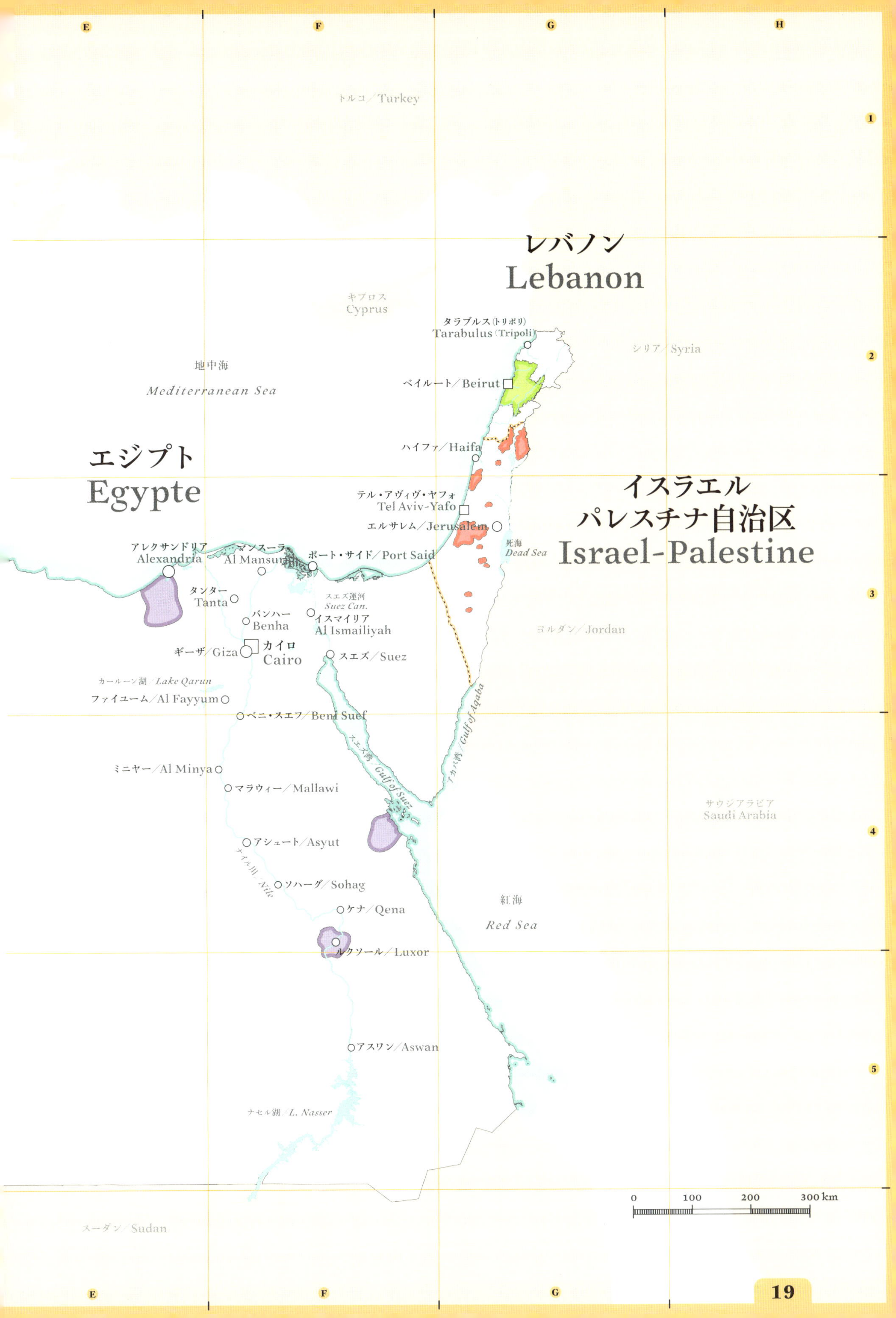

E
F
G
H
1
2
3
4
5
トルコ／Turkey
レバノン
Lebanon
キプロス
Cyprus
タラブルス(トリポリ)
Tarabulus (Tripoli)
シリア／Syria
地中海
Mediterranean Sea
ベイルート／Beirut
ハイファ／Haifa
エジプト
Egypte
イスラエル
パレスチナ自治区
Israel-Palestine
テル・アヴィヴ・ヤフォ
Tel Aviv-Yafo
エルサレム／Jerusalem
死海
Dead Sea
アレクサンドリア
Alexandria
マンスーラ
Al Mansurah
ポート・サイド／Port Said
タンター
Tanta
スエズ運河
Suez Can.
バンハー
Benha
イスマイリア
Al Ismailiyah
ヨルダン／Jordan
ギーザ／Giza
カイロ
Cairo
スエズ／Suez
カールーン湖／Lake Qarun
ファイユーム／Al Fayyum
ベニ・スエフ／Beni Suef
アカバ湾／Gulf of Aqaba
ミニヤー／Al Minya
マラウィー／Mallawi
スエズ湾／Gulf of Suez
サウジアラビア
Saudi Arabia
アシュート／Asyut
ナイル川／Nile
ソハーグ／Sohag
紅海
Red Sea
ケナ／Qena
ルクソール／Luxor
アスワン／Aswan
ナセル湖／L. Nasser
0
100
200
300 km
スーダン／Sudan

Nord
北
シリア／Syria
カブル川／Kabir
クバイヤート／Qoubaiyat
ハルバ／Halba
タラブルス(トリポリ)
Tarabulus (Tripoli)
ズガルタ／Zgharta
アブアリ川
AbouAli
アシ川／Asi
チェッカ／Chekka
地中海
Mediterranean Sea
カー／Qaa
バトルーン
Batroun
ブシャール／Bcharre
ビブロス／Byblos
カルタバ／Qartaba
デイル・エル・アハマル
Deir el Ahmar
レバノン山脈地域
Lebanon Mts.
イブラヒム川
Ibrahim
リタニ川
Litani
ザフレ地域
Zahlé
バアルベック
Baa'lbek
セント・ジョージ湾
Saint George Bay
バスキンタ／Baskinta
ベイルート／Beirut
ジュデイデ／Jedeideh
ザフレ
Zahlé
バアブダ／Baabda
リヤーク
Rayad
ダムール／Damour
バロウク／Barouk
ベカー高原地域
Beqaa Valley
カーラアウン湖
Lake Qaraoun
シドン／Sidon
ジェジン
Jezzine
マシュガラ／Machghara
ベカー高原西部／Western Beqaa
シリア／Syria
ナバティーエ／Nabatiye
マルジャユーン／Marjayoun
スール／Sour
ビントジュベイル
Bint Jbeil
ナクーラ／Naqoura
イスラエル／Israel
0 10 20 30 40 50 km

E F G H

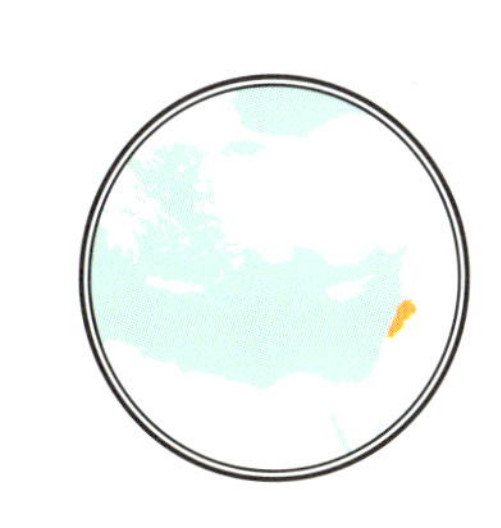

フェニキア
レバノン山脈
ベッカー高原
メルワー種

LEBANON
レバノン

レバノンワインの歴史は古代に遡るが、畑が整備されたのは近年になってからで、*1990*年時点の生産者数はわずか*3*軒だった。

歴史

古代のフェニキアは現在のレバノンに相当する。フェニキア人はこの地域にワイン文化を広める前から、ブドウが日当たりのよい斜面で良く育つことを知っていた。中世の時代にヴェネチアの商人がレバノンワインをヨーロッパ各地に輸出したことで、その名は広く知られるようになった。

中世の時代
レバノンワインは
ヴェネチアの商人の手により
ヨーロッパ各地に広まった

16世紀にオスマン帝国がこの地域を統治するようになってからは、宗教行事以外の目的でワインを造ることは禁じられた。そのため、レバノン山脈に隠遁したキリスト教の修道士たちがワインの伝統と畑を守り、育んでいった。レバノンは1920〜1943年の間、フランスの委任統治領となったが、現在、この国で栽培されているワイン用品種の大半が、フランスのボルドー品種、ローヌ品種であるのは、この時代の影響による。

現代

レバノンは主として食用ブドウの生産国であり、ブドウ畑27,000haのうち、ワイン生産に充てられている面積は20%

レバノンは近東諸国のなかで
最も将来性のある
ワイン生産国である

に過ぎない。主な栽培地はベカー高原で、海抜1000m以上の斜面にブドウ樹が連なっている。晴れの日が年間300日で、雨の降らない月が7カ月もある地中海性気候が、良質なブドウを生む。レバノンは近東諸国のなかで最も将来性のあるワイン生産国である。

主な栽培品種

- ● カベルネ・ソーヴィニヨン(Cabernet Sauvignon)、メルロ(Merlot)、カリニャン(Carignan)、サンソー(Cinsault)
- ● シャルドネ(Chardonnay)、クレレット(Clairette)、メルワー(Merwah)、オバイデ(Obeïdeh)

土着品種

世界ランキング
(生産量)
50

栽培面積(ha)
27,000

年間生産量
(100万ℓ単位)
5,25

黒ブドウと白ブドウの
栽培比率

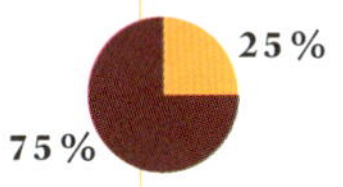

収穫時期
9月

ワイン造りの始まり
紀元前
3000
年

E F G

EGYPT

エジプト

近東諸国で最大の栽培面積を誇るが、ワイン醸造用のブドウの割合は全体の*1%*に過ぎない。ワインが大河のように流れていたという遥か昔の時代の面影は残っていない。

世界ランキング（生産量）
51

黒ブドウと白ブドウの栽培比率
25％
75％

栽培面積（ha）
70,000

収穫時期
6〜8月

年間生産量（100万ℓ単位）
4

ワイン造りの始まり
紀元前
3000
年

貢献した民族
フェニキア人

歴史

野生のブドウが自生していなかったエジプトに、カナーン人がブドウをもたらしたと言われている。古代エジプトでは主にアレクサンドリア地域でワインが生産され、歴代の王（ファラオ）たちがその範囲をナイル河沿岸まで拡大させた。長い間、上層階級のみが味わうことのできる特別な飲み物として扱われてきたが、ラムセス2世（紀元前1200年代）の時代に全ての民に開放された。しかしながら、この地で民衆の飲み物として普及したのはビールであった。エジプト初期王朝時代の墓からワイン醸造法と大麦の発酵法を記した最初の記述物であろうヒエログリフが発見された。ブドウ栽培とワイン生産の技術は英植民地時代に確実に発展したが、投資不足と20世紀の紛争が原因で、ニューワールドワインの波に乗る機会を失した。

現代

20世紀末まで国に管理されていたワイン産業を、一握りの企業が全力で支えている。ブドウ畑は気候条件に恵まれたマリュート湖周辺に集中している。この国でビールとワインの関係が今も強いことを示す好例がある。国内一のワイナリーは緑のボトルと赤い星印で有名なビール・メーカー、ハイネケングループの所有である。

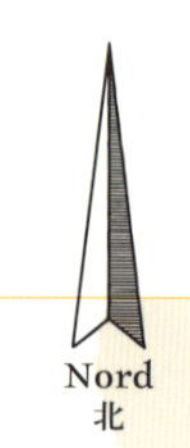

主な栽培品種

- ● カベルネ・ソーヴィニヨン（Cabernet Sauvignon）、メルロ（Merlot）
- ● ピノ・ブラン（Pinot Blanc）、ファヨウミ（Fayoumi）

土着品種

アレクサンドリア地域 Alexandria
エル・グウナ地域 El Gouna
ルクソール地域 Luxor

サルーム／Salum
マルサ・マトルーフ Marsa Matruh
アレクサンドリア Alexandria
マリュート湖／Lake Mariout
エル・アラメイン El-Alamein
タンター Tanta
マンスーラ Al Mansoura
ポート・サイド／Port Said
エル・アリーシュ／El Arish
スエズ運河 Suez Can.
バンハー Banha
イスマイリア／Ismailia
カイロ Cairo
ギーザ／Giza
スエズ／Suez
カルーン湖／Lake Qarun
ファイユーム／Al-Faiyum
シワ／Siwa
ザラファーナ／Zarafana
ベニ・スエフ／Beni Suef
バウィティ／Bawiti
ラス・ガレブ／Ras Ghareb
スエズ湾／Gulf of Suez
アカバ湾／Gulf of Aqaba
ミニヤー／Al Minya
マッラウィー／Mallawi
ナイル川／Nile
カスル・ファラーフラ Qasr Farafra
アシュート／Asyut
フルガダ／Hurghada
タフタ／Tahta
ソハーグ／Sohag
ケナー／Qena
クセイル／Quseir
紅海 Red Sea
ハルガ／Kharga
ルクソール／Luxor
エドフ／Edfu
リビア Libya
レバノン Lebanon
シリア／Syria
イスラエル／Israel
死海 Dead Sea
ヨルダン／Jordan
サウジアラビア Soudi Arabia

0 100 200 300 km

ISRAEL, PALESTINE

イスラエル、パレスチナ自治区

世界で最も古いブドウ畑があった地域に属するという歴史を持ちながら、
世界で最も新しいブドウ畑を有する国の1つでもある。
古代に始まったワイン造りは千年近く忘れ去られていたが、
揺るぎない熱意を持った生産者たちの手によって復活した。

歴史

ユダヤ教、キリスト教、イスラム教の聖地であるエルサレムは、数千年にも亘る根深い宗教戦争の震源地である。この地域は638年から第一次世界大戦終結まではアラブ人の支配下にあり、古くからあったブドウ畑は根絶もしくは放棄された。しかし、ワインはユダヤ教の行事に欠かせない存在であり続けた。その神性は、元々は神が創造した神聖なブドウの実から来ている。そのため、ワインがない時はブドウ果汁で儀式を執り行うことも可能であった。近年、海外の投資家や米国、イタリアで醸造を学んだ専門家の到来により、ワインの品質は著しく向上した。

現代

この国には5つのワイン産地がある。複数の産地で栽培されたブドウをブレンドすることが多いため、特定の産地がエチケットに表記されることは少ない。ブドウ栽培の復興が特に進んだのはこの10年である。ワインの大半は「コーシャ」(ユダヤ教の規定に適合した食品)であるため、儀式にふさわしい良質なワインを求める、世界中のユダヤ人の要望に応えるものとなっている。

世界ランキング
(生産量)
37

栽培面積 (ha)
5,500

年間生産量
(100万ℓ単位)
26

黒ブドウと白ブドウの
栽培比率

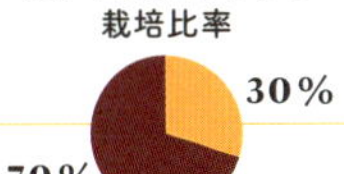

収穫時期
8~10月

ワイン造りの始まり
紀元前
3000
年

貢献した民族
フェニキア人

主な栽培品種

- シラー (Syrah)、メルロ (Merlot)、カベルネ・ソーヴィニヨン (Cabernet Sauvignon)
- シャルドネ (Chardonnay)、ソーヴィニヨン・ブラン (Sauvignon Blanc)

シリア／Syria
ガリラヤ地域
Galilee
キリヤト・シェモナ
Qiryat Shemona
高地ガリラヤ地区
Upper Galilee
ナハリヤ／Nahariyya
ゴラン高原地区
Golan Heights
ハイファ／Haifa
ナザレ／Nazareth
ガリラヤ湖
Sea of Galilee
低地ガリラヤ地区
Lower Galilee
カルメル山地区
Mount Carmel
地中海
Mediterranean Sea
ショムロン地域
Shomron
ハデラ／Hadera
ネタニヤ／Netanya
ナーブルス
Nābulus
ヨルダン川
Jordan River
テルアヴィヴ・ヤフォ
Tel Aviv Yafo
ラマト・ガン／Ramat Gan
ホロン／Holon
ロード／Lod
ラマッラ
Ramallah
アシュドッド／Ashdod
ベト・シェメシュ
Bet Shemesh
エルサレム／Jerusalem
ベツレヘム／Bethlehem
アシュケロン／Ashqelon
キリヤト・ガト
Qiryat Gat
エルサレム地区
Jerusalem
死海
Dead Sea
グーシュ・エツヨン地区
Gush Etzion
サムソン地域
Samson
ジュディアン・ヒルズ地域
Judean Hillds
ネティボト／Netivot
ベエール・シェヴァ
Beer Sheva
ディモナ／Dimona
ヨルダン／Jordan
ネゲヴ砂漠地域
Negev
ネゲヴ・ハイランド地区
Negev highlands
エジプト／Egypt

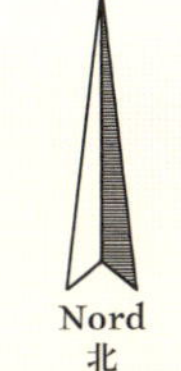

0 25 50 75 km

Qui fait du vin en -1500?

紀元前1500年にワインを造っていた地域は？

この時代はフェニキア人の繁栄の始まりだった。
現代のレバノンを起源とする、交易にたけたこの海洋の民は、
地平線の先へ先へと航路を延ばし、地中海とその沿岸地域で勢力を拡大していった。

-3300　-3000　-2700　-2400

イスラエル
レバノン
エジプト
モルトバ
ギリシャ

近東で
アンフォラ壺の出現

ギリシャ人が
エーゲ海周辺に定着

エジプト人により初めて
ワインが原産地の名で呼
ばれるようになった。原
産地呼称（アペラシオン）
の概念の誕生

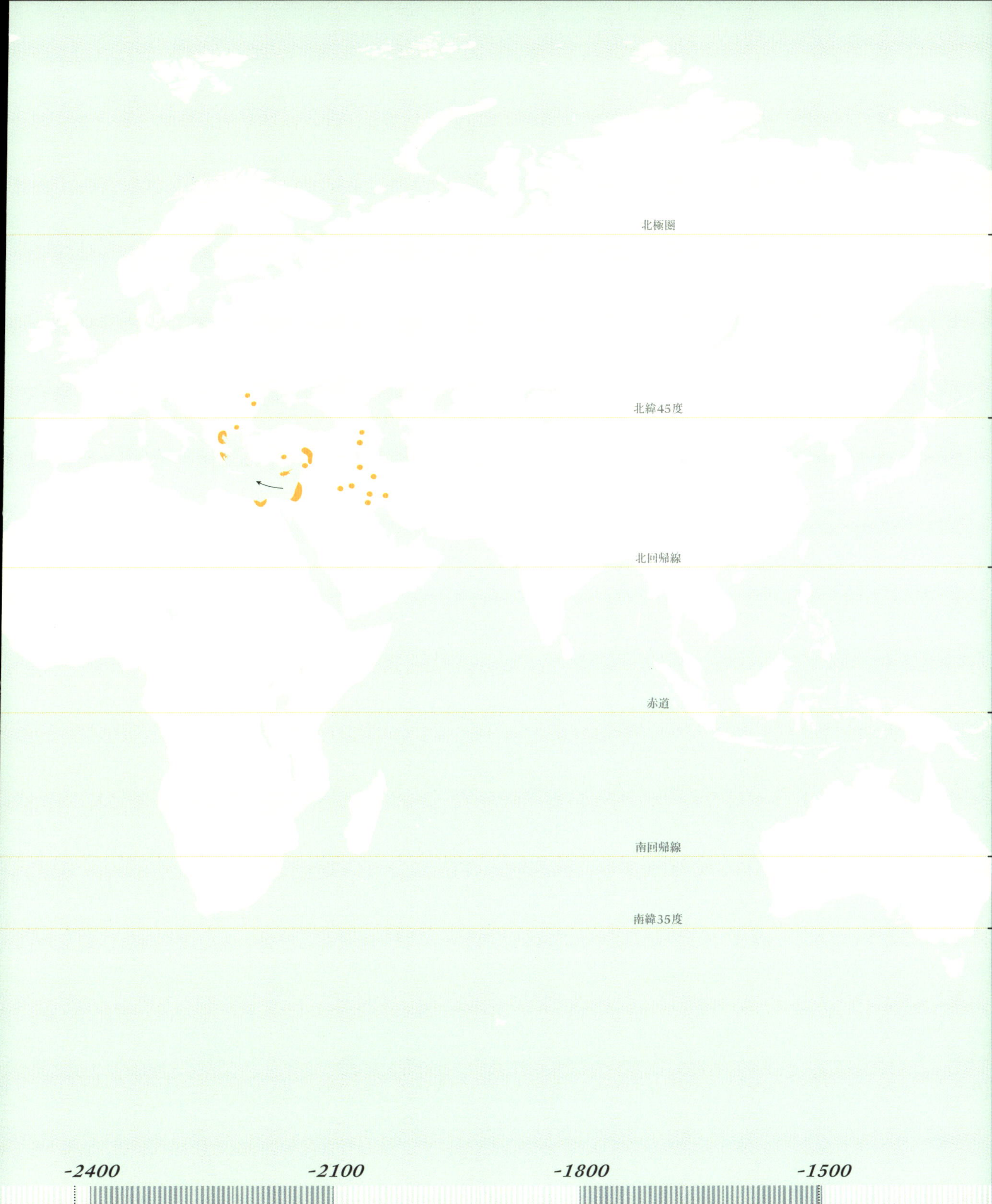

北極圏

北緯45度

北回帰線

赤道

南回帰線

南緯35度

-2400 -2100 -1800 -1500

メソポタミアで
ガラス製造技術が
発明される

フェニキア人が
アンフォラ壺を
使い始める

ROMANIA MOLDOVA

旧ソビエト連邦
死海
カベルネ・ソーヴィニヨン
バルカン半島

ルーマニア、モルドバ

黒ブドウと白ブドウの栽培比率
47％　53％

収穫時期
9月

ワイン造りの始まり
紀元前
4000
(ルーマニア)
3000
(モルドバ)
年

貢献した民族
ギリシャ人

旧ソビエト連邦の構成共和国だったルーマニアとモルドバは、*19*世紀までは同じ歴史を共有する国であった。その証に、両国では同じ言語（ルーマニア語）が話されている。この地でいつからブドウが栽培されるようになったのかは、今も解明されていない。ホメロスの叙事詩、「イーリアス」に、ギリシャ人が現在のバルカン半島にあたるトラキアへとワインを求めて旅をする場面が描かれている。ブドウ畑はギリシャ人によって整備され、ローマ人によって拡大された。*1980*年代、ヨーロッパ全土でワイン産業が隆盛したが、ルーマニアとモルドバは、ゴルバチョフ政権下の禁酒政策の影響でその波に乗ることができず、生産技術の面で遅れを取っている。

ROMANIA

ルーマニア

世界ランキング
(生産量)
13

栽培面積（ha）
191,000

年間生産量
(100万ℓ単位)
330

現代

欧州連合第6位のワイン産国

ドナウ川とカルパチア山脈が横断するルーマニアは英国とほぼ同じ面積の国である。ワインの生産量ではEU第6位で、ワイン史においても長い歴史を誇る国である。中世の時代にドイツ人によって植えられたヴェルシュリースリングや、リースリングなどのゲルマン由来の品種が今も栽培されている。 20世紀末の大規模な投資により、モルドバより現代化が進んでいる。

まずは知っておきたい5産地
コトナリ、レカッシュ
ジドヴェイ
ムルファトラル
デアル・マーレ

主な栽培品種

● メルロ (Merlot)、カベルネ・ソーヴィニヨン (Cabernet Sauvignon)
バベアスカ・ネアグラ (Babeasca Neagra)

● フェテアスカ・アルバ (Feteasca Alba)、
フェテアスカ・レガーラ (Feteasca Regala)、グラシェヴィーナ (Graševina)

土着品種

オラデア／Oradea
クリシャナ地方
Crișana
ミニス地区
Miniș
アラド／Arad
テレミア地区
Teremia
ムレシュ川
Mureșul
ティミショアラ
Timișoara
レカッシュ地区
Recaș
バナト地方
Banat
ティミシュ川
Timiș
レシツァ／Reșița
ドロベタ＝トゥルヌ・セヴェリン地区
Drobeta-Turnu Severin
セルビア／Serbia

世界ランキング（生産量）
20

栽培面積（ha）
130,000

年間生産量（100万ℓ単位）
150

MOLDOVA
モルドバ

主な栽培品種

● カベルネ・ソーヴィニヨン（Cabernet Sauvignon）、メルロ（Merlot）、ピノ・ノワール（Pinot Noir）
● アリゴテ（Aligote）、ルカツィテリ（Rkatsiteli）

現代

ワインにまつわる意外な事実に驚かされる国である。まず、この国では10月の最初の週末を「ワインの日」として、長い伝統を祝う風習がある。ワインの輸出大国でもあり、毎年、国内生産量の80%が国外に出荷されている。さらにモルドバは世界最大の地下倉を有する国としてギネスブックに登録されている。首都近郊にあるミレスチ・ミーチ社が所有する全長55kmに及ぶ地下倉で、150万本以上のワインボトルが貯蔵されている。見学は丸1日かければ何とかできるであろうが、全てを試飲するには無限の時間を要するだろう……。

まずは知っておきたい3産地
ヴァルル・ルイ・トラヤン
シュテファン・ヴォダ
コドゥル

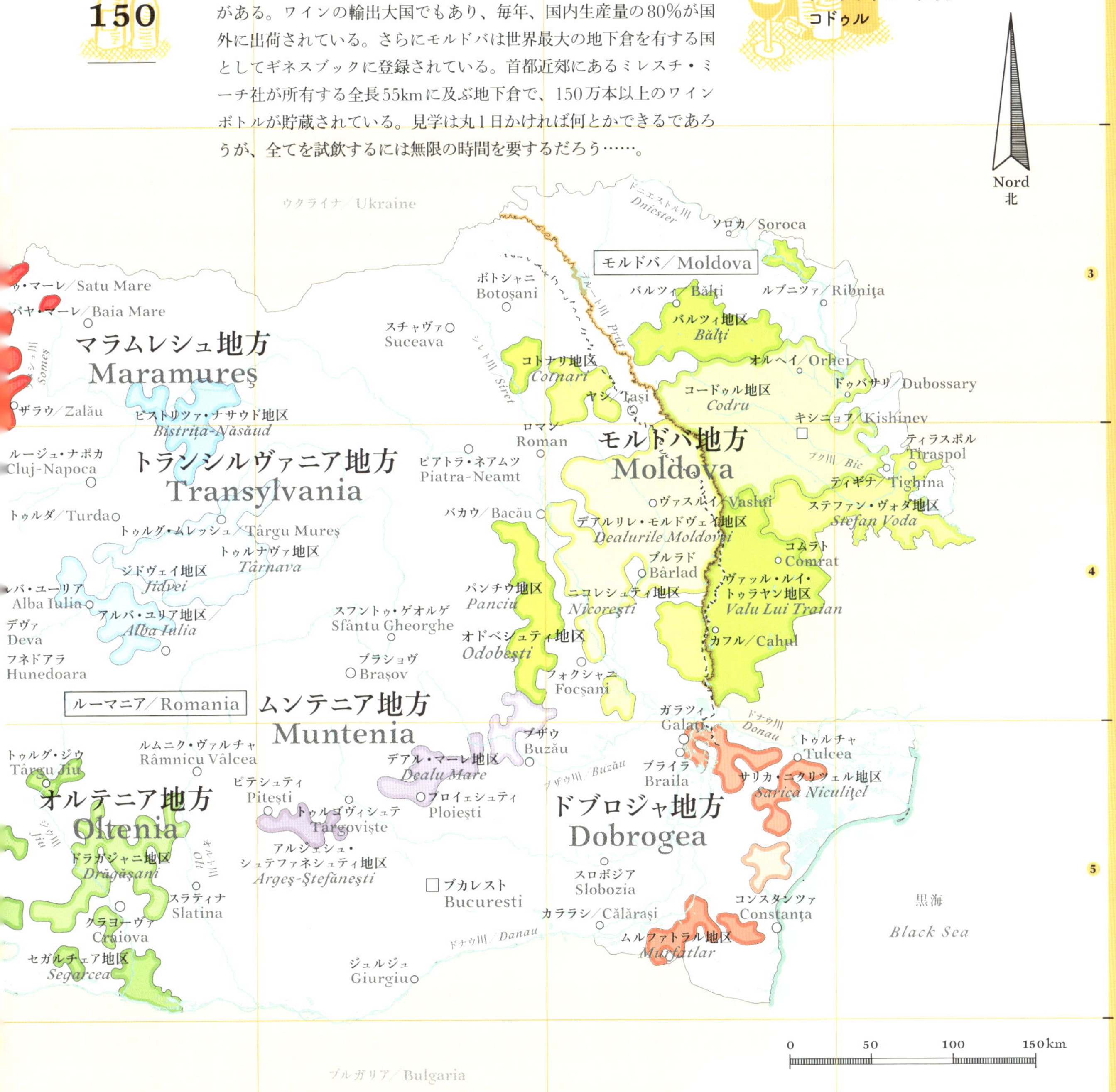

ドイツ／Germany
- ピノ・ノワール(Pinot Noir)
- ミュラー・トルガウ(Müller-Thurgau)

オーストリア／Austria
- リースリング(Riesling)
- グリューナー・ヴェルトリーナー(Grüner Veltliner)

スロバキア／Slovakia
- カベルネ・ソーヴィニヨン(Cabernet Sauvignon)
- シャルドネ(Chardonnay)
- ソーヴィニヨン・ブラン(Sauvignon Blanc)

クロアチア／Croatia
- カベルネ・ソーヴィニヨン(Cabernet Sauvignon)
- ヴェルシュリースリング(Welschriesling)
- ソーヴィニヨン・ブラン(Sauvignon Blanc)
- シャルドネ(Chardonnay)

シュトゥットガルト／Stuttgart
シュヴァルツヴァルト／Schwarzwald
ミュンヘン／München
ウィーン／Wien
ブラチスラバ／Bratislava
ブダペスト／Budapest
グラーツ／Graz
イーザル川／Isar
サヴァ川／Sava
ザグレブ／Zagreb
ポーランド／Poland
フランス／France
イタリア／Italy
スロベニア／Slovenia

0 100 200 300 km

Donau

ドナウ川

黒い森から黒海へと流れる「美しく青きドナウ」は西欧と東欧を結ぶ大河であり、その流域では多様な言語とブドウ品種が育まれてきた。

ドナウ川が横断する国々では、ブドウ畑は代々、南岸に集中しているが、これには永い歴史が関係している。この川は長い間、ローマ帝国と蛮族を隔てる境界線の役割を果たしていたため、当時の兵士たちは川沿いに駐屯していた。彼らの喉の渇きを癒すための美酒を造るためにブドウが栽培されたが、やがてドナウの流れに沿って、他の地方へと運ばれるようになった。20年ほど前から、ドナウ川流域のテロワールは博識なワイン通の注目を集めるようになった。変化に富む土壌、気候、伝統が共存するこの地域には、1年かけて開拓しても退屈しないほどの実に多彩なワインが存在する。

ドナウ川はドイツを源とするが、ワインの産地が始まるのはオーストリアのウィーン周辺

東欧の大河

からである。ヨーロッパの首都のなかでワイン用のブドウ栽培が今も続いているのは、このウィーンだけである。さらに「美しく青きドナウ」は、まるで国を代表する都市になるにはその恵みが不可欠であるかのように、東欧の国々の首都を経由していく。近年までの紛争により引き裂かれ、今もなおその傷跡が残るブラチスラヴァ、ブダペスト、ベオグラードは、このドナウ川により1本の線で結ばれている。水の流れに沿って気候は温暖になり、白ワインが主流の地図に赤ワインが現れ始める。ドナウ川はブルガリアのワイン産地の傍を流れ、ルーマニアを横断する。モルドバにほんの少し(340mほど)立ち寄った後、その流れを終わらせる国を選べなかったかのように、下流域でルーマニアとウクライナに跨る三角州を形成する。2,860kmに及ぶ長い旅は、ワイン発祥の地である黒海に戻ることで完結する。

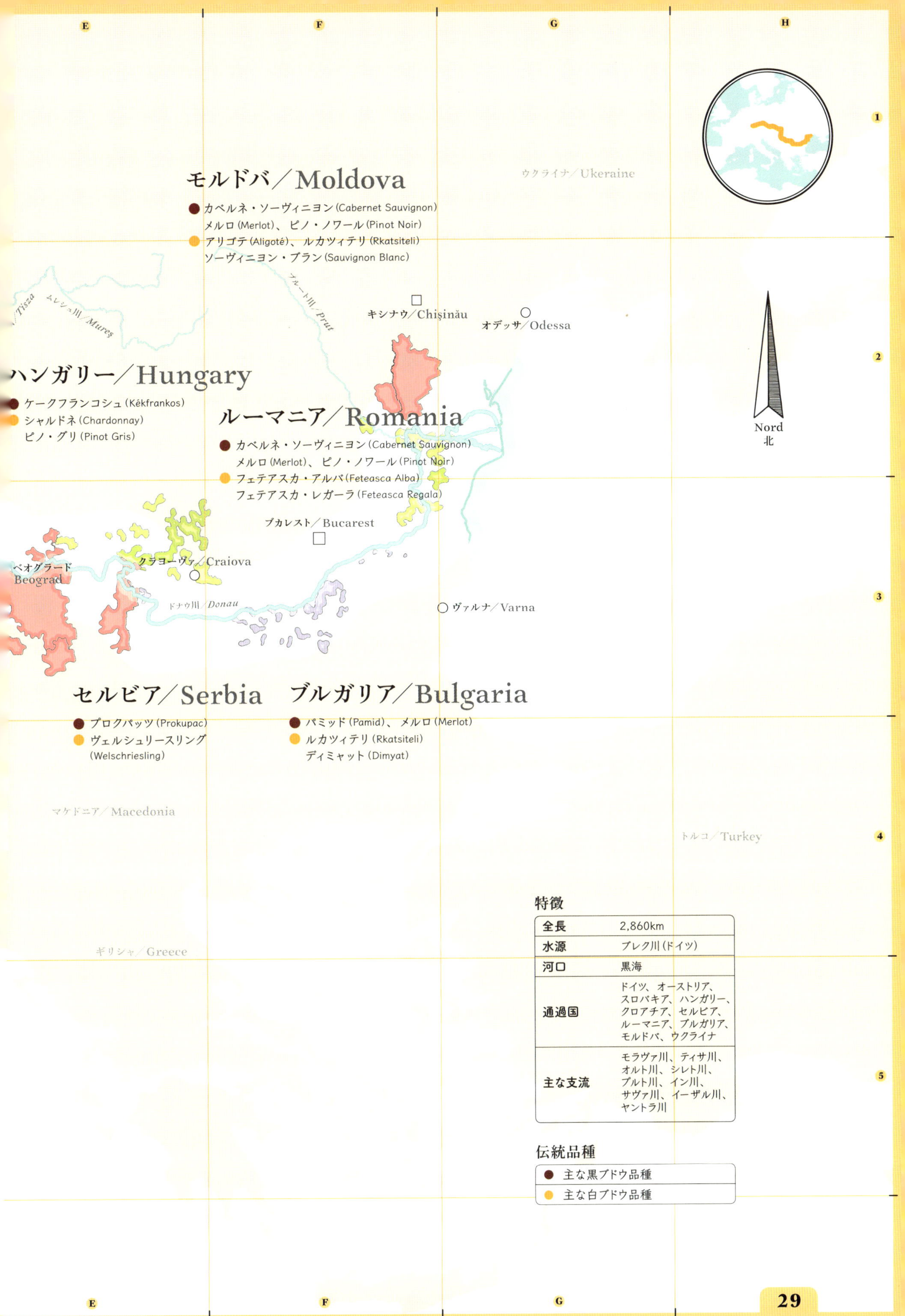

特徴

全長	2,860km
水源	ブレク川(ドイツ)
河口	黒海
通過国	ドイツ、オーストリア、スロバキア、ハンガリー、クロアチア、セルビア、ルーマニア、ブルガリア、モルドバ、ウクライナ
主な支流	モラヴァ川、ティサ川、オルト川、シレト川、プルト川、イン川、サヴァ川、イーザル川、ヤントラ川

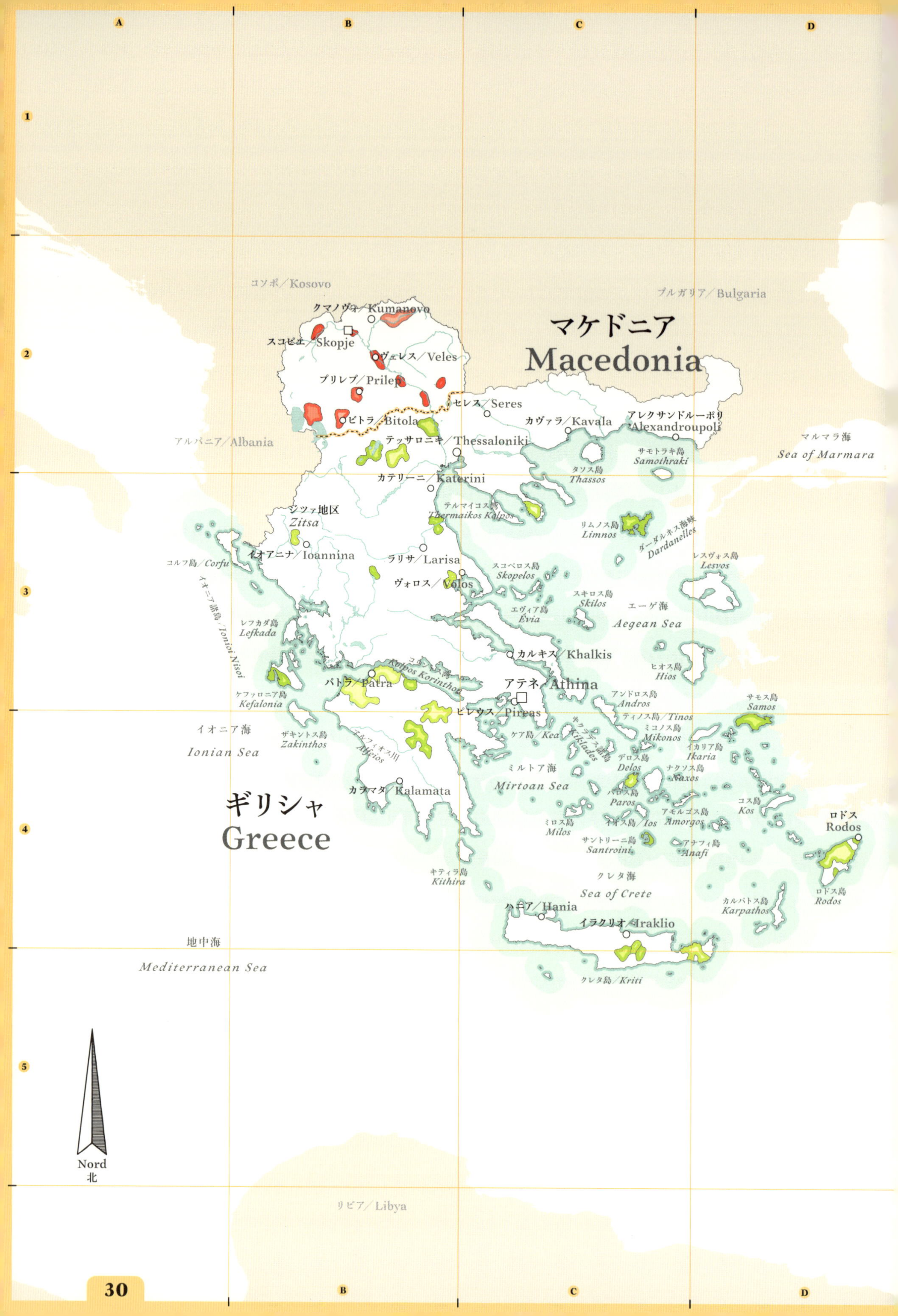

マケドニア
Macedonia
ギリシャ
Greece
コソボ／Kosovo
ブルガリア／Bulgaria
アルバニア／Albania
クマノヴォ／Kumanovo
スコピエ／Skopje
ヴェレス／Veles
プリレプ／Prilep
ビトラ／Bitola
セレス／Seres
カヴァラ／Kavala
アレクサンドルーポリ
Alexandroupoli
マルマラ海
Sea of Marmara
テッサロニキ／Thessaloniki
サモトラキ島
Samothraki
タソス島
Thassos
カテリーニ／Katerini
テルマイコス湾
Thermaikos Kolpos
シツァ地区
Zitsa
リムノス島
Limnos
ダーダネルス海峡
Dardanelles
イオアニナ／Ioannina
ラリサ／Larisa
レスヴォス島
Lesvos
コルフ島／Corfu
スコペロス島
Skopelos
ヴォロス／Volos
イオニア諸島
Ionioi Nisoi
スキロス島
Skilos
エーゲ海
Aegean Sea
レフカダ島
Lefkada
エヴィア島
Evia
カルキス／Khalkis
ヒオス島
Hios
コリントス湾
Kolpos Korinthou
パトラ／Patra
アテネ／Athina
ケファロニア島
Kefalonia
アンドロス島
Andros
サモス島
Samos
ピレウス／Pireas
ティノス島／Tinos
イオニア海
Ionian Sea
ザキントス島
Zakinthos
キクラデス諸島
Kiklades
ケア島／Kea
ミコノス島
Mikonos
イカリア島
Ikaria
アルフィオス川
Alfeios
デロス島
Delos
ミルトア海
Mirtoan Sea
ナクソス島
Naxos
カラマタ／Kalamata
パロス島
Paros
コス島
Kos
ロドス
Rodos
ミロス島
Milos
イオス島／Ios
アモルゴス島
Amorgos
サントリーニ島
Santroini
アナフィ島
Anafi
キティラ島
Kithira
クレタ海
Sea of Crete
ロドス島
Rodos
ハニア／Hania
カルパトス島
Karpathos
イラクリオ／Iraklio
地中海
Mediterranean Sea
クレタ島／Kriti
Nord
北
リビア／Libya

E F G H

EASTERN MEDITERRANEAN

東地中海

ギリシャ、キプロス、マケドニア

ヨーロッパの起源であるこの地域は、
かつての栄光の時代ほどの畑を有していない。
ギリシャ人はブドウ栽培とワイン醸造を体得し、
その技術を地中海沿岸地域に伝播した最初の民族である。
しかしながら、この地域の文明には数々の紛争の跡が
深く刻まれている。

黒海
Black Sea

トルコ／Turkey

キプロス
Cyprus

ニコシア／Nicosia
ラルナカ／Larnaka
パフォス／Pafos
レメソス／Lemesos

シリア／Syria

レバノン／Lebanon

地中海
Mediterranean Sea

0 50 100 150 km

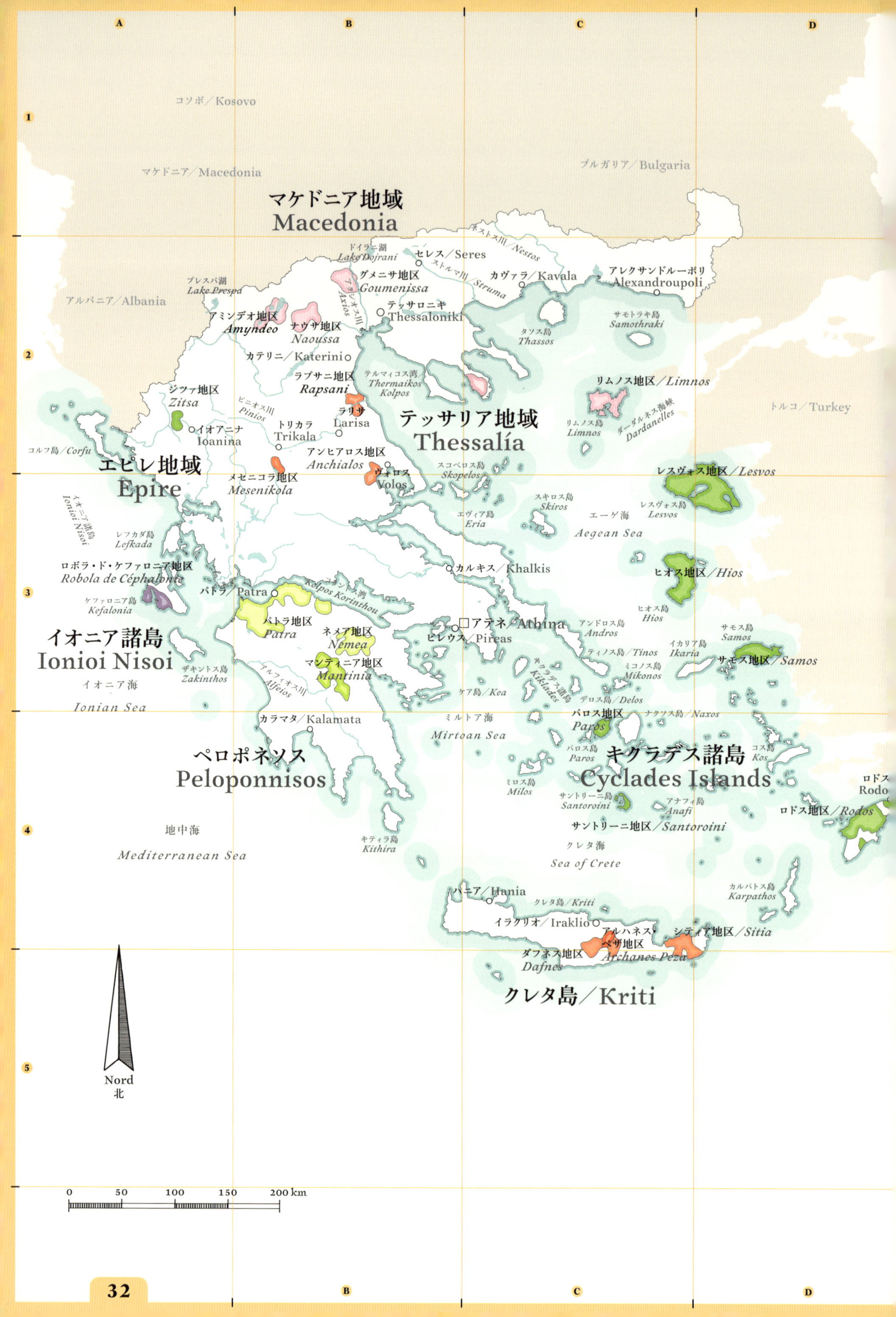

A
B
C
D
1
2
3
4
5
コソボ／Kosovo
マケドニア／Macedonia
ブルガリア／Bulgaria
マケドニア地域
Macedonia
アルバニア／Albania
トルコ／Turkey
ドイラン湖
Lake Dojrani
セレス／Seres
ネストス川／Nestos
ストルマ川／Struma
カヴァラ／Kavala
アレクサンドルーポリ
Alexandroupoli
プレスパ湖
Lake Prespa
グメニサ地区
Goumenissa
アクシオス川
Axios
テッサロニキ
Thessaloniki
アミンデオ地区
Amyndeo
ナウサ地区
Naoussa
サモトラキ島
Samothraki
タソス島
Thassos
カテリニ／Katerini
ラプサニ地区
Rapsani
テルマイコス湾
Thermaikos
Kolpos
リムノス地区／Limnos
リムノス島
Limnos
ダーダネルス海峡
Dardanelles
ジツァ地区
Zitsa
ピニオス川
Pinios
イオアニナ
Ioanina
ラリサ
Larisa
トリカラ
Trikala
テッサリア地域
Thessalía
コルフ島／Corfu
アンヒアロス地区
Anchialos
ヴォロス
Volos
エピレ地域
Epire
メセニコラ地区
Mesenikola
スコペロス島
Skopelos
レスヴォス地区／Lesvos
イオニア諸島
Ionioi Nisoi
スキロス島
Skiros
レスヴォス島
Lesvos
エヴィア島
Eria
エーゲ海
Aegean Sea
レフカダ島
Lefkada
ロボラ・ド・ケファロニア地区
Robola de Céphalonie
カルキス／Khalkis
ヒオス地区／Hios
パトラ／Patra
コリントス湾
Kolpos Korinthou
ケファロニア島
Kefalonia
ヒオス島
Hios
パトラ地区
Patra
アテネ／Athina
アンドロス島
Andros
サモス島
Samos
イオニア諸島
Ionioi Nisoi
ネメア地区
Nemea
ピレウス／Pireas
ティノス島／Tinos
イカリア島
Ikaria
サモス地区／Samos
ザキントス島
Zakinthos
マンティニア地区
Mantinia
ミコノス島
Mikonos
イオニア海
アルフィオス川
Alfeios
キクラデス諸島
Kiklades
ケア島／Kea
デロス島／Delos
Ionian Sea
カラマタ／Kalamata
ミルトア海
パロス地区
Paros
ナクソス島／Naxos
Mirtoan Sea
ペロポネソス
Peloponnisos
パロス島
Paros
キクラデス諸島
Cyclades Islands
コス島
Kos
ロドス
Rodo
ミロス島
Milos
サントリーニ島
Santoroini
アナフィ島
Anafi
ロドス地区／Rodos
サントリーニ地区／Santoroini
地中海
Mediterranean Sea
キティラ島
Kithira
クレタ海
Sea of Crete
カルパトス島
Karpathos
ハニア／Hania
クレタ島／Kriti
イラクリオ／Iraklio
アルハネス・ペザ地区
Archanes Peza
シティア地区／Sitia
ダフネス地区
Dafnes
クレタ島／Kriti
Nord
北
0
50
100
150
200 km

ディオニュソス
アテネ
キクラデス諸島
レツィーナ

GREECE
ギリシャ

ブドウ栽培はローマ帝国時代に黄金期を迎えた。
ギリシャ人は時代や風習が変わっても、この地に代々伝わる
土着品種を決して見放しはしなかった。

世界ランキング（生産量）
17

栽培面積（ha）
105,000

年間生産量（100万ℓ単位）
250

黒ブドウと白ブドウの栽培比率

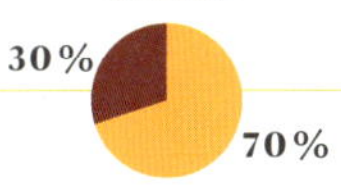

収穫時期
8〜9月

ワイン造りの始まり
紀元前
3000
年

歴史

ギリシャ神話に登場するゼウスの息子、ディオニソスはブドウ、ワイン、演劇、祭りを象徴する神である。この地には全てが揃っている！　古代ギリシャの作家が残した物語には、ワインとその悦楽に関する描写が幾度となく登場する。「オデユッセイア」の1つ目巨人、キュクロプスからスパルタの兵士まで、数多くの歴史上の人物や英雄たちがワインで喉を潤していた。文学だけでなく、ブドウが硬貨の図柄になるほど、ワインは主要な都市国家（ポリス）の商業においても重要な存在であった。遺跡の発掘調査により、ギリシャワインの壺であるアンフォラが、フランスのローヌ川流域やクリミアの黒海北岸周辺まで旅していたことが分かっている。

現代

土着品種の栽培が主流で、外来品種の割合は全体の15%以下である。この遺産を守るために、ギリシャの33のPDO（フランスのAOCに相当する原産地呼称）は、土着品種を主品種とするワインのみに認められている。

ヨーロッパで栽培面積が縮小している唯一の国

1960年代から栽培面積が縮小しており、ヨーロッパでこの傾向が見られるのはこのギリシャのみだが、設備の改良により、収量が増加し、生産が安定するようになった。ギリシャの食文化のシンボルで、1960年代にヨーロッパ各地に広まったレツィーナ（Retsina）は松脂を加えて醸造した白ワインである。この先祖伝来の製法は、実に珍しい、独特な香味を備えたワインを生む。

5 まずは知っておきたい産地

ネメア
ナウサ
マンティニア
サモス地区
パトラ

主な栽培品種

● アギオルギティコ（Agiorgitiko）、クシノマヴロ（Xinomavro）
● サヴァティアノ（Savatiano）、ロディティス（Roditis）、マスカット・オブ・アレキサンドリア（Muscat of Alexandria）

土着品種

CYPRUS

キプロス

世界ランキング（生産量）
43

栽培面積（ha）
9,000

年間生産量（100万ℓ単位）
14

黒ブドウと白ブドウの栽培比率

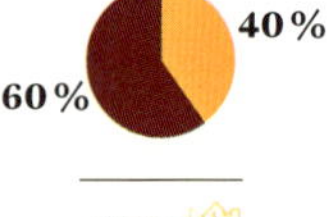

収穫時期
9月

ワイン造りの始まり
紀元前
3500
年

貢献した民族
ギリシャ人
ローマ人

乾燥した平野と湿潤な山岳地帯の狭間で、
ブドウとアーモンドの木が、燦々と降り注ぐ
日光の下で逞しく育っている。

歴史

キプロス島はその立地条件から、数世紀もの間、様々な国によって支配されてきた。ローマ人、オスマン人、ギリシャ人、さらにはイギリス人によって占領された歴史を持つ。大陸から離れた孤島であることが幸いし、ヨーロッパで唯一、19世紀末のフィロキセラの来襲を免れた国である。

現在

キプロスは甘美な名酒、「コマンダリア」の産地として知られる。2つの土着品種から造られるワインで、天日干しで糖分を凝縮させた果実を用いる。その後発酵させた果汁に蒸留酒または蒸留ワインを加えて酒精強化を行う。この甘口ワインは長い間、「シェリー（ヘレス）」という名で流通していたが、現在は国際法により、このスペイン固有の呼称の使用は禁じられている。

主な栽培品種

- ● マヴロ (Mavro)、カリニャン (Carignan)、カベルネ・ソーヴィニヨン (Cabernet Sauvignon)
- ● ジニステリー (Xynisteri)、サルタナ (Sultana)

土着品種

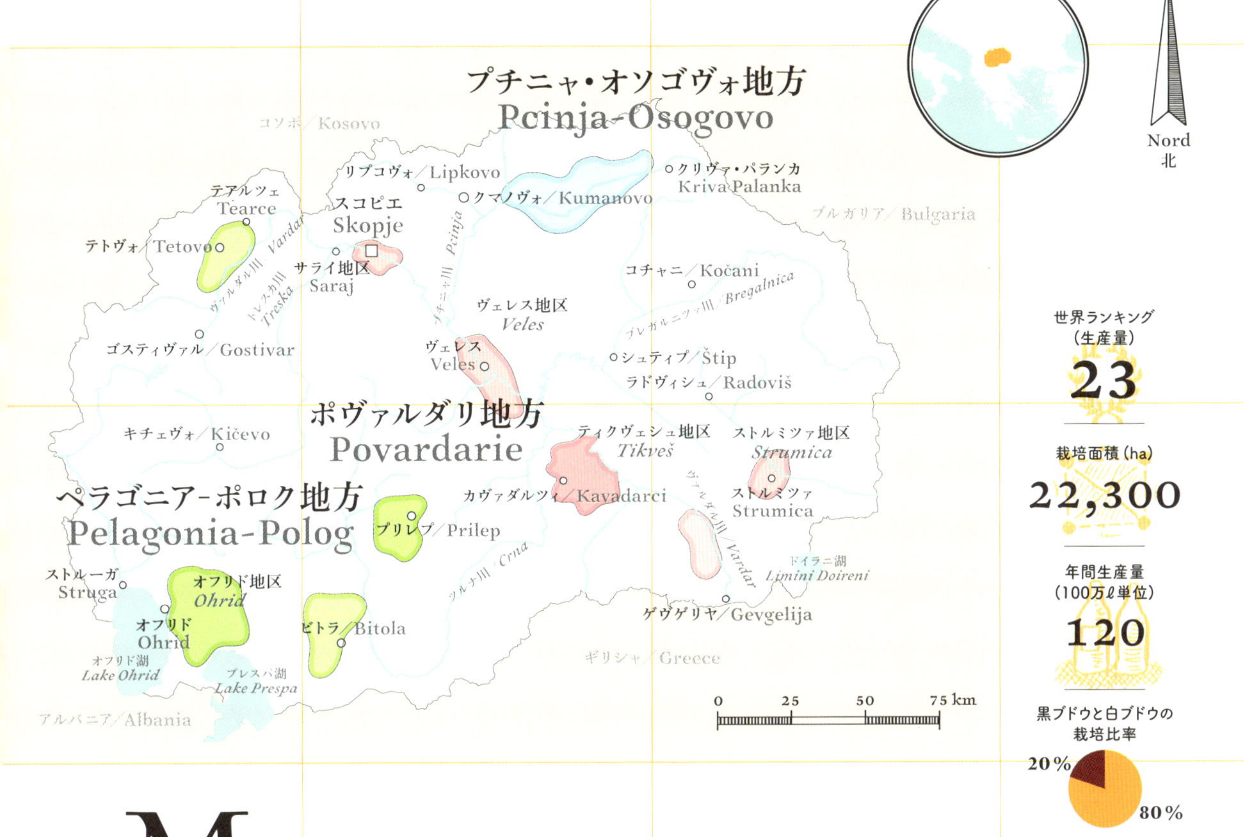

世界ランキング
（生産量）
23

栽培面積（ha）
22,300

年間生産量
（100万ℓ単位）
120

黒ブドウと白ブドウの
栽培比率
20％ 80％

収穫時期
9月

ワイン造りの始まり
紀元前
2800～2000
年

貢献した民族
ギリシャ人

Macedonia
マケドニア

近年になって*16*の原産地呼称（*AOC*に相当）が認定されるなど、
この人口*200*万の国はバルカン半島を代表するワイン生産国として
世界に認められるために、意欲的に改革を進めている。

**ワインは
タバコに次いで
輸出量が多い
特産物**

戦争と占領が繰り返されてきたマケドニアでは、国境が幾度となく引き直されてきた。1944年になって建国宣言をした、このバルカン半島の小さな山岳国でワインの起源について語ることは難しい。だが、ブドウの木が初めて植えられたのは古代で、絶好の気候条件が揃ったヴァルダル地方であったと言われている。現在も、ポヴァルダリの名で知られているこの地方が、全栽培株数の85％を占めている。ワインはタバコに次いで第2位の輸出農産物となっている。

主な栽培品種

●	スタヌシナ（Stanushina）、ヴラネック（Branec）、メルロ（Merlot）
●	スメデレフカ（Smederevka）、シャルドネ（Chardonnay）

土着品種

Qui fait du vin en -500?

紀元前500年にワインを造っていた地域は?

古代ギリシャ・ローマ時代が全盛期を迎え、仏陀は逝去し、
ユリアス・カエサルはまだ誕生していなかった。
バルセロナとアルジェを結ぶ船もまだ存在していなかった。
この時代、ブドウ畑はウクライナやモロッコ付近で発展していった。

-1700 -1500 -1300 -1100

- エジプトのファラオ、ラムセス2世がワインを民衆に開放する

- -1352
  エジプトでツタンカーメンがワインを詰めたアンフォラとともに埋葬される

北極圏

北緯45度

北回帰線

赤道

南回帰線

南緯35度

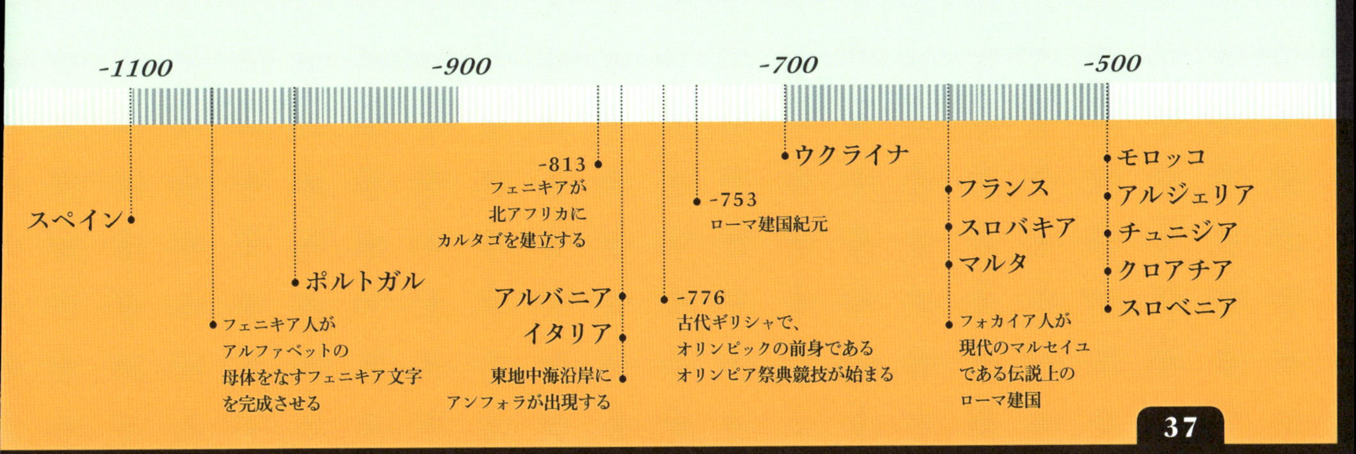

バスク州
País Vasco
ヒホン／Gijón
サンタンデル
Santander
チャコリ・デ・ビスカイア地区
Txakoli de Bizkaia
サン・セバスチャン
San Sebastián
ア・コルーニャ／A Coruña
オビエド／Oviedo
ビルバオ
Bilbao
ガリシア州
Galicia
チャコリ・デ・アラバ地区
Txakoli de Álava
チャコリ・デ・ゲタリア地区
Txakoli de Getaria
カスティーリャ・イ・レオン州
Castilla y León
パンプローナ／Pamplona
ビトリア
Vitoria
リベイラ・サクラ地区
Ribeira Sacra
ビエルソ地区
Bierzo
リアス・バイシャス地区
Rías Baixas
ナバーラ州
Navarra
オウレンセ
Ourense
レオン／León
ログローニョ
Logroño
バルデオラス地区
Valdeorras
ブルゴス
Burgos
リベイロ地区
Ribeiro
ティエラ・デ・レオン地区
Tierra de León
ヴィーゴ／Vigo
モンテレイ地区
Monterrei
ラ・リオハ州
La Rioja
アルランサ地区
Arlanza
シガレス地区
Cigales
エブロ川／Ebro
カンポ・デ・ボルハ地区
Campo de Borja
リベラ・デル・ドゥエロ地区
Ribera Del Duero
バリャドリード
Valladolid
サラゴサ／Zaragoza
アリベス地区
Arribes
トロ地区
Toro
ドゥエロ川
Duero
カラタユド地区
Calatayud
ルエダ地区／Rueda
サラマンカ
Salamanca
マドリード州
Madrid
アラゴン州
Aragón
マドリード／Madrid
モンデハール地区
Mondéjar
ポルトガル／Portugal
ヘタフェ／Getafe
メントリダ地区
Méntrida
ウクレス地区
Uclés
タホ川／Tajo
ウティエル・レケーナ地区
Utiel-Requena
ラ・マンチャ地区
La Mancha
カスティーリャ＝ラ・マンチャ州
Castilla-La Mancha
エストレマドゥーラ州
Extremadura
マンチュエラ地区
Manchuela
アルマンサ地区
Almanza
アルバセテ
Albacete
バルデペーニャス地区
Valdepeñas
イエクラ地区
Yecla
バダホス
Badajoz
フミーリャ地区
Jumilla
セグラ川
Segura
ブーリャス地区
Bullas
コルドバ
Córdoba
グアダルキビル川
Guadalquivir
アンダルシア州
Andalucía
ムルシア州
Murcia
ムルシア
Murcia
モンティーリャ・モリレス地区
Montilla-Moriles
セビーリャ
Sevilla
カルタヘナ
Cartagena
ウエルバ
Huelva
グラナダ
Granada
コンダード・デ・ウエルバ地区
Condado de Huelva
マラガ地区／Málaga
カディス湾
G.de Cádiz
シエラ・デ・マラガ地区／Sierras de Málaga
アルメリア
Almería
ヘレス・ケレス・シェリー・イ・マンサニーリャ・サンルカール・デ・バラメーダ地区
Jerez-Xérès-Sherry y Manzanilla-Sanlúcar de Barrameda
ヘレス／Jerez
マラガ／Málaga
大西洋
Atlantic Ocean
カディス
Cádiz
マルベリャ
Marbella
ジブラルタル／Gibraltar
アルヘシラス
Algeciras
ジブラルタル海峡／Str. of Gibraltar
アルボラン海
Alboran Sea
0 100 200 300 km
モロッコ／Morocco
A B C D
1 2 3 4 5

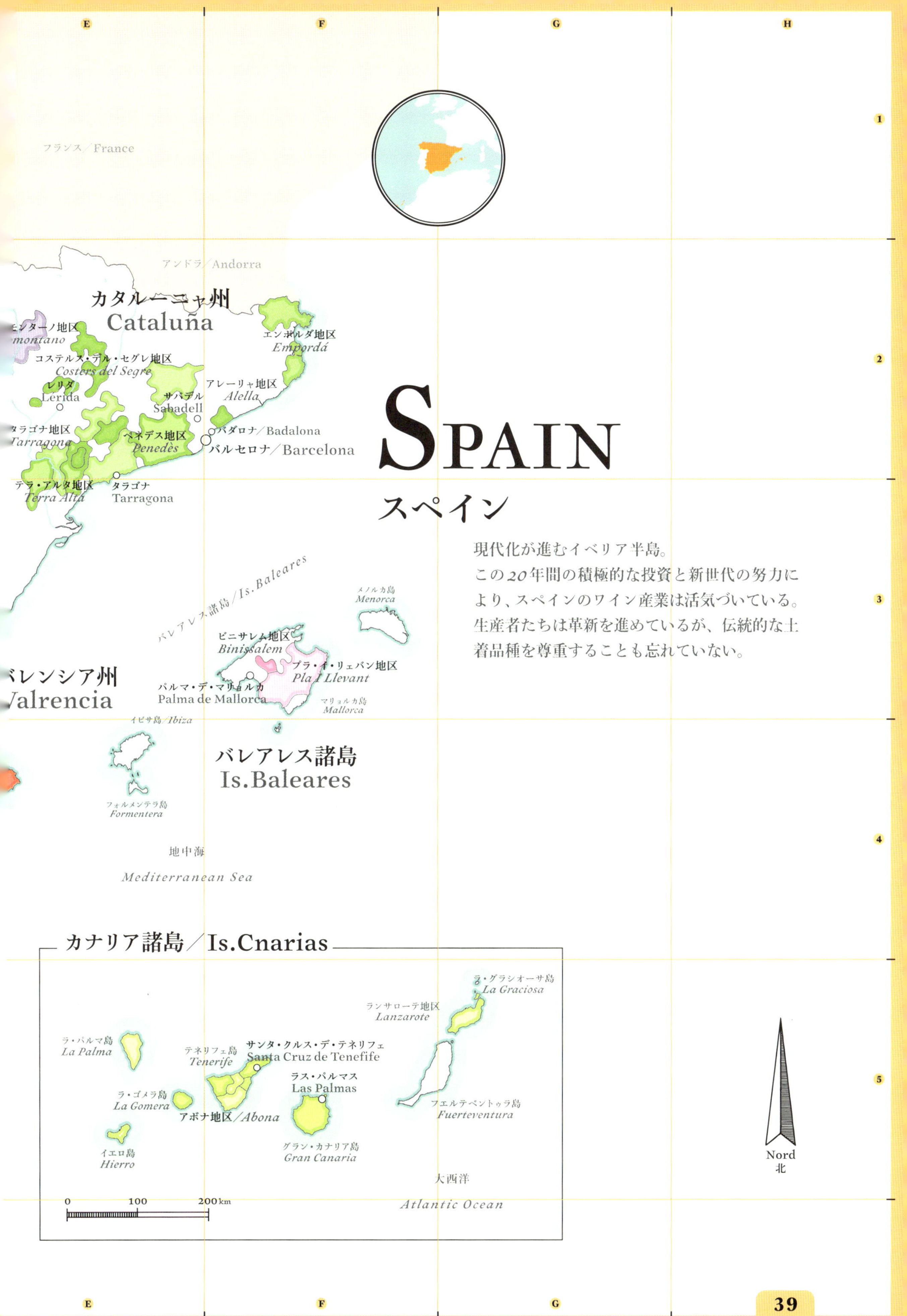
SPAIN
スペイン
現代化が進むイベリア半島。
この20年間の積極的な投資と新世代の努力により、スペインのワイン産業は活気づいている。
生産者たちは革新を進めているが、伝統的な土着品種を尊重することも忘れていない。
フランス／France
アンドラ／Andorra
カタルーニャ州
Cataluña
エンポルダ地区
Empordá
コステルス・デル・セグレ地区
Costers del Segre
レリダ
Lerida
サバデル
Sabadell
アレーリャ地区
Alella
タラゴナ地区
Tarragona
ペネデス地区
Penedès
バダロナ／Badalona
バルセロナ／Barcelona
テラ・アルタ地区
Terra Alta
タラゴナ
Tarragona
バレアレス諸島／Is.Baleares
メノルカ島
Menorca
ビニサレム地区
Binissalem
プラ・イ・リェバン地区
Pla i Llevant
パルマ・デ・マリョルカ
Palma de Mallorca
マリョルカ島
Mallorca
イビサ島／Ibiza
フォルメンテラ島
Formentera
バレアレス諸島
Is.Baleares
地中海
Mediterranean Sea
カナリア諸島／Is.Cnarias
ラ・グラシオーサ島
La Graciosa
ランサローテ地区
Lanzarote
ラ・パルマ島
La Palma
テネリフェ島
Tenerife
サンタ・クルス・デ・テネリフェ
Santa Cruz de Tenefife
ラス・パルマス
Las Palmas
ラ・ゴメラ島
La Gomera
アボナ地区／Abona
フエルテベントゥラ島
Fuerteventura
イエロ島
Hierro
グラン・カナリア島
Gran Canaria
大西洋
Atlantic Ocean
0
100
200km
Nord
北

大航海時代
テンプラニーリョ
ヘレス
デノミナシオン・デ・オリヘン(DO)
エルビノ

SPAIN
スペイン

世界ランキング(生産量)
3

栽培面積(ha)
975,000

年間生産量(100万ℓ単位)
4,000

黒ブドウと白ブドウの栽培比率

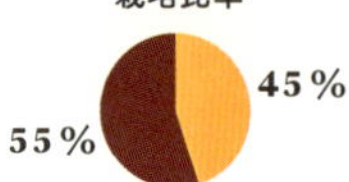

収穫時期
9月

ワイン造りの始まり
紀元前
1100
年

貢献した民族
ギリシャ人
フェニキア人

歴史

フェニキア人、ギリシャ人、ローマ人、西ゴート族、イスラム教徒によって次々と支配されてきたこの土地で、ブドウ畑を永続させることは難しかった。栽培は3000年前に始まったが、畑が整備されたのは、レコンキスタ(イスラム教徒によって占領されていたイベリア半島とバレアレス諸島のキリスト教国家による国土回復運動)の後の15世紀だった。ポルトガルの航海者、フェルディナンド・マゼランはヘレス(シェリー)をこよなく愛していたという。

マゼランは1519年からの世界一周の旅に備えて、武器よりもワインの調達に大枚をはたいたそうだ。彼は水夫たちの士気を高めることが最も重要だと知っていたのだろう! スペインは長い間、主にイギリスやイタリアにワインを輸出していたが、19世紀にフランスのブドウ畑が害虫フィロキセラにより壊滅状態になったことを機に、ヨーロッパ全土にワインを供給する国となった。あちらの不幸はこちらの幸せ、という諺がある。20世紀は質よりも量を重視する傾向が強かったが、1990年代から、スペインワインの革新が本格的に始まった。

ブドウ畑は3000年以上前に開拓されたが、その整備はレコンキスタ(国土回復運動)の後の15世紀である

現代

ワインファンにとってスペインは魅力溢れる土地である。この国には67のアペラシオン(原産地呼称の意。フランスのAOCに相当)がある。選択肢が多すぎて迷うことも、少なすぎて物足りなくなることもない、ちょうど良い数である。それぞれの呼称の後に「Denominación de Origen」またはD.O.が付記される。エチケットには産地だけでなく、ヴィンテージ(産年)とその横に樽熟成の度合いを表記することができる。例えば赤ワインの場合、「Vino Crianza(ビノ・クリアンサ)」は樽・瓶で最低2年以上熟成、そのうち最低6カ月(リオハは1年)樽熟成させたもの、「Vino Reserva(ビノ・レゼルバ)」は樽・瓶熟成3年以上、そのうち最低1年以上樽熟成させたもの、「Vino Grand Reserva(ビノ・グラン・レゼルバ)」は樽熟成1年半以上の後、3年半以上瓶熟成させたものを意味する。また世界最大面積を誇る畑では実に多様な品種が栽培されている。メルロ、シラー、シャルドネなどの国際品種が増えてはいるが、土着品種を主役として立てる礼節をわきまえている。

スペインは魅力溢れる土地である。

さらに、スペインはコストパフォーマンスが素晴らしいワインを産出している。アンダルシア地方の濃厚な赤ワイン、バスク地方の微発泡性の白ワイン、カナリア諸島の火山性土壌の影響を受けたワインなど、百人百様の好みや予算に応えるワインが存在する。

まずは知っておきたい5産地

ヘレス、リオハ
プリオラート
リベラ・デル・ドゥエロ
リアス・バイシャス

主な栽培品種

- ● テンプラニーリョ(Tempranillo)、ガルナチャ(Garnacha)、ボバル(Bobal)、モナストレル(Monastrell)、カベルネ・ソーヴィニヨン(Cabernet Sauvignon)
- ● アイレン(Airén)、カイエターナ・ブランカ(Cayetana Blanca)、マカベウ(Macabeu)、パロミノ(Palomino)、ベルデホ(Verdejo)

土着品種

Andalucía
アンダルシア州

3000年前、この地方でスペイン初のワインが誕生した。ポルトガルにポルトがあるように、スペインにはヘレス（シェリー）がある。これは、白ワインをスピリッツ（蒸留酒）で酒精強化した後樽熟成させて、アルコール度数が18％以上になるように仕上げた名酒である。スピリッツを加えて発酵を止めるという製法は、長い航海の間にワインが劣化するのを防ぐために考案された。醸造の仕方によって、すっきりした辛口から極甘口まで、味わいに変化が生まれる。ヘレスに関する記述については、シェイクスピアほどの名文を残した者はいないであろう。「良いシェリーには2つの作用がある。1つは脳にまで達し、そこに滞る悲しい考え、愚かな考えを追い払い、言葉と精神を解放する作用。もう1つは血を温め、臆病な心を追い払う作用である」。

- ● ガルナチャ（Garnacha）、カベルネ・フラン（Cabernet Franc）
- ● パロミノ（Palomino）、ペドロ・ヒメネス（Pedro Ximenez）
モスカテル（Moscatel）

土着品種

Castilla-La Mancha
カスティーリャ＝ラ・マンチャ州

栽培面積（ha）
520,000

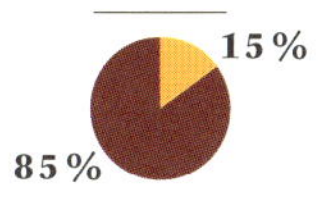

首都マドリードの近郊に世界一広大なブドウ畑が広がっている。まさにスペインワイン産業の心臓部とも言える地方で、国内生産量の50％を占めている。長い間、大量生産方式が推進されてきたが、20世紀末に生産体制の立て直しが行われ、現在では畑の半分に原産地呼称（D.O.）が認められている。

- ● テンプラニーリョ（Tempranillo）、ガルナチャ（Garnacha）
- ● アイレン（Airén）

土着品種

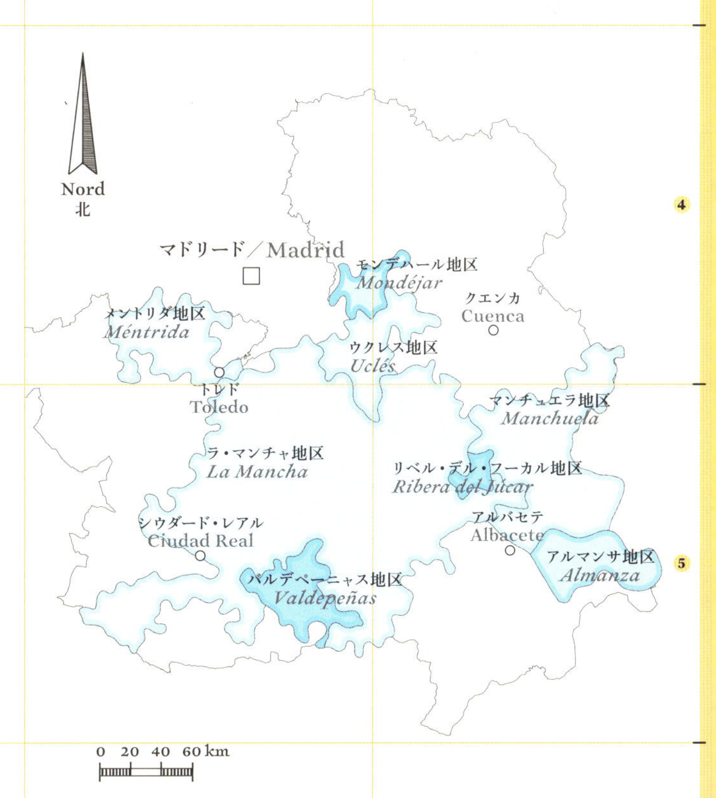

Castilla y León

カスティーリャ・イ・レオン州

栽培面積（ha）
68,000

15%
85%

アルランサ地区とビエルソ地区を除く全てのD.O.地区が、ドゥエロ川とその支流の流域に広がっている。冬は霜に覆われ、夏は強烈な暑さに見舞われるため、ブドウにとっては厳しい条件と言えるだろう。だが、荒々しい自然条件に耐えて逞しく育つからこそ、偉大なワインになるポテンシャルが高まるのではないだろうか。

- ● テンプラニーリョ（Tempranillo）、メンシア（Mencía）
- ● ベルデホ（Verdejo）

土着品種

La Rioja & Navarra

ラ・リオハ州＆ナバーラ州

- ● テンプラニーリョ（Tempranillo）、ガルナチャ（Garnacha）、グラシアノ（Graciano）
- ● マカベオ（Macabeo）、シャルドネ（Chardonnay）

土着品種

栽培面積（ha）
80,000

8%
92%

ラ・リオハの赤ワインはボルドーワインの雰囲気を備えている。複数品種をブレンドした、実に濃厚なワインで、その名は世界中に広まった。特に、樹齢年数の古いブドウで造られるタイプが高く評価されている。ボルドーワインとの類似点は偶然に生じた訳ではない。19世紀末のフィロキセラの禍の後、多くのボルドー出身者がこの地に赴き、ワイン産業に投資した経緯がある。

- ● ガルナチャ（Garnacha）、シラー（Syrah）
- ● マカベウ（Macabeu）、パレリャーダ（Parellada）、チャレロ（Xarel-Lo）

土着品種

Cataluña

カタルーニャ州

栽培面積（ha）
61,000

45%
65%

主にD.O.ペネデス地区で造られる発泡性ワイン、「カバ（Cava）」が特に有名。コストパフォーマンスが良いため、一部のシャンパーニュ（Champagne）やプロセッコ（Prosecco）に比肩する発泡性ワインとして人気を博している。また、温暖な地中海性気候に恵まれたこの地方では、ロゼワインも多く生産されている。

Galicia

ガリシア州

栽培面積（ha）
26,000

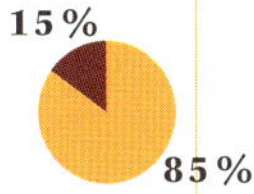

15％ 85％

ガリシア州は白ワインの王国である。その地理的条件から、ワインにはスペインの他の産地よりもポルトガルとの共通点が多く見られる。

ガリシア州、特にD.O.リアス・バイシャス地域は、この地を代表する品種、アルバリーニョで世界に名を知られるようになった。海洋性気候を好む品種で、爽やかな風味と豊かなアロマを特徴とする。特にアメリカ合衆国で人気が沸騰している。シャルドネの新たなライバルになる日が来るかもしれない。

- ● メンシア（Mencía）、アリカンテ・ブーシェ（Alicante Bouschet）
- ● アルバリーニョ（Albariño）、パロミノ（Palomino）、トレイシャドゥラ（Treixadura）

土着品種

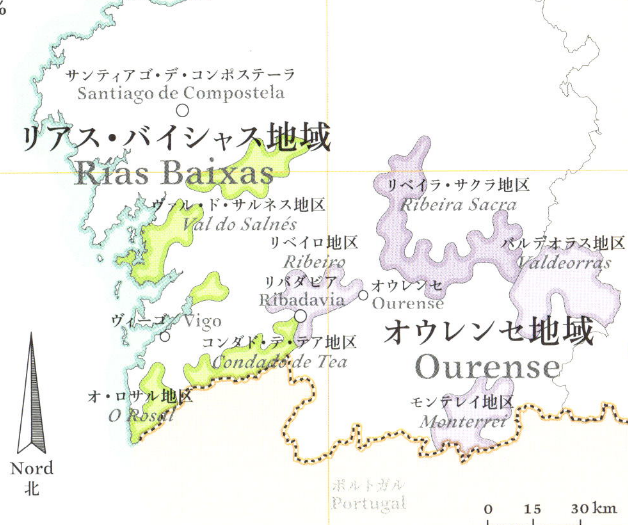

Nord
北

ナバーラ州
Navarra
パンプローナ
Pamplona
エステーリャ
Estella
バルディサルベ地区
Valdizarbe
リオハ・アラベサ地区
Rioja Alavesa
ティエラ・デ・エステーリャ地区
Tierra de Estella
バハ・モンターニャ地区
Baja Montaña
ログローニョ
Logroño
リオハ・アルタ地区
Rioja Alta
エブロ川
Ebro
カラオラ
Calahorra
リベラ・アルタ地区
Ribera Alta
リオハ・バハ地区
Rioja Baja
ラ・リオハ州
La Rioja
トゥデラ
Tudela
リベラ・バハ地区
Ribera Baja
0 10 20 30 km

Les îles

スペイン領の諸島

栽培面積（ha）
18,000

20％ 80％

アメリカ大陸に向けて大海原に出る前に、スペイン帆船はカナリア諸島に寄港していた。この習わしが、この島々でブドウが栽培されるようになった理由の一つであろう。生産量はほんの僅かで、ほぼ地元でしか味わうことのできない希少価値の高いワインである。

- ● リスタン・ネグロ（Listán Negro）、マント・ネグロ（Manto Negro）
- ● パロミノ（Palomino）、シャルドネ（Chardonnay）

土着品種

バジェ・デ・ラ・オロタヴァ地区
Valle de La Orotava
ラ・グラシオーサ島
La Graciosa
タコロンテ・アセンテホ地区
Tacoronte-Acentejo
イコデン・ダウテ・イソーラ地区
Ycoden-Daute-Isora
ラ・パルマ地区
La Palma
ランサローテ島
Lanzarote
ランサローテ地区
Lanzarote
ラ・パルマ島
La Palma
サンタ・クルス・デ・テネリフェ
Santa Cruz de Tenefife
ラ・ゴメラ地区
La Gomera
アボナ地区
Abona
ラス・パルマス
Las Palmas
フエルテベントゥラ島
Fuerteventura
イエロ地区
Hierro
グラン・カナリア地区
Gran Canaria
イエロ島
Hierro
バジェ・デ・グイマール地区
Valle de Güimar
カナリア諸島
Is.Canaries

0 50 km
ビニサレム地区
Binissalem
メノルカ島
Menorca
プラ・イ・リェバン地区
Pla I Llevant
パルマ・デ・マリョルカ
Palma de Mallorca
マリョルカ島
Mallorca
イビサ島／Ibiza

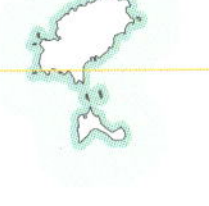

バレアレス諸島
Is.Baleares

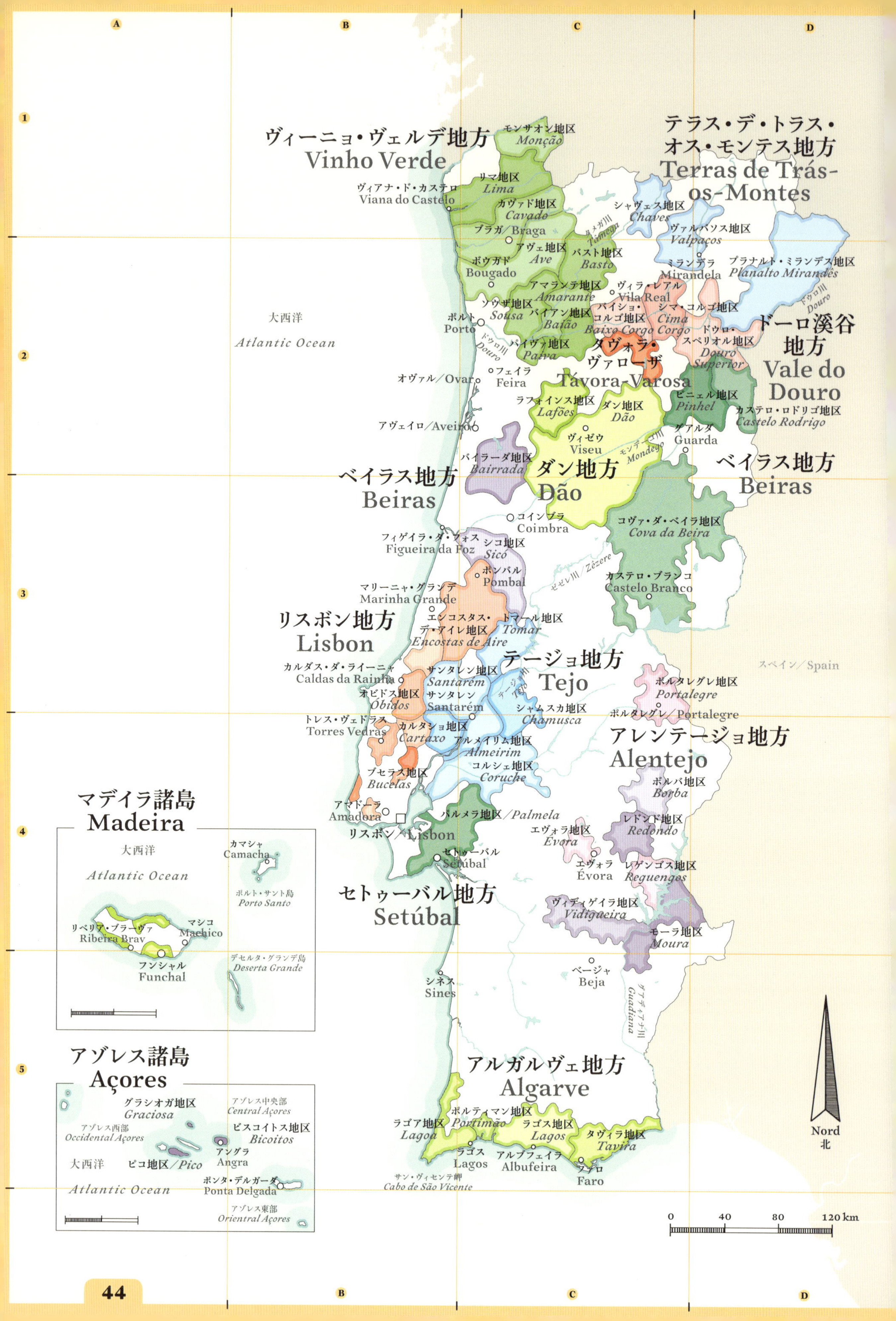

ヴィーニョ・ヴェルデ地方
Vinho Verde
モンサオン地区
Monção
リマ地区
Lima
ヴィアナ・ド・カステロ
Viana do Castelo
カヴァド地区
Cavado
ブラガ／Braga
アヴェ地区
Ave
バスト地区
Basto
ボウガド
Bougado
アマランテ地区
Amarante
ソウザ地区
Sousa
バイアン地区
Baião
パイヴァ地区
Paiva
ポルト
Porto
ドウロ川
Douro
タメガ川
Tâmega
テラス・デ・トラス・オス・モンテス地方
Terras de Trás-os-Montes
シャヴェス地区
Chaves
ヴァルパソス地区
Valpaços
ミランデラ
Mirandela
プラナルト・ミランデス地区
Planalto Mirandês
ヴィラ・レアル
Vila Real
バイショ・コルゴ地区
Baixo Corgo
シマ・コルゴ地区
Cima Corgo
ドウロ・スペリオル地区
Douro Superior
ドーロ渓谷地方
Vale do Douro
タヴォラ・ヴァローザ
Távora-Varosa
ピニェル地区
Pinhel
カステロ・ロドリゴ地区
Castelo Rodrigo
グアルダ
Guarda
大西洋
Atlantic Ocean
オヴァル／Ovar
フェイラ
Feira
アヴェイロ／Aveiro
ラフォインス地区
Lafões
ダン地区
Dão
ヴィゼウ
Viseu
モンデゴ川
Mondego
バイラーダ地区
Bairrada
ベイラス地方
Beiras
ダン地方
Dão
ベイラス地方
Beiras
コインブラ
Coimbra
コヴァ・ダ・ベイラ地区
Cova da Beira
フィゲイラ・ダ・フォス
Figueira da Foz
シコ地区
Sicó
ポンバル
Pombal
ゼゼレ川／Zêzere
カステロ・ブランコ
Castelo Branco
マリーニャ・グランデ
Marinha Grande
リスボン地方
Lisbon
エンコスタス・デ・アイレ地区
Encostas de Aire
トマール地区
Tomar
カルダス・ダ・ライーニャ
Caldas da Rainha
テージョ地方
Tejo
サンタレン地区
Santarém
オビドス地区
Óbidos
サンタレン
Santarém
テージョ川
Tejo
シャムスカ地区
Chamusca
スペイン／Spain
ポルタレグレ地区
Portalegre
ポルタレグレ／Portalegre
トレス・ヴェドラス
Torres Vedras
カルタショ地区
Cartaxo
アルメイリム地区
Almeirim
コルシェ地区
Coruche
アレンテージョ地方
Alentejo
ブセラス地区
Bucelas
ボルバ地区
Borba
アマドーラ
Amadora
リスボン／Lisbon
パルメラ地区／Palmela
エヴォラ地区
Évora
レドンド地区
Redondo
セトゥーバル
Setúbal
エヴォラ
Évora
レゲンゴス地区
Reguengos
セトゥーバル地方
Setúbal
ヴィディゲイラ地区
Vidigueira
モーラ地区
Moura
ベージャ
Beja
シネス
Sines
グアディアナ川
Guadiana
アルガルヴェ地方
Algarve
ポルティマン地区
Portimão
ラゴア地区
Lagoa
ラゴス地区
Lagos
タヴィラ地区
Tavira
ラゴス
Lagos
アルブフェイラ
Albufeira
ファロ
Faro
サン・ヴィセンテ岬
Cabo de São Vicente
Nord
北
0
40
80
120 km
マデイラ諸島
Madeira
大西洋
Atlantic Ocean
カマシャ
Camacha
ポルト・サント島
Porto Santo
リベリア・ブラーヴァ
Ribeira Brav
マシコ
Machico
フンシャル
Funchal
デセルタ・グランデ島
Deserta Grande
アゾレス諸島
Açores
グラシオガ地区
Graciosa
アゾレス中央部
Central Açores
アゾレス西部
Occidental Açores
ビスコイトス地区
Bicoitos
アングラ
Angra
大西洋
ピコ地区／Pico
Atlantic Ocean
ポンタ・デルガーダ
Ponta Delgada
アゾレス東部
Orientral Açores
A
B
C
D
1
2
3
4
5

E F G H

PORTUGAL

ドウロ川
アラゴネス
ティンタ・ロリス
ヴィーニョ
ポルト

ポルトガル

ヨーロッパの最西端に位置するポルトガルは大西洋のみに面した国である。
だが、その気候や多様な品種とテロワールを見ると、
まるで地中海沿岸の国のようである。

世界ランキング（生産量）
11

栽培面積（ha）
195,000

年間生産量（100万ℓ単位）
600

黒ブドウと白ブドウの栽培比率

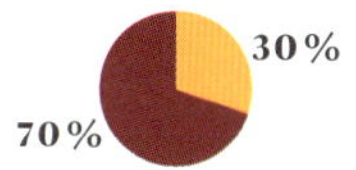

収穫時期
9月

ワイン造りの始まり
紀元前
1000
年

貢献した民族
フェニキア人

歴史

現在の国家や国境ができた時代よりもはるか遠い昔、イベリア半島はローマ帝国の属国であった。しかし多くの著述家が、ブドウ畑は紀元前1000年頃にフェニキア人によって開墾されたという記録を残している。世界に開かれた港を有するポルトガルは、大航海時代（15～17世紀）に領土を拡大した。次々と植民地を獲得し、列強国のひとつに数えられるほどの勢力を誇った。ポルトガルがワイン史に名を刻むことができたのは、ポルトという名酒があったからである。

世界に開かれた港を有するポルトガルは、大航海時代に領土を拡大した。

英仏百年戦争の時代（14～15世紀）、イングランドはフランスワインの輸入を一切禁じた。この時、ポルトの需要が急激に高まったため、生産者は品質を犠牲にして生産量を優先させるようになった。この状況を憂えたポンバル侯爵という人物が、ポルトの生産を1つの地方に限定し、畑を品質に応じて格付けすることに決めた。こうして、1757年に世界最古の原産地呼称ワインのひとつが誕生した。しかしながら、1932～1974年のサラザール独裁体制の時代にワイン産業は失速してしまった。

現代

ポルトガルはブドウ品種の宝庫である。これはその一例だが、ポルトの醸造には48もの品種を使用することができる。ドウロ川流域だけで50品種以上、全国で250もの品種が栽培されている。

ポルトガルはブドウ品種の宝庫である

新世代の生産者たちは各々の地域に適した品種があり、各々の品種に相応しい地域があることをよく理解している。フランスの1/4の面積しかないが、そのテロワールと伝統の多様性に圧倒される。ポルトガルのワイン産地は、縦長の国のほぼ全域に分布しており、イタリアの産地の分布図に似ている。赤ワインの品種では、テンプラニーリョが王様だ。北部ではティンタ・ロリス、南部ではアラゴネスと呼ばれている。ヨーロッパ地域においてこの20年で最も進歩したワイン生産国は、間違いなくこのポルトガルであろう。

主な栽培品種

- ● テンプラニーリョ（Tempranillo）*、トゥリガ・ナシオナル（Touriga Nacional）、トリンカデイラ（Trincadeira）、カステラン（Castelão）
- ● フェルナン・ピレス（Fernão Pires）、シリア（Siria）、アリント（Arinto）

*現地ではティンタ・ロリスまたはアラゴネスと呼ばれている。
土着品種

まずは知っておきたい5産地
ヴィーニョ・ヴェルデ
マデイラ、オビドス
ドウロ、ダン

E F G

Alentejo

アレンテージョ地方

栽培面積（ha）
22,000

20%
80%

テージョ川とアルガルヴェ地方の間に広がるこの地方は、国内でも日照条件が極めて良い栽培地に数えられ、見事な熟成を遂げる赤ワインで特に評価されている。乾燥した気候条件であるため、灌漑システムを導入している生産者もいる。10年ほど前から暑さによく耐えるシラーやカベルネ・ソーヴィニヨンなどの国際品種が栽培されるようになった。

- ● アリカンテ・ブーシェ (Alicante Bouschet)、テンプラニーリョ (Tempranillo)*、トリンカデイラ (Trincadeira)
- ● シリア (Siria)、エンクルザード (Encruzado)

*現地ではアラゴネスと呼ばれている。

土着品種

Vinho Verde

ヴィーニョ・ヴェルデ地方

栽培面積（ha）
34,000

10%
90%

ヴィーニョ・ヴェルデは爽やかな酸味のある、アルコール度が控えめな白ワインの呼称である。微発泡性の軽やかな味わいで、溌剌としている。この地方は若いうちに楽しむ繊細な白ワインで、ポルトで名高いドウロ渓谷地方に負けないほどの、国を代表する産地となっている。

- ● ヴィニャオン (Vinhão)
- ● アルヴァリーニョ (Alvarinho)、アリント (Arinto)、ロウレイロ (Loureiro)

土着品種

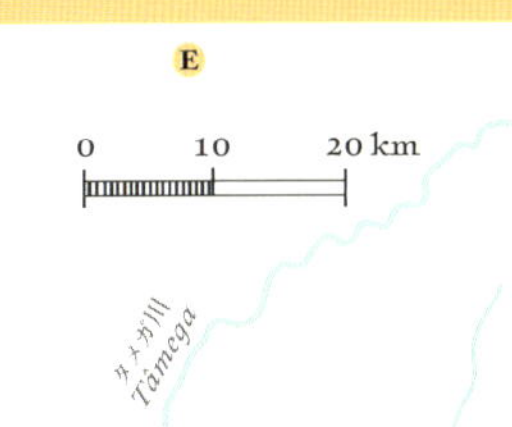

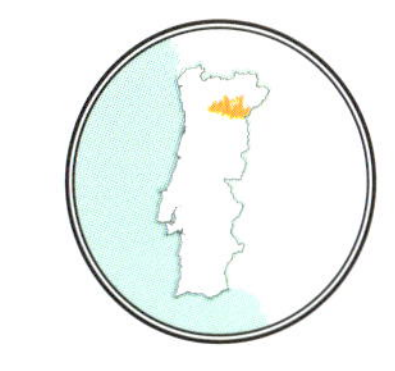

ミランデラ／Mirandera
ミムルサ／Murça
ヴィラ・レアル／Vila Real
アリジョー
Alijó
ピニョン
Pinhão
メザン・フリーオ
Mesão Frio
アルママール
Armamar
モンコルヴォ
Moncorvo
スペイン／Spain
トゥエラ川／Tua
タメガ川
Tâmega
サボル川
Sabor
ドウロ川
Douro

バイショ・コルゴ地区
Baixo Corgo

ドウロ・スペリオル地区
Douro Superior

シマ・コルゴ地区
Cima Corgo

● トゥリガ・フランカ (Touriga Franca)、トゥリガ・ナシオナル (Touriga Nacional)、テンプラニーリョ (Tempranillo)*、

● マルヴァジア (Malvasia)、ヴィシーニョ (Visinho)、ゴウヴェイオ (Gouveio)

*現地ではティンタ・ロリスと呼ばれている。

土着品種

Nord
北

Vale do Douro

ドウロ渓谷地方

栽培面積 (ha)
45,500

10%
90%

ポルトガルの宝と言える産地。そのワインと景観はユネスコの世界遺産に相応しいものである。ドウロ川沿いの急斜面に、栽培者が築いた石垣で支えられた段々畑が広がっている。素晴らしい白と赤を産出しているが、歴史的にポルトの生産地として名高い。ポルトはワインの発酵の途中で糖度を残すために蒸留酒を加えて、アルコール度数が20%前後になるように仕上げた酒精強化ワインである。この数年前から、フランスは英国を抜いて世界第1位のポルト消費国となっている。

栽培面積 (ha)
30,741

40%
60%

Lisbon

リスボン地方

その昔はエストレマドゥーラの名で知られていたこの地方は、リスボン人が誇りとする産地である。大西洋の影響でアレンテージョ地方よりも穏やかな気候の恩恵を受けている。白ブドウ品種が畑の大半を占めている。オビドス地区の発泡性の白ワインは秀逸である。

● アリカンテ・ブーシェ (Alicante Bouschet)、カステラン (Castelão)、テンプラニーリョ (Tempranillo)*

● アリント (Arinto)、フェルナン・ピレス (Fernão Pires)

*現地ではアラゴネスと呼ばれている。

土着品種

ソーレ
Soure
ポンバル
Pombal

エンコスタス・デ・アイレ地区
Encostas de Aire

レイリーア
Leiria
ナザレ
Nazaré
ファティマ
Fátima
カルダス・ダ・ライーニャ
Caldas da Rainha
ペニーシェ
Peniche

オビドス地区
Óbidos

ロウリニャン
Lourinhã

トレス・ヴェドラス
Torres Vedras
サンタレン
Santarém
テージョ川／Tejo

トーレス・ヴェルダス
Torres Verdas

アレンケル地区
Alenquer

アルーダ地区
Arruda

コラレス地区
Colares

ブセラス地区
Bucelas

シントラ／Sintra
アマドーラ
Amadora
エストリル／Estoril
リスボン／Lisbon

カルカヴェロス地区
Carcavelos

バレイロ
Barreiro

0 10 20 km

Nord
北

特徴

全長	897km
水源	ウルビオン山（スペイン）
河口	大西洋
通過国	スペイン、ポルトガル
主な支流	ピスエルガ川、タメガ川、エスラ川、トルメス川、コア川

代表品種

- ● 黒ブドウ品種
- ● 白ブドウ品種

ブルゴス／Burgos

ピスエルガ川／Pisuerga

ピコス・デ・ウルビオン（2160m）
Picos de Urbión

ドゥロ川／デュエロ川
Duero, Douro

リベラ・デル・ドゥエロ地区
Ribera del Duero

● テンプラニーリョ（Tempranillo）

ルエダ地区
Rueda

● ベルデホ（Verdejo）

マドリッド
Madrid

El Duero O Douro

ドゥエロ川／ドウロ川

イベリア半島の大河

この川の名前の由来には諸説ある。荒々しい流れは神々の毅然たる意志の表れであるとして、「厳しい」という意味のラテン語の「duris」、またはポルトガルの語「duro」から来ているという説がある。一方で、イベリア半島のエルドラドを夢見て、川面に金の小石が映し出されていたと信じ、ポルトガル語で「金」を意味する「ouro」から名が付けられたという伝説を好む者もいる。この川の流れに沿って行けば、今でも富を築くことができるのかは誰にも分からないが、1つ確かなことは、その流域にワインという至宝が存在するということである。

水源に最も近い上流域で、その恵みを歓迎するかのように、この川から名を取った産地がスペインのリベラ・デル・ドゥエロ地区である。その畑は高原地帯から、この川に沿って115km下った地点にまで及んでいる。スペインの中心に位置するが、気候条件の厳しい側面がワインの逞しさに表れている。標高700〜850mの斜面に広がる畑では雪はほとんど降らないが、霜に見舞われることが多い。

ドゥエロ川はさらに下り、黒ブドウ品種のテンプラニーリョが王として君臨するこの地方で、あえて白ブドウ品種のヴェルダホに畑の面積の85%を捧げる不屈のルエダ地区へと流れていく。国境を越えるのをためらうかのように、スペインの地をさらに122km流れた後、ポルトガルへと入る。新たな言語と名前の登場だ。ドゥエロ川はドウロ川と名を変え、また航行可能な川となる。ブドウ畑に沿ってしばらく流れた後、ようやく偉大なる名酒、ポルトの故郷である、段々畑がどこまでも続く壮大なドウロ溪谷地方へと至る。ポルトはこのワインが世界に向けて出荷される港町から取った名前である。その背後を流れるドウロ川ではラベロ舟（舟底が浅い帆舟）が行き交い、ワイン樽を主要都市に運んでいる。ポルトの熱い空気から大西洋の爽やかな風に変わる地点で、ドウロ川は溌剌とした白ワインを生むヴィーニョ・ヴェルデ地方を通過して大西洋へと辿り着き、その長い旅を終える。

※ドゥエロ川（スペイン語：El Dunero）またはドウロ川（ポルトガル語：O Douro）はイベリア半島を流れる川で、スペインではドゥエロ川、ポルトガルではドウロ川へと名を変える。

トラキア
バルカン半島
黒海
ドナウ川
ソフィア

BULGARIA
ブルガリア

西欧ではあまり知られていないが、実は東欧で最も地中海に近い国である。素晴らしいワインを生むトスカーナ地方（イタリア）やリオハ地方（スペイン）と同じ緯度にあるブルガリアは、多様で豊かなテロワールを有している。

世界ランキング（生産量）
22

栽培面積（ha）
64,000

年間生産量（100万ℓ単位）
130

黒ブドウと白ブドウの栽培比率

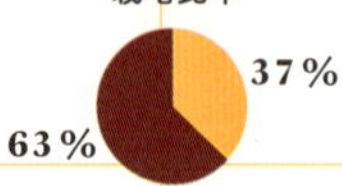

収穫時期
9月

ワイン造りの始まり
紀元前
3000
年

貢献した民族
トラキア人

歴史

1980年に世界の5大生産国の1つに数えられるほどに成長したブルガリア

「神は世界を創造した時、我が民をお忘れになった。その心苦しさから、神は理想的な気候、肥沃な土地、黒海への玄関口、そして素晴らしいワインを授けてくださった」。ブルガリア人の間ではこのような逸話が語り継がれている。古代にブルガリアワインを確実に発展させ、その品質を高めたのは、様々な土地を旅して豊富な知識を習得していたギリシャ人である。1396〜1878年まではオスマン帝国に統治され、イスラム教の名のもと、ワイン造りは衰退した。19世紀末のサン・ステファノ条約により、ブルガリアに自治権が与えられ、ワインのためのブドウ栽培が復活した。ここから、ブルガリアワインの繁栄は始まった。1980年には世界の5大生産国の1つに数えられるほどになった。その最初の上顧客は誰だったか？ それは、あのウィンストン・チャーチル卿である！ 伝説によると、英国の偉大な元首相はブルガリアワインを毎年500ℓ近くも注文していたという。

現代

栄光ある過去と明るい未来

栄光ある過去と明るい未来、これが現代のブルガリアの状況である。栽培地は1960年以降に再整備され、大きく5地方に分類されている。消費者にとって分かりやすく、西欧の仕組みに近い分類となっている。ただし、首都ソフィア周辺とギリシャとの国境地区の畑は、どの地方にも属していないと言えよう。若い生産者たちがこうした小地区に移り、他にはない個性的な土壌と品種の可能性を引き出そうとしている。

まずは知っておきたい5産地

- スタラ・ザゴラ
- ノヴァ・ザゴラ
- メルニック
- ヴァルナ
- スリヴェン

主な栽培品種

● メルロ (Merlot)、パミッド (Pamid)、カベルネ・ソーヴィニヨン (Cabernet Sauvignon)
● ルカツィテリ (Rkatsiteli)、ディミャット (Dimyat)、マスカット・オットネル (Muscat Ottonel)

土着品種

A B C D

ITALY

地中海
トスカーナ地方
古代ローマ時代
D.O.C.(統制原産地呼称)

イタリア

伝説では、ワインの神、ディオニュソス(別名バッカス)がシチリアで人類にワインの秘密を授けたとされている。
実に多彩な気候、テロワール、品種に恵まれたイタリアワインの魅力は、一生をかけても知り尽くすことはできないであろう。

世界ランキング(生産量)
1

栽培面積(ha)
690,000

年間生産量(100万ℓ単位)
5,090

黒ブドウと白ブドウの栽培比率

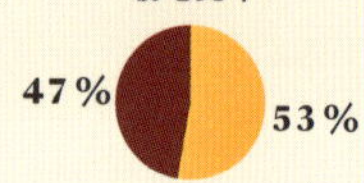

収穫時期
8〜10月

ワイン造りの始まり
紀元前
800
年

貢献した民族
**エトルリア人
ギリシャ人**

歴史

イタリア、特に「長靴」の先端にあるカラブリア州は、古代ギリシャ人によって、すでに「ワインの地」を意味するEnotria(エノトリア)と呼ばれていた。つまり、はるか遠い昔から、ワインに選ばれた土地だったのである。ワインはゲルマン民族と対峙したローマ軍の喉の渇きを癒すために、あるいはフィレンツェ派の画家に喜びを与えるために、至る所で造られてきた。

はじめてブドウの木が植えられたのは、南部のシチリア島やカラブリア州で、畑は徐々に北へ広がり、全土に広がっていった。地中海沿岸地域の貿易の要衝でもあったイタリアは、様々な戦争、侵略を経験してきた。その影響により、ワインの歴史にも、栄光の時代(ローマ帝国、ルネサンス)と暗澹たる時代(ゴート族の侵略、メディチ家の没落、第二次世界大戦)が交互に現れる。

**はるか遠い昔から
ワインに選ばれた
土地だったイタリア**

現代

ワインはイタリア全20州で、一切の例外なく生産されている。北のアオスタ渓谷の粘土質の土壌から南のシチリア島の火山性の土壌まで、ワインが文字通り全国で生産されている国は、このイタリアだけである。

**イタリアは全国各地で
ワインが造られている
唯一の国**

現在、フランス、スペイン、イタリアで地球上のワインの47%を生産しているが、イタリアは2国を僅差で抑えて世界一の生産国となっている。テロワールの個性は州によって異なるが、大きく2つのタイプに分類することができる。地中海沿岸地域と、ミラノとナポリを結ぶ、国の中央を縦断するアペニン山脈周辺地域である。フランスのAOCに倣ったD.O.C.という統制原産地呼称制度があり、D.O.C.認定地区は400以上もある。それぞれの地区で、特定の生産条件に基づいてワインが生産されている。「イタリアワイン」を一括りで定義づけることはほぼ不可能と言っていい。その多彩さは今も進化し続けている、驚くべき多様性から生まれたものである。フランスと同様に、ワイン業界で様々な議論が巻き起こり、世代間で環境と品質に対する考え方の違いが生じている国でもある。

フランス
France

等級	名称
D.O.C.G.	Denominazione di Origine Controllatta e Garantita (保証付き統制保証原産地呼称ワイン)
D.O.C.	Denominazione di Origine Controllata (統制原産地呼称ワイン)
I.G.T.	Indicazione Geografica Tipica (地理特性表示ワイン)
V.d.T.	Vino da Tavola (テーブルワイン)

イタリアワインには4階級の格付けがある。
最も多いのはD.O.C.、D.O.C.G.で、
全生産量の34%に相当する。

主な栽培品種

- ● サンジョヴェーゼ(Sangiovese)、モンテプルチアーノ(Montepulciano)、メルロ(Merlot)、バルベーラ(Barbera)、ネーロ・ダヴォラ(Nero d'Avola)
- ● カタッラット・ビアンコ(Catarratto Bianco)、トレッヴィアーノ・スカーノ(TrebbianoToscano)、シャルドネ(Chardonnay)、グレーラ(Glera)

土着品種

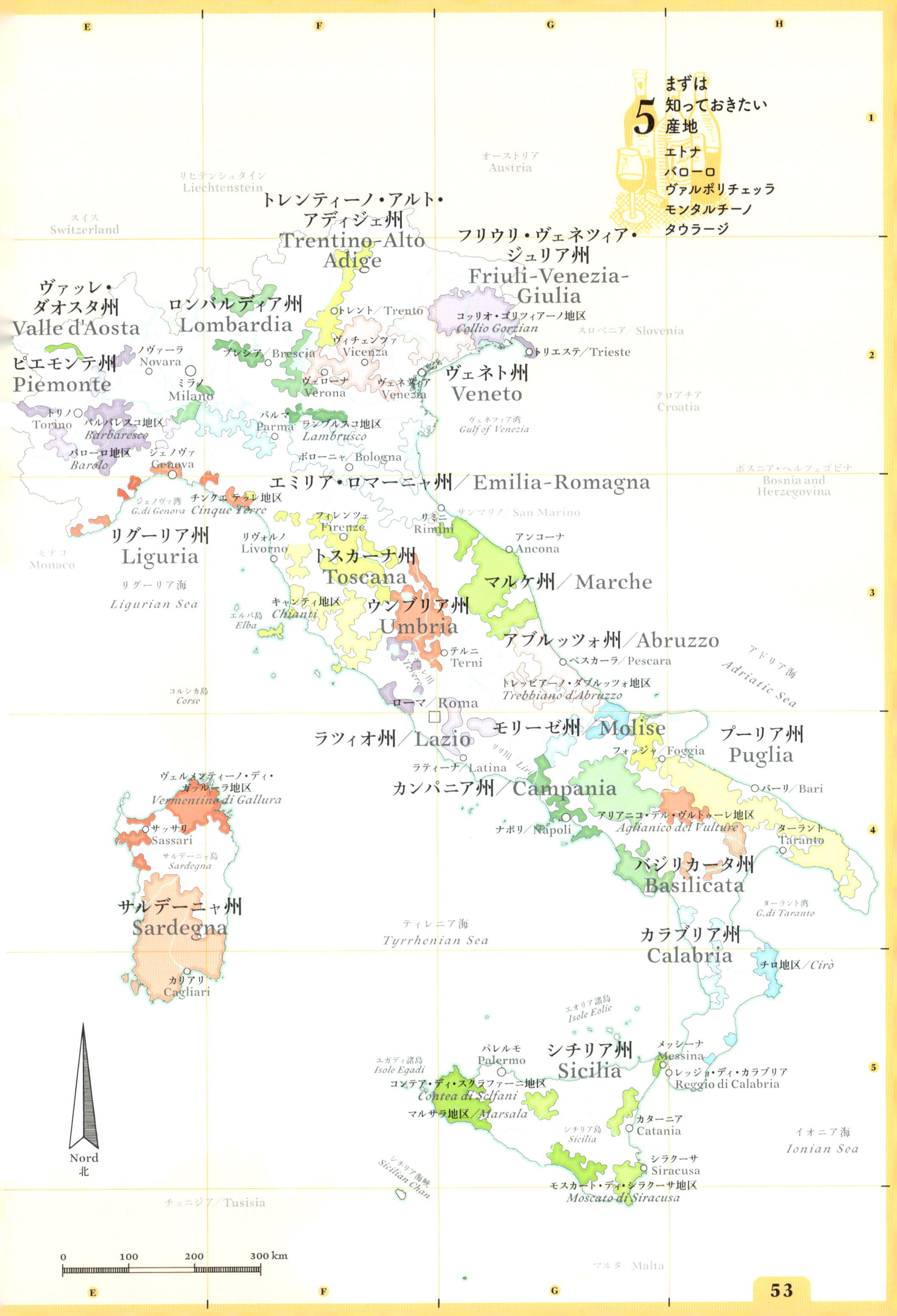

5
まずは
知っておきたい
産地
エトナ
バローロ
ヴァルポリチェッラ
モンタルチーノ
タウラージ
オーストリア
Austria
リヒテンシュタイン
Liechtenstein
スイス
Switzerland
トレンティーノ・アルト・アディジェ州
Trentino-Alto Adige
フリウリ・ヴェネツィア・ジュリア州
Friuli-Venezia-Giulia
ヴァッレ・ダオスタ州
Valle d'Aosta
ロンバルディア州
Lombardia
トレント／Trento
コッリオ・ゴリツィアーノ地区
Collio Gorizian
スロベニア／Slovenia
ヴィチェンツァ
Vicenza
トリエステ／Trieste
ノヴァーラ
Novara
ブレシア／Brescia
ピエモンテ州
Piemonte
ミラノ
Milano
ヴェローナ
Verona
ヴェネツィア
Venezia
ヴェネト州
Veneto
クロアチア
Croatia
トリノ
Torino
バルバレスコ地区
Barbaresco
パルマ
Parma
ランブルスコ地区
Lambrusco
ヴェネツィア湾
Gulf of Venezia
バローロ地区
Barolo
ジェノヴァ
Genova
ボローニャ／Bologna
ボスニア・ヘルツェゴビナ
Bosnia and Herzegovina
エミリア・ロマーニャ州／Emilia-Romagna
ジェノヴァ湾
G.di Genova
チンクエ・テッレ地区
Cinque Terre
サンマリノ／San Marino
フィレンツェ
Firenze
リミニ
Rimini
リグーリア州
Liguria
リヴォルノ
Livorno
アンコーナ
Ancona
モナコ
Monaco
トスカーナ州
Toscana
マルケ州／Marche
リグーリア海
Ligurian Sea
キャンティ地区
Chianti
ウンブリア州
Umbria
エルバ島
Elba
アブルッツォ州／Abruzzo
テルニ
Terni
ペスカーラ／Pescara
アドリア海
Adriatic Sea
テヴェレ川
Tevere
トレッビアーノ・ダブルッツォ地区
Trebbiano d'Abruzzo
コルシカ島
Corse
ローマ／Roma
モリーゼ州／Molise
プーリア州
Puglia
ラツィオ州／Lazio
リリ川
Liri
フォッジャ／Foggia
ラティーナ／Latina
ヴェルメンティーノ・ディ・ガッルーラ地区
Vermentino di Gallura
カンパニア州／Campania
バーリ／Bari
サッサリ
Sassari
アリアニコ・デル・ヴルトゥーレ地区
Aglianico del Vulture
ナポリ／Napoli
ターラント
Taranto
サルデーニャ島
Sardegna
バジリカータ州
Basilicata
サルデーニャ州
Sardegna
ターラント湾
G.di Taranto
ティレニア海
Tyrrhenian Sea
カラブリア州
Calabria
チロ地区／Cirò
カリアリ
Cagliari
エオリア諸島
Isole Eolie
シチリア州
Sicilia
パレルモ
Palermo
メッシーナ
Messina
エガディ諸島
Isole Egadi
レッジョ・ディ・カラブリア
Reggio di Calabria
コンテア・ディ・スクラファーニ地区
Contea di Sclfani
マルサラ地区／Marsala
カターニア
Catania
シチリア島
Sicilia
イオニア海
Ionian Sea
シチリア海峡
Sicilian Chan
シラクーサ
Siracusa
モスカート・ディ・シラクーサ地区
Moscato di Siracusa
Nord
北
チュニジア／Tusisia
0
100
200
300 km
マルタ Malta

スイス
Switzerland
ヴァッレ・ダオスタ
Valle-d Aosta
フランス
France
ロンバルディア州
Lombardia
リグリア州
Liguria
マッジョーレ湖
Lake Maggiore
北部地域
Nord
トリノ地域
Torino
モンフェッラート地域
Monferrato
アルバ地域
Alba
ヴァッリ・オッソラーネ地区
Valli Ossolane
ゲンメ地区／Ghemme
ボーカ地区／Boca
コリーネ・ノヴァレージ地区
Colline Novaresi
ブラマテッラ地区
Bramaterra
ガッティナーラ地区
Gattinara
ファーラ地区
Fara
コステ・デッラ・セシア地区
Coste della Sesia
シッツァーノ地区
Sizzano
レッソーナ地区
Lessona
カレーマ地区
Carema
ビエッラ
Biella
ノヴァーラ
Novara
ヴェルチェッリ
Vercelli
エルバルーチェ・ディ・カルーソ地区
Erbaluce di Caluso
カナヴェーゼ地区
Canavese
ルビーノ・ディ・カンタヴェンナ地区
Rubino di Cantavenna
グリニョリーノ・デル・モンフェッラート・カザレーゼ地区
Grignolino Del Monferrato Casalese
マルヴァジア・ディ・カステルヌオヴォ・ドン・ボスコ地区
Malvasia di Castelnuovo Don Bosco
ガビアーノ地区
Gabiano
コッリーナ・トリネーゼ地区
Collina Torinese
ヴァルスーサ地区
Valsusa
トリノ
Torino
グリニョリーノ・ダスティ地区
Glignolino d'Asti
バルベーラ・ダスティ地区
Barbera d'Asti
フレイザ・ディ・キエーリ地区
Freisa di Chieri
フレイザ・ダスティ地区
Freisa d'Asti
カソルツォ地区
Casorzo
バルベーラ・デル・モンフェッラート地区
Barbera del Monferrato
アスティ Asti
アレッサンドリア
Alessandria
ピネロレーゼ地区
Pinerolese
アルブニャーノ地区
Albugnano
テッレ・アルフィエーリ地区
Terre Alfieri
ルケ・ディ・カスタニョーレ・モンフェッラート地区
Ruche di Castagnole Monferrato
ポー川／Po
アルバ地区
Alba
ロエーロ地区
Roero
カロッソ地区
Calosso
ニッツァ地区
Nizza
ノーヴィ・リグレ
Novi Ligure
バルバレスコ地区
Barbaresco
ストレーヴィ地区
Strevi
ガヴィ地区
Gavi
コッリ・トルトネージ地区
Colli Tortonesi
アルバ
Alba
ロアッツォロ地区
Loazzolo
ブラケット・ダックイ地区
Brachetto d'Acqui
モンフェッラート地区
Monferrato
コッリーネ・サルッツェージ地区
Colline Saluzzesi
バローロ地区
Barolo
ドルチェット・ダックイ地区
Dolcetto d'Acqui
オヴァーダ地区
Ovada
ドルチェット・ダスティ地区
Dolcetto d'Asti
ドリアーニ地区
Dogliani
ディアーノ・ダルバ地区
Diano d'Alba
コルテーゼ・デッラルト・モンフェッラート地区
Cortese dell'Alto Monferrato
Nord
北
0 20 40 km
A B C D
1 2 3 4 5

Piemonte

ピエモンテ州

アルプス山脈の玄関口に位置する、イタリア最高峰のワインを生む地方。その立地条件から「山のふもと」を意味する「ピエモンテ」という名が付けられているが、ブドウ栽培に絶好の気候、土壌、地形に恵まれている。

栽培面積(ha)
59,000

黒ブドウと白ブドウの栽培比率

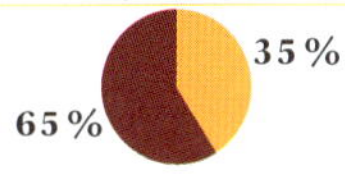

DOC
42

DOCG
17

ピエモンテ州といえば、品質へのこだわりが強い産地として名が通っている。それはI.G.T.(地理特性表示)に格付けされたワインが一切なく、この国で最多の統制原産地呼称ワインを産出する地方という事実に表れている。反対に生産量は全国6位に留まっている。言わばイタリアのブルゴーニュ地方である。多様なミクロクリマ(微気候)に富み、細分化された区画で小規模な蔵元が、主に単一品種からなる珠玉のワインを生み出している。ただ、ここでの主役はピノ・ノワールではなく、ネッビオーロである。その名は、収穫時に丘陵地帯に立ち込める霧(ネッビア)に由来する。

ネッビオーロは例えるならば、豊饒よりも洗練を好む気高きバレエダンサーだ。ピエモンテ州はこの気難しい品種が適応することのできる数少ない土地の一つである。なかでもD.O.C.G.であるバローロとバルバレスコは、世界屈指の赤ワインに数えられる。19世紀にガラスのボトルで販売されるようになった最初のイタリアワインであった。1980年に、アルバから15km南下した地点にあるバローロ村を中心とする地区が、同国で初めてD.O.C.G.(統制保証原産地呼称)を取得した。ネッビオーロの真髄を引き出すことのできる二大テロワールは、実に奥深い、重厚なワインを生む。長い熟成期間(バローロの場合、最低3年、リゼルヴァは最低5年)を経て世に出されるワインは、その後も数十年にまで及ぶ、驚くべき長期熟成のポテンシャルを秘めている。2つのD.O.C.G.は栽培区画が2haにも及ばない、イタリアで最も希少性の高いワインでもある。全てはカヴール伯爵なる人物(1810〜1861)が、フランス滞在時に単一品種でワインを造るというアイデアを得たことから始まった。諺通りに、旅が青年を陶冶し、素晴らしいインスピレーションを与えたのである!

19世紀の害虫フィロキセラの禍後、ピエモンテ州の生産者たちはカベルネやピノなどの外来品種の栽培を試したが、直ぐに忘れ去られ、テロワールに申し分なく適応する土着品種に植え替えられた。ネッビオーロほどタンニンが強くなく、扱いやすいバルベーラ種もブームになっている。かつては収量が高いため、大衆向けワイン用の品種と見なされていたが、今では世界的な人気を得ており、特にD.O.C.G.バルベーラ・ダスティの品種として、脚光を浴びている。

イタリア最西端の産地であるピエモンテ州は、四季の変化がはっきりしている気候となっている。そのため、特にヴィンテージ(産年)の影響が強く表れる。毎年、他の年には見られない独特な個性を秘めたワインが生まれる。

主な栽培品種

- ● ネッビオーロ(Nebbiolo)、バルベーラ(Barbera)、ドルチェット(Dolcetto)
- ● モスカート(Moscato)、アルネイス(Arneis)、コルテーゼ(Cortese)

イタリア品種

国際品種による白ワインが大半を占める、
イタリア色が最も薄い地方と言える。
また、そのワインの大半はドイツに輸出されている。

栽培面積（ha）
13,700

黒ブドウと白ブドウの栽培比率
40％
60％

DOC
8

Trentino-Alto Adige

トレンティーノ＝アルト・アディジェ州

オーストリア
Austria

ボルツァーノ
Bolzano

メラネーゼ・ディ・コッリーナ地区
Meranese di Collina

ブレッサノーネ
Bressanone

ヴァル・ヴェノスタ地区
Val Venosta

メラーノ／Merano

アルト・アディージェ地区
Alto Adige

コッリ・ディ・ボルツァーノ地区
Colli di Bolzano

テルラーノ地区
Terlano

サンタ・マッダレーナ地区
Santa Maddalena

ヴァッレ・イサルコ地区
Valle Isarco

ボルツァーノ
Bolzano

ボルツァーノ地域
Bolzano

ライヴェス／Laives

カルダーロ地区
Caldaro

ヴァルダーディジェ地区
Valdadige

メリッサ地区
Melissa

トレント地域
Trento

トレント／Trento

ペルジネ・ヴァルスガーナ
Pergine Valsugana

トレンティーノ地区、トレント地区
Trentino, Trento

カステッレール地区
Casteller

アルコ／Arco

リヴァ・デル・ガルダ
Riva del Garda

ロヴェレート／Rovereto

ヴァルダーディジェ地区
Valdadige

ヴェネト州
Veneto

テッラデイフォルティ地区
Terradeiforti

ガルダ湖
L. di Gard

ロンバルディア州
Lombardia

0 20 40 km

Nord
北

山深い地方で、耕作に適する土地の面積は全体のわずか15％である。イタリア的な「ドルチェ・ヴィータ」を連想させる甘い響きの名ではないが、ドイツで有名なゲヴュルツトラミネール種は、実はこの地方、より正確に言えば、ボルツァーノ周辺のテルメーノ村で生まれた品種である。ドイツ語の「ゲヴュルツ」はスパイシーを意味し、「トラミン」はテルメーノ村のドイツ語名である。

主な栽培品種

- ● スキアーヴァ（Schiava）、ラグレイン（Lagrein）、ピノ・ノワール（Pinot Noir）
- ● ピノ・グリージョ（Pinot Grigio）、シャルドネ（Chardonnay）、ゲヴュルツトラミネール（Gewürztraminer）

イタリア品種

E F G H

ピエモンテ州と同様、温暖で日照が豊富な夏を好むネッビオーロ種に適した土地である。栽培面積の50%がDOC、DOCGに認定されている、上質なワインを生む地方である。

Lombardia

ロンバルディア州

栽培面積（ha）

26,300

黒ブドウと白ブドウの栽培比率

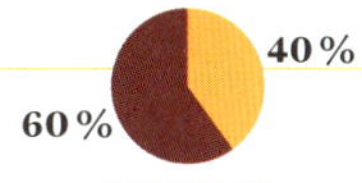

DOC **22**

DOCG **5**

マッジョーレ湖、コモ湖、イーゼオ湖、ガルダ湖の影響で、温和な大陸性気候となっている。この気候条件と起伏豊かな地形が相まって、赤、白、ロゼ、発泡性と様々なスタイルのワインが生まれる。だが、この地名を世界中のワイン愛好家たちに知らしめたのは、ヴァルテッリーナ地区の赤ワインである。また、「イタリアのシャンパーニュ」として、隣の州のプロセッコを挙げる傾向にあるが、実はそうとは限らない！　アルプス山脈の向こう側のフランスの名高き発泡性ワインに最も近いのは、このロンバルディア州のD.O.C.G.フランチャコルタであろう。この素晴らしい発泡性ワインは、シャンパーニュと同じ瓶内二次発酵方式を用いて、ピノ・ノワール種とシャルドネ種から造られる。ランスとミラノはライバル関係にあるのかもしれない。

主な栽培品種

- ● ネッビオーロ（Nebbiolo）、ピノ・ノワール（Pinot Noir）
- ● シャルドネ（Chardonnay）、ヴェルディッキオ（Verdicchio）、ピノ・ブラン（Pinot Blanc）

イタリア品種

スイス／Switzerland

ヴァルテッリーナ地域
Valtellina

ヴァルテッリーナ地区
Valtellina

ソンドリオ
Sondrio

トレンティーノ・アルト・アディジェ州
Trentino-Alto Adige

マッジョーレ湖
L. Maggiore

コモ湖
L. di Como

ブレシア地域
Brescia

レッコ／Lecco

ヴァルカレピオ地区
Valcalepio

イゼーオ湖 *L. di Iseo*

コモ／Como

ベルガモ／Bergamo

フランチャコルタ地区
Franciacorta

ガルダ地区
Garda

レニャーノ
Legnano

モンツァ
Monza

コッレオーニ地区
Colleoni

チェッラティカ地区
Cellatica

ボッティチーノ地区
Botticino

ヴェネト州
Veneto

ブレッシャ／Brescia

ミラノ／Milano

ガルダ・ブレシャーノ・ルガナ地区
Garda Bresciano Lugana

カプリアーノ・デル・コッレ地区
Capriano del Colle

ガルダ・コッリ・マントヴァーニ地区
Garda Colli Mantoviani

パヴィア地域
Pavia

ピエモンテ州
Piemonte

アッダ川
Adda

オーリオ川 *Oglio*

パヴィア／Pavia

サン・コロンバーノ・アル・ランブロ地区
San colombano al Lambro

クレモナ
Cremona

マントヴァ
Mantova

オルトレポ・パヴェーゼ地区
Oltrepò pavese

ランブルスコ・マントヴァーノ地区
Lambrusco Montovano

マントヴァ地域
Mantova

0 20 40 km

エミーリア・ロマーニャ州
Emilia Romagna

E F G

Friuli-Venezia Giulia

フリウリ=ヴェネツィア・ジュリア州

栽培面積（ha）
19,000

黒ブドウと白ブドウの栽培比率

23％ 77％

DOC
10

DOCG
4

オーストリア、スロベニア、アドリア海に囲まれた地方で、多文化の遺産を受け継いでいる。それは料理にもワインにも表れている。

主な栽培品種

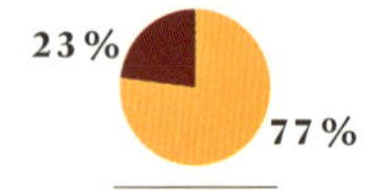

- メルロ（Merlot）、レフォスコ（Refosco）、カベルネ・フラン（Cabernet Franc）
- ピノ・グリージョ（Pinot Grigio）、フリウラーノ（Friulano）、グレーラ（Glera）

イタリア品種

フィロキセラの襲来を受けるまでは、何と350以上の品種が栽培されていた！ 品質を高めるために、栽培品種の選定が入念に行われたが、30品種近くが残り、ワインの多様性は今も引き継がれている。イタリア最高のピノ・グリージョが育つ地方である。もしかすると、世界一のピノ・グリージョと言えるかもしれない。

近年、生産者たちはオーストリア・ハンガリー帝国時代に人気のあった古い土着品種、ピコリット、ヴェルドゥッツォ（白ブドウ品種）に注目するようになっている。長い間、フルーティーな若飲みタイプという型にはめられてきた赤ワインは、多品種のブレンドと樽熟成を巧みに取り入れたことで、新たな評価を得るようになった。

トレンティーノ・アルト・アディジェ州
Trentino-Alto Adige

フリウリ・ヴェネツィア・ジューリア州
Friuli-Venezia-Giulia

ピアーヴェ川 *Piave*

ブレンタ川 *Brenta*

コッリ・ディ・コネリアーノ地区
Colli di Conegliano

トレヴィーゾ地域
Treviso

プロセッコ・ディ・コネリアーノ・ヴァルドッビアーデネ地区
Prosecco di Conegliano Valdobbiadene

ヴェローナ地域
Verona

ブレガンツェ地区
Breganze

モンテッロ エ コッリ・アゾラーニ地区
Montello e Colli Asolani

ヴィーニ・デル・ピアーヴェ地区
Vini del Piave

リソン・プラマッジョーレ地区
Lison-Pramaggiore

レッシーニ・ドゥレッロ地区
Lessini Durello

ヴィチェンツァ地域
Vicenza

トレヴィーゾ
Treviso

ガルダ湖
L. Di Garda

ヴァルポリチェッラ地区
Valpolicella

バルドリーノ地区
Bardolino

ヴィチェンツァ
Vicenza

ヴェネツィア
Venezia

サン・マルティーノ・デッラ・バッターリア地区
San Martino della Battaglia

ソアーヴェ地区
Soave

コッリ・ベリチ地区
Colli Berici

パドヴァ
Padova

ヴェローナ
Verona

コッリ・エウガネイ地区
Colli Euganei

ビアンコ・ディ・クストーザ地区
Bianco di Custoza

ヴェネツィア湾
Gulf of Venice

パドヴァ地域
Padova

アドリア海
Adriatic Sea

アディジェ川 *Adige*

ロンバルディア州
Lombardia

ポー川 *Po*

エミリア・ロマーニャ州
Emilia Romagna

0 20 40 km

Veneto

ヴェネト州

イタリア第一の生産地となったばかりのヴェネト州は、特にイタリアで最も有名な発泡性ワイン、プロセッコで名を知られるようになった地方である。

栽培面積 (ha)

76,900

黒ブドウと白ブドウの栽培比率

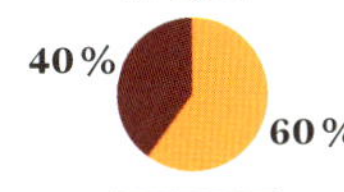

DOC 27

DOCG 14

スロベニアとの国境から5kmの地点にあるプロセッコの町から、白ブドウ品種と発泡性ワインの名が付けられた。2009年に混同を避けるために、イタリア政府は品種の名をグレーラと改名した。2013年にプロセッコの輸出本数は、発泡性ワインの代表格であるシャンパーニュを初めて上回った。

この地方のもう一つの自慢はアマローネである。収穫したブドウを自然乾燥させて、果実味と糖分を凝縮させる、アパッシメントという独特な製法で造られる赤ワインである。ブドウは特別な簀子の上で3カ月間、陰干しされる。果実から水分が蒸発し、糖分が凝縮された後で圧搾と発酵が行われる。アルコール度数が16%になることもある、ふくよかで妖艶なワインに仕上がる。

主な栽培品種

- ● コルヴィーナ (Corvina)、ロンディネッラ (Rondinella)、モリナーラ (Molinara)
- ● ガルガーネガ (Garganega)、グーレラ (Glera)、トレッビアーノ・ディ・ロマーニャ (Trebbiano di Romagna)

イタリア品種

栽培面積（ha）
60,000

黒ブドウと白ブドウの栽培比率

DOC **19**

DOCG **2**

Emilia-Romagna エミリア・ロマーニャ州

イタリアを南下するにつれて、気候もより温暖になっていく。

この州はその名の示す通り、エミリアとロマーニャの2つの地域に区分される。エミリアは発泡性ワインで知られる地域で、最も華やかで、昔から高い評価を受けているのは、甘口の発泡性赤ワイン、ランブルスコである。ロマーニャは、トスカーナのニュアンスを感じさせるサンジョヴェーゼ種による上質な赤ワインと、イタリアで最も古い白ワインのDOCGである、珠玉のロマーニャ・アルバーナで一目置かれている地域である。近年の傾向として、ソーヴィニヨン・ブラン、シャルドネ、カベルネ・ソーヴィニヨンなどの国際品種の割合が増えている。

主な栽培品種

- サンジョヴェーゼ(Sangiovese)、ランブルスコ(Lambrusco)
- アルバーナ(Albana)、マルヴァジア(Malvasia)、トレッビアーノ(Trebbiano)

イタリア品種

ロンバルディア州 Lombardia
ヴェネト州 Veneto
Nord 北
エミリア地域 Emilia
ピアチェンツァ Piacenza
ランブルスコ・サラミーノ・ディ・サンタ・クローチェ地区 Lambrusco Salamino Di Santa Croce
フィデンツァ Fidenza
フェッラーラ Ferrara
コッリ・ピアチェンティーニ地区 Colli Piacentini
パルマ Parma
レッジョ・ネレミリア Reggio nell'Emilia
ランブルスコ・ディ・ソルバーラ地区 Lambrusco di Sorbara
ボスコ・エリチェオ地区 Bosco Eliceo
モデナ Modena
コマッキオ Comacchio
アドリア海 Adriatic Sea
リグリア州 Liguria
コッリ・ディ・パルマ地区 Colli di Parma
レッジアーノ地区 Reggiano
コッリ・ボローニェージ地区 Colli Bolognesi
ボローニャ Bologna
ラヴェンナ Ravenna
コッリ・ディ・スカンディアーノ・エ・ディ・カノッサ地区 Colli di Scandiano e di Canossa
レーノ地区 Reno
コッリ・ディモラ地区 Colli d'Imola
ファエンツァ Faenza
ランブルスコ グラスパロッサ ディ カステルヴェトロ地区 Lambrusco Grasparossa di Castelvetro
コッリ・ディ・ファエンツァ地区 Colli di Faenza
コッリ・ディ・リミニ地区 Colli di Rimini
ロマーニャ地区 Romagna
リグリア海 Ligurian Sea
リミニ Rimini
トスカーナ州 Toscana
ロマーニャ地域 Romagna
0 20 40 60 km
マルケ州 Marche

- モンテプルチアーノ(Montepulciano)、サンジョヴェーゼ(Sangiovese)
- ヴェルディッキオ(Verdicchio)

イタリア品種

Marche
マルケ州

栽培面積(ha) 20,000

DOC 15

DOCG 5

40% 60%

北部の溌剌とした白、南部の豊満な赤と
両極端なタイプのワインが共存する地方。
多様なテロワールと穏やかな気候が、
正反対のワインを生む基盤となっている！

白ワインが特に有名で、ヴェルディッキオという品種が良く育つ土地であり、600年以上前から栽培されている。その名は果粒の緑がかった色（ヴェルデ）に由来する。国際品種に土地を奪われるまでは、イタリア各地で栽培されていた。この地方では代表品種の地位を守り抜き、象徴的な存在となっている。しっかりした酸味があるため、良質な発泡性ワインもできる。

ペーザロ・エ・ウルビーノ地域 Pesaro e Urbino

アンコーナ地域 Ancona

マチェラータ地域 Macerata

アスコリ・ピチェーノ-フェルモ地域 Ascoli Picento-Fermo

コッリ・ペザレージ地区 Colli Pesaresi

ビアンケッロ・デル・メタウロ地区 Bianchello del Metauro

ラクリマ・ディ・モッロ ダルバ地区 Lacrima di Morro d'Alba

ペルゴラ地区 Pergola

ロッソ・コーネロ地区 Rosso Conero

エジーノ地区 Esino

ロッソ・ピチェーノ地区 Rosso Piceno

ヴェルディッキオ・ディ・カステッリ・ディ・イエージ地区、ヴェルディッキオ・ディ・マテリカ地区 Verdicchio dei Castelli di Jesi, Verdicchio di Matelica

テッレーニ・ディ・サン・セヴェリーノ地区 Terreni di San Severino

ヴェルナッチャ・ディ・セッラペトローナ地区 Vernaccia di Serrapetrona

サン・ジネージオ地区 San Ginesio

コッリ・マチェラテージ地区 Colli Maceratesi

オッフィーダ地区 Offida

ファレーリオ・デイ・コッリ・アスコラーニ地区 Falerio dei Colli Ascolani

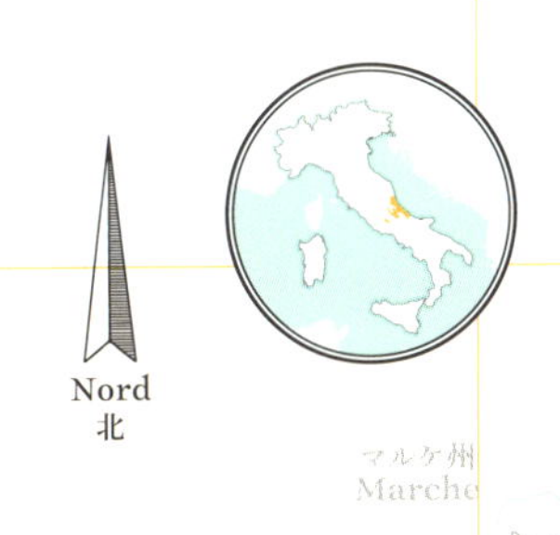

Abruzzo アブルッツォ州

アドリア海沿岸の黄金の砂浜から内陸へと広がる地方で、
その面積の1/3は丘陵地帯、2/3は山岳部となっている。
ブドウにとって理想的な自然条件である！

ここではDOCの数の多さに圧倒されるということはない。だが、その数が少ないからといって、ワインの繊細さが損なわれるわけではない。過小評価されることの多いモンテプルチアーノ種（トスカーナ州の同名の村と混同しないように）は、その豊かな果実味を申し分なく引き出すことのできるこの地方で、代表品種として君臨している。白ブドウに関しては、トレッビアーノの変種であるトレッビアーノ・ダブルッツォが主に栽培されている。

- モンテプルチアーノ(Montepulciano)、サンジョヴェーゼ(Sangivese)
- トレッビアーノ・ダブルッツォ(Trebbiano d'Abruzzo)、シャルドネ(Chardonnay)

イタリア品種

コントログエッラ地区 Controguerra

モンテプルチアーノ・ダブルッツォ・コッリーネ・テラマーネ地区 Montepulciano d'Abruzzo Colline Teramane

オルトーナ地区 Ortona

ヴィッラマーニャ地区 Villamagna

テッレ・トッレージまたはトゥッルム地区 Terre Tollesi o Tullum

モンテプルチアーノ・ダブルッツォ地区、トレッビアーノ・ダブルッツォ地区、チェラスオーロ・ダブルッツォ地区 Montepulciano d'Abruzzo, Trebbiano d'Abruzzo, Cerasuolo d'Abruzzo

栽培面積(ha) 32,000

DOC 8

DOCG 1

40% 60%

Toscana

トスカーナ州

イタリアのなかで最もフォトジェニックでロマンチックなワイン産地といえるトスカーナ州では、厳格かつ複雑な原産地呼称制度が築かれている。サンジョヴェーゼ種はイタリアで最も栽培されている品種だが、特にキャンティ地区でそのポテンシャルの全てを申し分なく開花させる。

栽培面積（ha）
85,000

黒ブドウと白ブドウの栽培比率

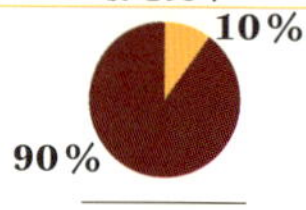

DOC
41

DOCG
11

トスカーナ。その名を口にするだけで、旅情を掻き立てられる。この地を旅すれば、地名から連想されるイメージ（石壁、蝉の声、オリーヴ園）がそっくりそのまま存在することを、身をもって体験することができるだろう。世界の名だたるワイン産地の1つに数えられるが、その名声の確立に大きく寄与したのが、ルネサンス発祥の地であり、1865〜1871年にイタリア王国の都となったフィレンツェの存在であった。歴史的にトスカーナ州のワイン市場が置かれていた町でもあり、ワイン商業は長い間、この町の経済の柱であり続けた。

トスカーナ、といえば今も昔もキャンティである。その名が最初に書き記されたのは14世紀で、当時は白ワインに関するものであった。時が経つにつれて、ワイン生産者は赤ワインに傾倒するようになり、イタリアワインの花形としてヨーロッパ中の大都市に輸出するようになった。18世紀になると、広がりつつあったキャンティの生産地の境界が定められ、フィレンツェの南にある古くからの生産地、ガイオーレ、カステッリーナ、ラッダの3村が「キャンティ連盟」として認知されるようになった。この構想は現代の原産地呼称制度の原型の1つと言えるだろう。現在、トスカーナ州はDOC認定面積が国内最大であり、大きく8地区に分類されるが、特に驚異的な素質を備えているのが、キャンティ・クラシコ地区である。

1970年代、ブドウ栽培は危機を迎えた。そのため、一部の生産者たちがカベルネ・ソーヴィニヨンやメルロなどのボルドー品種を植えることを決意した。これらの品種によるワインには、サンジョヴェーゼ種であることを条件とするキャンティという呼称は認められなかったが、その品質は非の打ちどころがないものだった。生産者たちはただの「テーブルワイン」と扱われないように、「スーペルトスカーナ（スーパータスカン）」と名付けた。非公式ではあったが、思慮深い呼称を持つワインは、この地方の多様性の復活を象徴する存在となった。そして1995年、生産者たちの努力が実り、IGT（地理特性表示ワイン）の認定を獲得することとなった。

イタリア全土、コルシカ島（ニエルッキオと呼ばれる）、そして今ではアルゼンチンやカルフォルニア州でも栽培されているサンジョヴェーゼ種は、トスカーナ州の伝統品種であり続けている。その名は「ジュピターの血」（Sangue＝血、Giove＝ジュピター）を意味する。日当たりが抜群に良い場所を求めるこの品種は、トスカーナ州の太陽の光が燦々と降り注ぐ、穏やかな丘陵地の恩恵を存分に受けている。

主な栽培品種

- ● サンジョヴェーゼ（Sangiovese）、メルロ（Merlot）、カベルネ・ソーヴィニヨン（Cabernet Sauvignon）
- ● トレッビアーノ（Trebbiano）、ヴェルメンティーノ（Vermentino）、トレッビアーノ・トスカーノ（Trebbiano Toscano）

イタリア品種

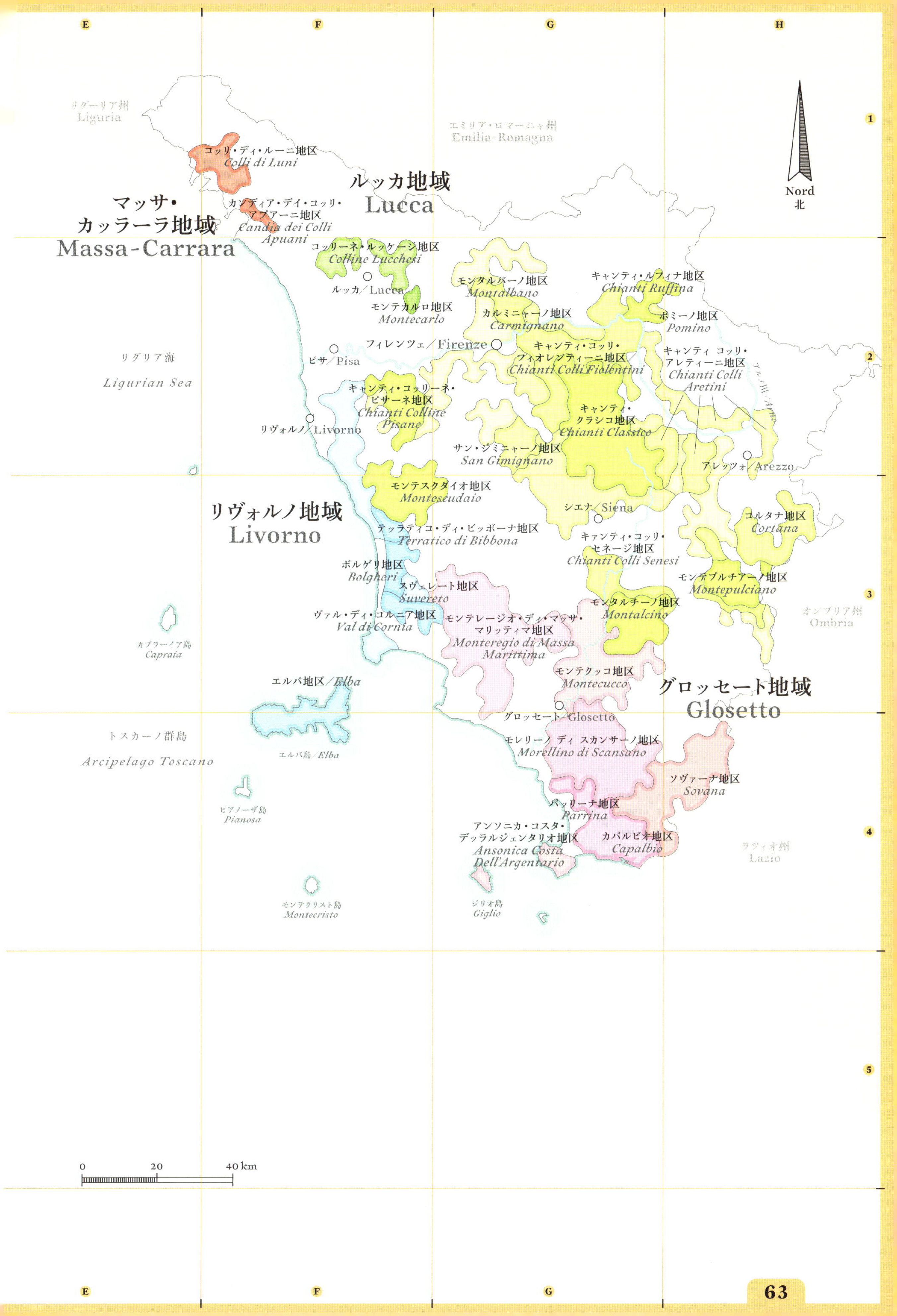

E
F
G
H
1
2
3
4
5
リグーリア州
Liguria
エミリア・ロマーニャ州
Emilia-Romagna
Nord
北
コッリ・ディ・ルーニ地区
Colli di Luni
ルッカ地域
Lucca
マッサ・
カッラーラ地域
Massa-Carrara
カンディア・ディ・コッリ・
アプアーニ地区
Candia dei Colli
Apuani
コッリーネ・ルッケーシ地区
Colline Lucchesi
ルッカ／Lucca
モンテカルロ地区
Montecarlo
モンタルバーノ地区
Montalbano
カルミニャーノ地区
Carmignano
キャンティ・ルフィナ地区
Chianti Ruffina
ポミーノ地区
Pomino
フィレンツェ／Firenze
ピサ／Pisa
リグリア海
Ligurian Sea
キャンティ・コッリ・
フィオレンティーニ地区
Chianti Colli Fiolentini
キャンティ コッリ・
アレティーニ地区
Chianti Colli
Aretini
アルノ川 Arno
キャンティ・コッリーネ・
ピサーネ地区
Chianti Colline
Pisane
リヴォルノ／Livorno
キャンティ・
クラシコ地区
Chianti Classico
サン・ジミニャーノ地区
San Gimignano
アレッツォ／Arezzo
モンテスクダイオ地区
Montescudaio
シエナ／Siena
リヴォルノ地域
Livorno
テッラティコ・ディ・ビッボーナ地区
Terratico di Bibbona
コルタナ地区
Cortana
キャンティ・コッリ・
セネージ地区
Chianti Colli Senesi
ボルゲリ地区
Bolgheri
スヴェレート地区
Suvereto
モンテプルチアーノ地区
Montepulciano
ヴァル・ディ・コルニア地区
Val di Cornia
モンテレージオ・ディ・マッサ・
マリッティマ地区
Monteregio di Massa
Marittima
モンタルチーノ地区
Montalcino
オンブリア州
Ombria
カプラーイア島
Capraia
エルバ地区／Elba
モンテクッコ地区
Montecucco
グロッセート地域
Glosetto
グロッセート／Glosetto
トスカーノ群島
Arcipelago Toscano
エルバ島／Elba
モレリーノ ディ スカンサーノ地区
Morellino di Scansano
ソヴァーナ地区
Sovana
ピアノーザ島
Pianosa
パッリーナ地区
Parrina
アンソニカ・コスタ・
デッラルジェンタリオ地区
Ansonica Costa
Dell'Argentario
カパルビオ地区
Capalbio
ラツィオ州
Lazio
モンテクリスト島
Montecristo
ジリオ島
Giglio
0
20
40 km

Umbria

ウンブリア州

栽培面積（ha）

16,500

黒ブドウと白ブドウの栽培比率

50％ 50％

DOC 13

DOCG 2

イタリア半島の内陸部にひっそりと存在するウンブリア州は、地中海に面していない数少ない州の1つである。

これほど暑い地域で、海に面していないことはブドウ栽培にとっては致命的になり得たが、幸いにも山岳部と穏やかな丘陵地が厳しい条件を和らげている。長い間、家庭で飲まれるテーブルワインが多かったが、その品質は向上し続け、新奇のワインを探求するワイン通を喜ばせるほどにまでなった。この地方はDOCオルヴィエートで名声を博した。数品種のブレンドから造られる白ワインで、数世紀も前から海外で目覚しい成功を収めている。主に石灰質土壌の土地は、白ブドウ品種がかなりの割合を占めるが、ウンブリア州の2つのD.O.C.G.、モンテファルコ・サグランティーノ、トルジャーノ・ロッソ・リゼルヴァの畑は赤ワインに捧げられている。

主な栽培品種

● サンジョヴェーゼ（Sangiovese）、サグランティーノ（Sagrantino）、チリエジョーロ（Ciliegiolo）

● トレッビアーノ・トスカーノ（Trebbiano Toscano）*、グレケット（Grechetto）

*現地ではプロカニコ（Procanico）と呼ばれている。

イタリア品種

E
F
G
H
1
2
3
4
5

ラツィオ州
Lazio
モリーゼ州
Molise
プーリャ州
Puglia
ガッルッチョ地区
Galluccio
サンニオ地区、
ファランギーナ・デル・サンニオ地区
Sannio, Falanghina del Sannio
カゼルタ地域
Caserta
ベネヴェント地域
Benevento
ファレルノ デル マッシコ地区
Falerno Del Massico
カーザヴェッキア・ディ・
ポンテラトーネ地区
Casavecchia di Pontelatone
アリアニコ・デル・タブルノ地区
Aglianico del Taburno
ベネヴェント
Benevento
カゼルタ
Caserta
グレコ・ディ・
トゥーフォ地区
Greco di Tufo
アヴェッリーノ地域
Avellino
アヴェルサ地区
Aversa
ナポリ地域
Napoli
アヴェルサ
Aversa
アヴェリーノ
Avellino
タウラージ地区
Taurasi
イルピニア地区
Irpinia
カンピ・フレグレイ地区
Campi Flegrei
ナポリ
Napoli
ラクリマ・クリスティ・デル・
ヴェスヴィオ地区
Lacryma Christi del Vesuvio
フィアーノ・ディ・
アヴェッリーノ地区
Fiano di Avellino
バジリカータ州
Basilicata
ポッツオリ
Pozzuoli
カステッラマーレ・
ディ・スタビア
Castellammare
di Stabia
サレルノ
Salerno
イスキア地区
Ischia
ナポリ湾
G. di Napoli
コスタ・ダマルフィ地区
Costa d'Amalfi
バッティパーリア
Battipaglia
ソレント半島地区
Penisola sorrentina
カプリ地区
Capli
カステル・サン・
ロレンツォ地区
Castel San Lorenzo
ティレニア海
Tyrrhenian Sea
サレルノ地域
Salerno
チレント地区
Cilento

Campania

カンパニア州

0 15 30 km

栽培面積（ha）

23,000

黒ブドウと白ブドウの栽培比率

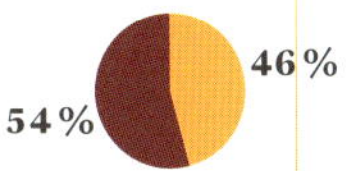

DOC **15**

DOCG **4**

ヨーロッパ大陸最後の活火山である
ヴェスヴィオ山があることで知られる。
南部のネッビオーロと称されるアリアニコ種が
格別に良く育つ地方である。

カンパニア州といえばナポリのイメージが強いだろう。歴史に深く刻まれた町であり、典型的な風景と新鮮な驚きが共存する都市でもある。ワイン産業は数世紀を通して、伝統と近代化の融合を経験してきた。その一例として、この地方の王様であるアリアニコ種は、イタリア南部最古の品種でありながら、明らかに現代の技術の恩恵を受けている品種である。ネッビオーロ種よりも素朴ではあるが、それでも十分な複雑味を備えており、長期熟成に適している。

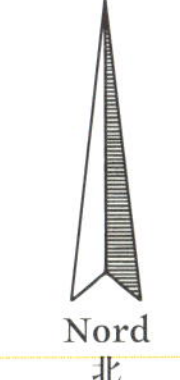

アヴェッリーノ県の一部の地区は火山性土壌に恵まれており、ブドウのなかでも特に優良な株があるのは、その根がヴェスヴィオ火山のマグマにまで達しているからではないか、と言う人もいる。いずれにせよ、火山性／花崗岩質の土壌は、ブドウの大好物であるミネラル分を多く含んでいる。

主な栽培品種

- アリアニコ (Aglianico)
- ファランギーナ (Falanghina)、マルヴァジア (Malvasia)

イタリア品種

E F G

Puglia プーリア州

「長靴の踵」の部分にあたる地域は、ワインよりも絵のように
美しい村々とオリーブ園で世界的に有名である。
しかし、ワイン生産者たちはまだ降参したわけではない！

主な栽培品種

- サンジョヴェーゼ（Sangiovese）、ネグロアマーロ（Negroamaro）、トレッビアーノ（Trebbiano）、プリミティーヴォ（Primitivo）

イタリア品種

イタリアのなかで特に平坦で日照の良い地域に数えられるプーリア州は長い間、オリーブなどの生産性の高い農産物の栽培に注力していた。特にオリーブは国内生産量の半分を誇るほどである。この地のワイン産業はフランスのラングドック・ルション地方と同様の歴史を歩んできた。つまり、日光がじりじりと照り付ける広大な土地は、主に品質が並程度のブレンド用ワインの生産に充てられていた。しかし1990年代後半から、高品質を求める市場の動向、新世代の生産者の到来が転機となり、品質の向上に専念しながら、強いアイデンティティーを築くことに成功し、ワイン業界で注目されるようになってきている。こうした方針の転換が実を結び、2011年に同州初のD.O.C.G.、プリミティーヴォ・ディ・マンドゥリア・ドルチェ・ナトゥラーレが誕生した。

栽培面積（ha）
82,000

黒ブドウと白ブドウの栽培比率

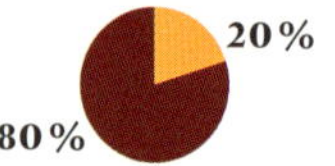

DOC 28

DOCG 4

フォッジャ地域 Foggia
サン・セヴェロ地区 San Severo
フォッジャ Foggia
フォッジャ地区 Foggia
オルタ・ノーヴァ地区 Orta Nova
ロッソ・ディ・チェリニョーラ地区 Rosso di Cerignola

バーリ地域 Bari
バルレッタ Barletta
ロッソ・バルレッタ地区 Rosso Barletta
ロッソ・カノーサ地区 Rosso Canosa
カステル・デル・モンテ地区 Castel del Monte
モスカート・ディ・トラーニ地区 Moscato di Trani
バーリ／Bari
モノポリ Monopoli
グラヴィーナ地区 Gravina
ジョイア・デル・コッレ地区 Gioia del Colle
アルタムーラ Altamura

アドリア海 Adriatic Sea

ブリンディジ地域 Brindisi
ロコロトンド地区 Locorotondo
オストゥーニ地区 Ostuni
マルティナ・フランカ地区 Martina Franca
ブリンディジ Brindisi
ブリンディジ地区 Brindisi

ターラント地域 Taranto
ターラント Taranto
プリミティーヴォ・ディ・マンドゥーリア地区 Primitivo di Manduria
リッツァーノ地区 Lizzano
ターラント湾 G.di Taranto

レッチェ地域 Lecce
スクインツァーノ地区／Squinzano
サリーチェ・サレンティーノ地区 Salice Salentino
レッチェ／Lecce
コペルティーノ地区／Copertino
レヴェラーノ地区 Leverano
ナルド地区 Nardo
ガラティーナ地区／Galatina
アレツィオ地区 Alezio
マティーノ地区 Matino

カンパニア州 Campania
バジリカータ州 Basilicata
カラブリア州 Calabria

Nord 北

0 20 40 km

Sicilia

シチリア州

地中海最大の島は、イタリア最大のブドウ栽培面積を誇る州でもある。
シチリア島のブドウ樹の株数は、
世界第7位のワイン生産国である南アフリカ共和国よりも多い。

栽培面積（ha）
140,000

黒ブドウと白ブドウの栽培比率
30％ 70％

DOC
23

DOCG
1

シチリアの風景は、アオスタ渓谷の雪で覆われた丘陵地帯とはかけ離れている。チュニスやローマに近いこの土地の人たちは、イタリア人である前にシチリア人である。ここはコロッセオの地ではなく、エトナ火山の地である。

シチリア島を代表するワインとして甘口のマルサラがある。ただ、同じ酒精強化ワインであるポルトガルのポルト、スペインのシェリーほどもてはやされているわけではない。ワイン生産の90％は生産者組合によるものであるが、小規模な生産者のワインへの関心がますます高まっている。

主な栽培品種

- ネーロ・ダヴォラ（Nero d'avola）、ネレッロ・マスカレーゼ（Nerello Mascalese）
- カタッラット・ビアンコ（Catarratto Bianco）、トレッビアーノ（Trebbiano）

イタリア品種

エオリエ諸島 Isole Eorie
マルヴァジア・デッレ・リーパリ地区 Malvasia Delle Lipari
メッシーナ Messina
メッシーナ地域 Messina
ファーロ地区 Faro
パレルモ Palermo
パレルモ地域 Palermo
モンレアーレ地区 Monreale
トラパーニ Trapani
マルサラ地区 Marsala
アルカモ地区 Alcamo
エガディ諸島 Isole Egadi
マルサーラ Marsala
コンテッサ・エンテッリーナ地区 Contessa Entellina
デリア・ニヴォレッリ地区 Delia Nivolelli
サンタ・マルゲリータ・ディ・ベリチェ地区 Santa Margherita di Belice
サンブーカ・ディ・シチリア地区 Sambuca di Sicilia
コンテア・ディ・スクラファーニ地区 Contea di Sclafani
エトナ地区 Etna
カターニア Catania
メンフィ地区 Menfi
シャッカ地区 Sciacca
カルタニセッタ Caltanissetta
トラパニ地域 Trapani
アグリジェント Agrigento
シラクーサ地域 Siracusa
モスカート・ディ・シラクーサ地区 Moscato di Siracusa
ジェーラ Gela
チェラスオーロ・ディ・ヴィットーリア地区 Cerasuolo di Vittoria
シラクーザ Siracusa
ヴィットーリア Vittoria
モスカート・ディ・ノート地区 Moscato di Noto
アヴォラ Avola
ラグーザ Ragusa
エローロ地区 Eloro
パンテッレリア島 Isola di Pantelleria
0 20 40 60 km
Nord 北

ALBANIA
アルバニア

世界ランキング（生産量）
40

栽培面積（ha）
10,000

年間生産量（100万ℓ単位）
17,5

黒ブドウと白ブドウの栽培比率

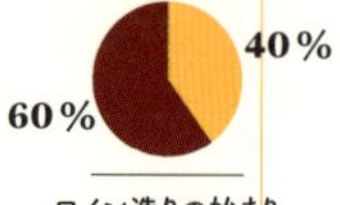

ワイン造りの始まり
紀元前
800
年

貢献した民族
ギリシャ人
ローマ人

現代

畑の大半がより温暖な海抜300m以上の土地に集中している。1912年のアルバニア初の政府発足からブドウ栽培は復活した。山が多いため栽培地を拡大することには限界があるが、バルカン半島の風土を感じさせる良質なワインが生まれる条件が揃っている。

主な栽培品種

- メルロ（Merlot）、シェシュ ズィー（Shesh i zi）、カベルネ・ソーヴィニヨン（Cabernet Sauvignon）、カルメット（Kallmet）
- シェシュ ブラン（Shesh i bardhe）、シャルドネ（Chardonnay）

イタリア品種

モンテネグロ Montenegro
ドリン川 Drin
コソボ Kosovo
シュコドラン湖 Lake Shukodra
フィエルツァ湖 Lake Fierzë
シュコダル Shkodër
カルメット地域 Kallmet
マケドニア Macedonia
ドゥラス Durrës
ティラナ Tirana
ティラナ地域 Tirana
シェシュ地区 Shesh
エルバサン Elbasan
オフリド湖 Lake Ohrid
フィエル地域 Fier
セマン川 Seman
プレスパ湖 Lake Prespa
フィエル／Fier
セリナ地区 Serina
ヴロシュ地区 Vlosh
プラス地区 Pulës
コルチャ Korçë
アドリア海 Adriatic Sea
ヴローラ Vlorë
ヴョサ川／Vjosë
コルチャ地域 Korçë
パルメット地区 Përmet
レスコヴィク地区 Leskovik
ギリシャ／Greece
コルフ島 Corfu
0 40 80 km
イオニア海 Ionian Sea

ALBANIA MONTENEGRO
アルバニア、モンテネグロ

収穫時期
8〜9月

2つの国は素晴らしい地中海文明の栄光を受け継いできたという点で、バルカン半島の周辺の国々と同様の歴史を歩んできた。ワインはローマ人が到来する前から造られていたが、ブドウ畑の整備、ワインの貿易を発展させたのはローマ人である。博物学者の大プリニウス（23〜79）は、両国のワインを「柔らかく味わい深い」と評している。オスマン帝国による統治の時代には、イスラム教の名のもとでワイン生産は500年近くも禁じられ、復活したのは20世紀になってからである。1992年に共産主義体制が崩壊したことで、亡命者が母国に戻り、ワイン生産に取り組んでいる。

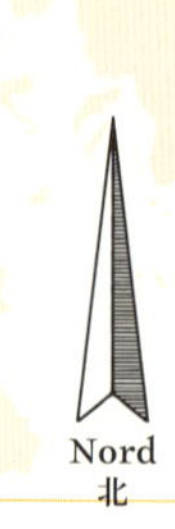

世界ランキング（生産量）
42

栽培面積（ha）
4,400

年間生産量（100万ℓ単位）
16

黒ブドウと白ブドウの栽培比率
75％ 25％

現代

2006年に独立を達成した、ヨーロッパで最も新しい国家。この若々しい国で、ワイン生産は想像以上に進んでいる。2007年に国内初のワイン街道が設けられたが、このことは政府がそのテロワールの魅力を知ってもらうために、ワインを観光資源にすることに注力していることを物語っている。多くの家庭が、エチケットも値札も付いていない自給自足のワインを生産している。

MONTENEGRO
モンテネグロ

ワイン造りの始まり
紀元前
200
年

貢献した民族
ローマ人

- ● ヴラナッツ（Vranac）、ジンファンデル（Zinfandel）*、カベルネ・ソーヴィニヨン（Cabernet Sauvignon）
- ● クルスタッチ（Krstač）、シャルドネ（Chardonnay）

*現地ではクラトシュヤ（Kratošija）と呼ばれている。

SLOVAKIA

スロバキア

世界ランキング（生産量）
35

栽培面積（ha）
15,000

年間生産量（100万ℓ単位）
31

黒ブドウと白ブドウの栽培比率

収穫時期
9月

ワイン造りの始まり
紀元前
600
年

*20*年でブドウ畑の半分を失ったが、
品質向上のための努力が実を結び始めている。

歴史

長い年月を経て、それぞれの品種が相性の良い土地を選び、根を下ろしていった。東部の小石の多い土地は生き生きとした白ワインを生み、南部のより暖かい土地は赤ワインの生産に適している。カルパチア山脈に覆われた北部は、ブドウ栽培よりもスキー場に向いている。1993年にチェコ共和国から独立したスロバキアは、フランスやドイツの原産地呼称制度に倣い、ワイン生産の保護政策としてDSC（Districtus Slovakia Controllatus）を導入した。

現代

東欧の多くの国と同様に、生産者は2タイプに分かれる。ブドウの大半を農家から買い付け、主に輸出用ワインを生産している大企業と、家族や隣人のためにワインを造っている数百に及ぶ家族経営の農家である。バルカン半島の国々では、小さな農家による自家製ワインの伝統が受け継がれている。

主な栽培品種

- ● カベルネ・ソーヴィニヨン（Cabernet Sauvignon）
- ● グリューナー・ヴェルトリーナー（Grüner Veltliner）、リースリング（Riesling）、シルヴァーナー（Sylvaner）、ヴェルシュリースリング（Welschriesling）

ポーランド Poland
チェコ共和国 Czech Republic
小カルパチア地方 Malokarpatská
ジリナ／Žilina
ヴァーフ川 Váh
マルチン／Martin
ポプラト／Poprad
トプラ川 Topľa
プレショフ Prešov
東スロバキア地方 Východo slovenská
トレンチーン Trenčín
プリェヴィザ Prievidza
バンスカー・ビストリツァ Banskobystricky
フロン川 Hron
ヘルナッド川 Hernád
コシツェ Košice
モラヴァ川 Morava
ニトラ地方 Nitrianska
中央スロバキア地方 Stredoslovenská
トルナヴァ Trnava
ニトラ／Nitra
ニトラ川 Nitra
ウクライナ Ukraine
トカイ地方 Tokajská
ブラチスラバ Bratislava
ヴァーフ川 Váh
オーストリア Austria
ドナウ川／Donau
ハンガリー Hungary
南スロバキア地方 Južnoslovenská
0　50　100 km

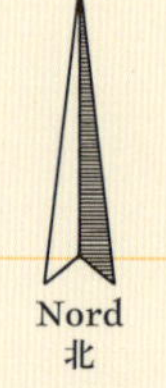

世界ランキング
（生産量）
20

栽培面積（ha）
69,000

年間生産量
（100万ℓ単位）
150

黒ブドウと白ブドウの
栽培比率
20%
80%

収穫時期
9月

ワイン造りの始まり
紀元前
700
年

貢献した民族
ギリシャ人

UKRAINE

ウクライナ

ワインはこの国の文化に深く浸透していたわけではなかったが、スイス、フランス、ジョージアの生産者の熱意で広まっていった。

歴史

古代のワイン用圧搾機が発掘され、この時代からワインが造られていたことが分かっている。1985～1988年、旧ソビエト連邦の他の構成共和国と同様に、ウクライナはゴルバチョフ元書記長の禁酒政策により、ブドウ樹の大半が抜根を命じられた。しかし、最良のテロワールであり、温暖な保養地でもあるクリミア半島は今、特に活気づいている。

現代

旧ソビエト連邦に属していた国々のなかでも、ウクライナは品質重視の生産方針を導入し、それぞれの産地で栽培されたブドウで醸造を行い、まだ控え目ではあるが将来有望な原産地統制呼称制度を取り入れるなど、とりわけ精力的な改革を行っている国である。ロシアとウクライナの政治的緊張の原因となっているクリミア半島については、そこで生産されるワインの原産国がどこになるのかという疑問が浮上している。

主な栽培品種

- ● カベルネ・ソーヴィニヨン（Cabernet Sauvignon）、メルロ（Merlot）
- ● ルカツィテリ（Rkatsiteli）、シャルドネ（Chardonnay）、アリゴテ（Aligoté）、ソーヴィニヨン・ブラン（Sauvignon Blanc）

FRANCE

テロワール
5河川
249品種
グランクリュ
AOC

フランス

フランスワインの歴史は川の流れに沿って綴られていった。
それぞれの産地で生まれた神酒は、この地を流れる河川によってルティア、ローマ、イングランドへと運ばれていった。フランスは世界中でワイン王国と称えられている。
土壌と気候の多様性から、多彩なテロワールのモザイクが形成されている。

世界ランキング（生産量）
2

栽培面積（ha）
786,000

年間生産量（100万ℓ単位）
4540

黒ブドウと白ブドウの栽培比率

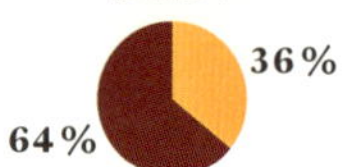

収穫時期
9月

ワイン造りの始まり
紀元前
600
年

貢献した民族
ローマ人

歴史

フランス人の大半は、ジョージア人やエジプト人が自分たちよりもはるか前にワインを造っていた事実に驚くことだろう。ブドウ樹は紀元前600年頃にギリシャ人によって、マルセイユ地域に植えられた。しかし、フランスの畑のほぼ全てを開墾したのはローマ人であった。ローマの兵士たちはアルザス地方のリースリングに酔いしれ、シャトーヌフ・デュ・パプに居を構えた教皇や司祭はローヌ地方のワインに惚れ込み、バチカンへ戻ることを拒んだという。フランスワインの発展は、キリスト教と密接に関係している。10世紀末には、各教会にブドウ畑があり、戦士や十字軍が平野を焼け野原にしている傍らで、修道士たちはワイン造りの伝統を守ってきた。

キリスト教に守られてきたフランスワイン

19世紀中葉、フィロキセラの大群がフランスの畑を襲った。この小さなアブラムシの襲来で、フランス全土のブドウ畑が壊滅状態に陥った。そのため、より抵抗力のあるアメリカ原産の株を接ぎ木として導入する打開策が選ばれた。こうして新たな畑が生まれたのである。

現代

フランスはミクロ・テロワールが存在することで知られている。例を挙げるならば、ブルゴーニュ地方の原産地統制呼称（AOC）に認定されている地区の数は、世界第3位の生産国であるスペイン全土の地区の総数よりも多い。また、テロワールという概念は、他の言語に訳しきれないものである。

フランス語のテロワールに相応する訳語はいかなる言語にも存在しない

各産地の伝統と技術を守るために1936年に実施された原産地統制呼称（AOC）制度が、ワイン産業全体をより高い水準へと引き上げた。今フランスは、新興市場に適応しながら、世界のリーダーとしての地位を維持するにはどうすべきかという課題に迫られている。ワイン産地が観光地としても賑わっているフランスは、ヨーロッパのワインツーリズムのパイオニアと見なされている。

まずは知っておきたい5産地

ジゴンダス
サン・ジュリアン
ムルソー
シノン
ピク・サン・ルー

主な栽培品種

● カベルネ・ソーヴィニヨン（Cabernet Sauvignon）、ピノ・ノワール（Pinot Noir）、ガメ（Gamay）
メルロ（Merlot）、グルナッシュ（Grenache）、シラー（Syrah）、

● シャルドネ（Chardonnay）、ソーヴィニヨン・ブラン（Sauvignon Blanc）、シュナン・ブラン（Chenin Blanc）、ユニ・ブラン（Ugni Blanc）

土着品種

E
F
G
H
オランダ
Netherlands
イギリス
U.K.
Nord
北
ドーヴァー海峡
Strait of Dover
ダンケルク／Dunkerque
カレ／Calais
リール／Lille
イギリス海峡
English Channel
ベルギー
Belgium
アミアン／Amiens
ル・アーヴル
Le Havre
ルーアン
Rouen
セーヌ川
Seine
シャンパーニュ地方
Champagne
ドイツ
Germany
ジャージー島
Jersey
カン／Caen
ランス／Reims
モンターニュ・ド・ランス地区
Montagne de Reims
コート・デ・ブラン地区
Côte des Blancs
メッス／Metz
ロレーヌ地方
Lorraine
パリ／Paris
ナンテール／Nanterre
ヴェルサイユ／Versailles
サン・マロ
Saint-Malo
ナンシー／Nancy
ストラスブール
Strasbourg
アルザス地方
Alsace
マイエンヌ川
Mayenne
トロワ／Troyes
ロワール地方
Loire
レンヌ
Rennes
ムーズ川
Meuse
モーゼル川
Moselle
ライン川
Rhein
ル・マン
Le Mans
オーブ川
Aube
コルマール
Colmar
シャブリシアン地区
Chablisien
オルレアン
Orléans
ヴァンヌ
Vannes
アンジェ
Angers
ロワール川
Loire
ブルゴーニュ地方
Bourgogne
ミュルーズ
Mulhouse
トゥール
Tours
トゥーレーヌ地区
Touraine
ナント
Nantes
シノン地区
Chinon
ディジョン
Dijon
ブザンソン
Besançon
アンジュー・ソミュール地区
Anjou-Saumur
ミュスカデ地区
Muscadet
ブルジュ
Bourges
ヨンヌ川
Yonne
コート・ド・ニュイ地区
Côte de Nuits
スイス
Switzerland
ノワールムーティエ島
Noirmoutier
アンドル川
Indre
シェール川
Cher
コート・ド・ボーヌ地区
Côtes de Beaune
ジュラ地方
Jura
ユー島
Yeu
ポワティエ
Poitiers
ロワール川
Loire
コート・シャロネーズ地区
Côte Chalonnaise
ニオール
Niort
クルーズ川
Creuse
マコネ地区／Mâconnais
ビュジェ地方
Bugey
レ島
Ré
ボージョレー地方
Beaujolais
ラ・ロシェル／La Rochelle
リモージュ
Limoges
アヌシー
Annecy
オレロン島
Oléron
クレモン・フェラン
Clermont-Ferrand
リヨン
Lyon
サヴォワ地方
Savoie
ボルドー地方
Bordelais
サンテティエンヌ
Saint-Étienne
ローヌ川
Rhône
グルノーブル
Grenoble
イタリア
Italy
メドック地区／Médoc
ドルドーニュ川
Dordogne
アリエ川
Allier
リブルネ地区／Libournais
ヴァランス／Valence
ボルドー／Bordeaux
ベルジュラック地区／Bergerac
グラーヴ地区／Graves
ガロンヌ川
Garonne
カオール地区／Cahors
ロット川／Lot
ローヌ地方
Rhône
ソーテルヌ地区
Sauternais
ビュゼ地区
Buzet
ガスコーニュ湾
G. de Gascogne
モントーバン
Montauban
タルン川
Tarn
南西地方
Sud-Ouest
ガイヤック地区／Gaillac
ニーム／Nîmes
アヴィニョン／Avignon
ニース／Nice
アルル／Arles
エクサンプロヴァンス
Aix-en-Provence
フォジェール地区
Faugères
モンペリエ
Montpellier
カンヌ／Cannes
マディラン地区／Madiran
トゥールーズ
Toulouse
マルセイユ
Marseille
プロヴァンス地方
Provence
ミネルヴォワ地区
Minervois
ポー／Pau
ジェール川
Gers
リオン湾
G. de Lion
ジュランソン地区
Jurançon
コルビエール地区
Corbières
トゥーロン
Toulon
ラングドック・ルシヨン地方
Languedoc-Roussillon
パトリモニオ地区
Patrimonio
ペルピニャン
Perpignan
アンドラ公国
Andorra
コルス地方
Corse
スペイン／Spain
地中海
Mediterranean Sea
アジャクシオ／Ajaccio
0
100
200 km
1
2
3
4
5

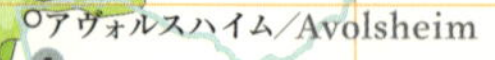

Alsace

アルザス地方

ライン川とヴォージュ山脈の支脈の間に伸びるこの地方は、傑出した白ワインの産地として世界的に名を知られる。

アルザス・グラン・クリュ 51

3 Altenberg de Bergbieten
17 Altenberg de Bergheim
4 Altenberg de Wolxheim
35 Brand
5 Bruderthal
39 Eichberg
2 Engelberg
33 Florimont
13 Frankstein
23 Froehn
27 Furstentum
20 Geisberg
15 Gloeckelberg
41 Goldert
40 Hatschbourg
36 Hengst
31 Kaefferkopf
16 Kanzlerberg
9 Kastelberg
47 Kessler
6 Kirchberg de Barr
19 Kirchberg de Ribeauvillé
49 Kitterlé
30 Mambourg
26 Mandelberg
29 Marckrain
10 Moenchberg
11 Muenchberg
50 Ollwiller
18 Osterberg
38 Pfersigberg
45 Pfingstberg
14 Praelatenberg
51 Rangen
21 Rosacker
48 Særing
28 Schlossberg
22 Schoenenbourg
34 Sommerberg
24 Sonnenglanz
46 Spiegel
25 Sporen
42 Steinert
37 Steingrübler
1 Steinklotz
44 Vorbourg
8 Wiebelsberg
32 Wineck-Schlossberg
12 Winzenberg
43 Zinnkoepflé
7 Zotzenberg

ブドウの木が現れる数百万年前に、ヴォージュ山脈の一部が陥没したことで、驚くほど多様性に富む土壌が形成された。しばしば領土争いの的となり、波乱に富んだ歴史を歩んできた地方でもある。文化も民族もワインもフランスとドイツの影響を強く受けている。

1975年に認定されたアルザスのグラン・クリュ（特級畑）は51区画（リュー・ディ）からなる。ボルドーとは違い、グラン・クリュは醸造元（シャトー）にではなく、綿密に画定された特別なテロワールを備えた区画に与えられた格付けである。また、フランスで全AOCの呼称がブドウの品種名となっている唯一の地方である。

主な栽培品種

- ピノ・ノワール（Pinot Noir）
- リースリング（Riesling）、ピノ・グリ（Pinot Gris）、ゲヴュルツトラミネール（Gewürztraminer）、シルヴァネール（Sylvaner）、ピノ・ブラン（Pinot Blanc）、ミュスカ（Muscat）

フランス品種

栽培面積（ha）
16,000

黒ブドウと白ブドウの栽培比率
10％
90％

AOC
53

まずは
5 知っておきたい
地区

サン・タムール
モルゴン
ジュリエナス
ブルイィ
ムーラン・ナ・ヴァン

栽培面積（ha）
17,300

黒ブドウと白ブドウの
栽培比率
3%
97%

AOC
12

Beaujolais

ボージョレ地方

ジュリエナス地区 *Juliénas*
サン・タムール地区 *Saint-Amour*
シェナ地区 *Chénas*
ムーラン・ナ・ヴァン地区 *Moulin-à-Vent*
フルーリー地区 *Fleurie*
シルーブル地区 *Chiroubles*
モルゴン地区 *Morgon*
レニエ地区 *Régnié*
コート・ド・ブルイィ地区 *Côte-de-Brouilly*
ブルイィ地区 *Brouilly*
ベルヴィル Belleville
ソーヌ川 *Saône*
ボージョレ・ヴィラージュ地域 *Beaujolais Villages*
ヴィルフランシュ・シュル・ソーヌ Villefranche-sur-Saône
ボージョレ地域 *Beaujolais*

都市から離れた場所に位置するガメ種の楽園では、素朴で牧歌的な風景が広がっている。

ガメ種は果実味豊かな、口当たりの良い味わいを特徴とするブルゴーニュ地方原産の品種である。フィリップ豪胆公によって故郷のブルゴーニュ地方から追放されてしまったが、ボージョレ地方に第2の故郷を見出した。

全てのワインが新酒（プリムール）として美味しく飲めるわけではないが、ガメ種の新酒は例外である！1950年代から、リヨン市民は毎年11月の第3木曜日にボージョレ・ヌーヴォーの解禁を祝っている。醸造後すぐに瓶詰めされて、数週間以内に飲むように造られた新酒である。毎年、2週間以内に110カ国に輸出される。

この大々的なマーケティング戦法のために、新酒の存在がボージョレ地方のワインのイメージを損なっているきらいがある。「若いうちに飲む軽いワイン」というイメージが定着しているが、ボージョレ地方には、長期熟成に適した、複雑味のあるワインを生む10地区（クリュ）が存在する。

主な栽培品種

- ガメ（Gamay）
- シャルドネ（Chardonnay）

フランス品種

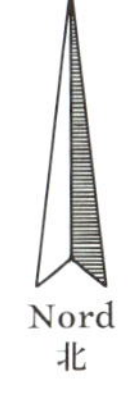

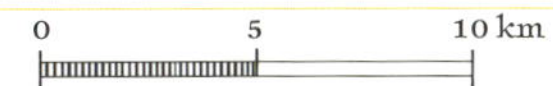

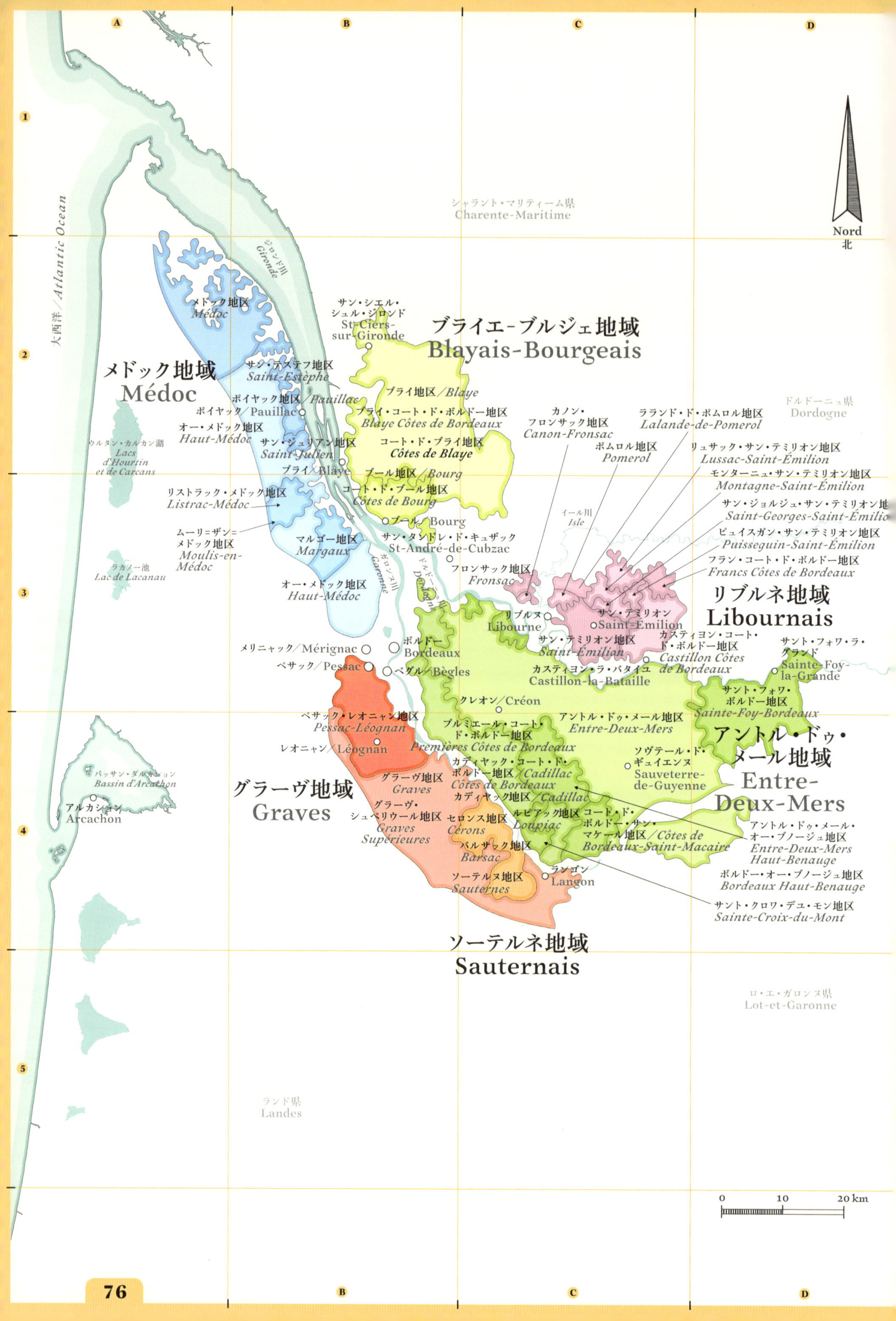

Nord
北
シャラント・マリティーム県
Charente-Maritime
ジロンド川
Gironde
大西洋／Atlantic Ocean
メドック地域
Médoc
メドック地区
Médoc
サン・テステフ地区
Saint-Estèphe
ポイヤック地区／Pauillac
ポイヤック／Pauillac
オー・メドック地区
Haut-Médoc
サン・ジュリアン地区
Saint-Julien
ブライ／Blaye
リストラック・メドック地区
Listrac-Médoc
ムーリ＝ザン＝メドック地区
Moulis-en-Médoc
マルゴー地区
Margaux
オー・メドック地区
Haut-Médoc
ウルタン・カルカン湖
Lacs d'Hourtin et de Carcans
ラカノー池
Lac de Lacanau
サン・シエル・シュル・ジロンド
St-Ciers-sur-Gironde
ブライエ-ブルジェ地域
Blayais-Bourgeais
ブライ地区／Blaye
ブライ・コート・ド・ボルドー地区
Blaye Côtes de Bordeaux
コート・ド・ブライ地区
Côtes de Blaye
ブール地区／Bourg
コート・ド・ブール地区
Côtes de Bourg
ブール／Bourg
サン・タンドレ・ド・キュザック
St-André-de-Cubzac
ガロンヌ川
Garonne
ドルドーニュ川
Dordogne
ドルドーニュ県
Dordogne
カノン・フロンサック地区
Canon-Fronsac
ラランド・ド・ポムロル地区
Lalande-de-Pomerol
ポムロル地区
Pomerol
リュサック・サン・テミリオン地区
Lussac-Saint-Émilion
モンターニュ・サン・テミリオン地区
Montagne-Saint-Émilion
サン・ジョルジュ・サン・テミリオン地
Saint-Georges-Saint-Émilio
ピュイスガン・サン・テミリオン地区
Puisseguin-Saint-Émilion
フラン・コート・ド・ボルドー地区
Francs Côtes de Bordeaux
イール川
Isle
フロンサック地区
Fronsac
リブルネ地域
Libournais
リブルヌ
Libourne
サン・テミリオン
Saint-Émilion
サン・テミリオン地区
Saint-Émilion
カスティヨン・コート・ド・ボルドー地区
Castillon Côtes de Bordeaux
カスティヨン・ラ・バタイユ
Castillon-la-Bataille
サント・フォワ・ラ・グランド
Sainte-Foy-la-Grande
サント・フォワ・ボルドー地区
Sainte-Foy-Bordeaux
メリニャック／Mérignac
ボルドー
Bordeaux
ペサック／Pessac
ベグル／Bègles
クレオン／Créon
アントル・ドゥ・メール地区
Entre-Deux-Mers
アントル・ドゥ・メール地域
Entre-Deux-Mers
プルミエール・コート・ド・ボルドー地区
Premières Côtes de Bordeaux
ソヴテール・ド・ギュイエンヌ
Sauveterre-de-Guyenne
カディヤック・コート・ド・ボルドー地区／Cadillac Côtes de Bordeaux
カディヤック地区／Cadillac
ルピアック地区
Loupiac
コート・ド・ボルドー・サン・マケール地区／Côtes de Bordeaux-Saint-Macaire
アントル・ドゥ・メール・オー・ブノージュ地区
Entre-Deux-Mers Haut-Benauge
ボルドー・オー・ブノージュ地区
Bordeaux Haut-Benauge
サント・クロワ・デュ・モン地区
Sainte-Croix-du-Mont
ペサック・レオニャン地区
Pessac-Léognan
レオニャン／Léognan
グラーヴ地域
Graves
グラーヴ地区
Graves
グラーヴ・シュペリウール地区
Graves Supérieures
セロンス地区
Cérons
バルサック地区
Barsac
ソーテルヌ地区
Sauternes
ランゴン
Langon
ソーテルネ地域
Sauternais
バッサン・ダルカション
Bassin d'Arcachon
アルカション
Arcachon
ランド県
Landes
ロ・エ・ガロンヌ県
Lot-et-Garonne
0 10 20 km
A B C D
1 2 3 4 5

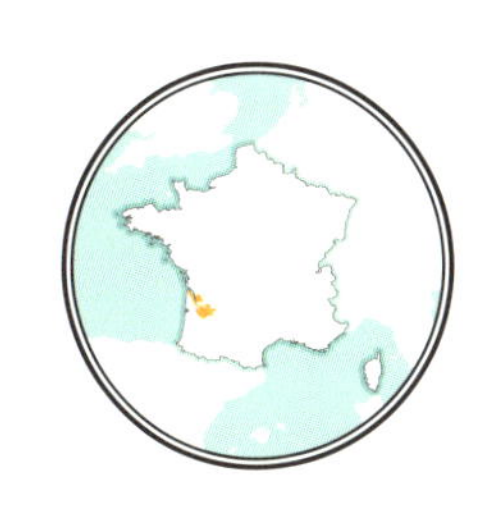

Bordeaux

ボルドー地方

史上最高峰のワインの数々が誕生した地であり、
原産地統制呼称（*AOC*）に認定された畑の面積が世界一広い産地である。

栽培面積（ha）
119,000

黒ブドウと白ブドウの栽培比率
10%
90%

AOC
60

ボルドーはフランスで最も重要な港の1つである。3世紀もの間イングランド領であったことで、ワインの需要と流通が拡大した。ボルドー市を中心とするジロンド県では、ランドの森を除くほぼ全ての土地にブドウ畑が広がっている。気まぐれな海洋性気候となっているため、他の産地と比べて各年の天候の影響がワインにより強く表れる産地でもある。ボルドーワインは複数の品種のアサンブラージュ（ブレンド）から造られるが、ブドウの質が毎年異なるという風土が、このスタイルの一因となっている。ブドウの出来、目標とするワインのスタイルに応じて、醸造家たちは毎年、ワインを構成する各品種の割合を決定する。

19世紀のパリ万国博覧会の折に、ナポレオン3世の命によってボルドーワインの格付けが行われた。その任務を命じられたのがクルティエ（仲買人）で、優れたシャトー（ブドウ農園＋醸造所）のワインを品評し、5等級からなるグラン・クリュ（特級）にランク付けした。こうして、今も継承されている有名な1855年の格付けが誕生した。グラン・クリュについては今でも多くの書物が出版されている。

左岸
ガロンヌ川西岸に位置する産地のことを指す。川の流域には数千年もの時をかけて山脈から運ばれてきた岩のかけらが小石や砂利になったものが堆積している。砂利は日中の太陽の熱を蓄え、夜間にその熱を放出し、ブドウを冷気から守る。この現象により、遅熟のカベルネ・ソーヴィニヨンが完熟する環境となっている。ガロンヌ川周辺のメドック地域やグラーヴ地域に最上級のグラン・クリュが集中しているのはそのためである。余談ではあるが、グラーヴ地域の最も優れたテロワールの一部が、都市化の進んだタランス市、ペサック市の市街地にあるのは、何とも残念なことである！
これらの赤ワインの王国の南に、世界で最も有名な極甘口白ワイン、ソーテルヌの産地が控えている。ランドの森から流れてくるシロン川の冷たい水とより温かいガロンヌ川が合流することで、周辺の丘の斜面まで覆う霧が発生し、ブドウの果皮に貴腐菌とも呼ばれる「ボトリティス・シネレア菌」が繁殖しやすくなる。完熟したブドウの実はこの菌の作用で乾燥して干しブドウのようになり、糖分が凝縮される。このブドウの貴腐化という現象により、糖度が高く、アロマ豊かな長期熟成型の極甘口ワインが生まれる。

右岸
ガロンヌ川とドルドーニュ川を越えて東に行くだけで、風景と気候の異なる別の産地が現れる。ここではメルロが王様だ。カベルネ・ソーヴィニヨンよりも果実味豊かな柔らかい品種で、若いうちから楽しめるワインにだけでなく、時とともに気品が増すワインにもなる。
サン・テミリオン地区には10年ごとに見直される独自のワインの格付け制度がある。

主な栽培品種

- ● メルロ（Merlot）、カベルネ・ソーヴィニヨン（Cabernet Sauvignon）、カベルネ・フラン（Cabernet Franc）
- ● ソーヴィニヨン・ブラン（Sauvignon Blanc）、セミヨン（Sémillon）

フランス品種

5 まずは知っておきたい地区
- サン・テステフ
- ペサック・レオニャン
- フロンサック
- ルピアック
- ムーリ・ザン・メドック

シャティヨネ地域
Châtillonnais

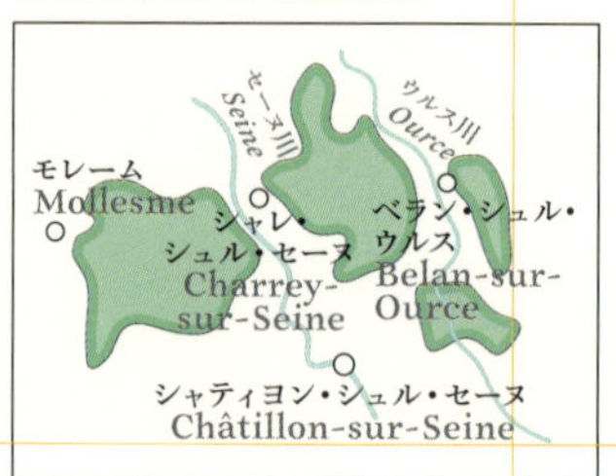

シャブリ&グラン・ドーセロワ地域
Chablis & Grand Auxerrois

ブルゴーニュ・コート・サン・ジャック地区
Bourgogne Côte Saint Jacques
ジョヴィニアン地区
Jovinien
トネール
Tonnerre
シャブリ
Chablis
トネロワ地区
Tonnerrois
ヨンヌ川
Yonne
オーセール
Auxerre
スラン川
Serein
シャブリ地区
Chablis
オーセロワ地区
Auxerrois
ヴェズリアン地区
Vézelien
ヴェズレー／Vézelay

コート・ド・ニュイ地域
Côte de Nuits

ディジョン
Dijon
マルサネ・ラ・コート地区
Marsannay-la-Côte
フィサン地区／*Fixin*
ジュヴレ・シャンベルタン地区
Gevrey-Chambertin
モレ・サン・ドニ地区／*Morey-St-Denis*
シャンボール・ミュズィニ地区
Chambolle-Musigny
ヴジョ地区／*Vougeot*
ヴォーヌ・ロマネ地区
Vosne-Romanée
オート・コート・ド・ニュイ地区
Hautes Côtes de Nuits
ニュイ・サン・ジョルジュ
Nuit-st-Georges
ソーヌ川
Saône

コート・ド・ボーヌ地域
Côte de Beaune

ペルナン・ベルジュレス地区
Pernand-Vergelesses
サヴィニ・レ・ボーヌ地区／*Savigny-lès-Beaune*
ラドワ・セリニ地区／*Ladoix-Serrigny*
アロース・コルトン地区／*Aloxe Corton*
オート・コート・ド・ボーヌ地区
Hautes Côtes de Beaune
ポマール地区
Pommard
ボーヌ／Beaune
ヴォルネ地区／*Volnay*
モンテリ地区／*Monthélie*
オーセイ・デュレス地区
Auxey-Duresses
ムルソー地区／*Meursault*
サン・トーバン地区／*St-Aubin*
ピュリニ・モンラッシェ地区／
Puligny-Montrachet
シャサーニュ・モンラッシェ地区
Chassagne-Montrachet
サントネー地区／*Santenay*
サンピニ・レ・マランジュ地区
Sampigny-lès-Maranges
シャニー／Chagny
ドゥー川
Doubs

コート・シャロネーズ地域
Côte Chalonnaise

ブーズロン地区／*Bouzeron*
リュリ地区／*Rully*
中央運河
Canal du Centre
メルキュレ地区／*Mercurey*
シャロン・シュル・ソーヌ
Chalon-sur-Saône
ジヴリ地区／*Givry*
モンタニー・レ・ビュクシー地区
Montagny-lès-Buxy
ソーヌ川
Saône

マコネ地域
Mâconnais

マンセー地区
Mancey
トゥールニュ
Tournus
シャルドネ地区
Chardonnay
ブレイ地区
Bray
ウシジィ地区
Uchizy
リュニィ地区／*Lugny*
ヴィレ地区／*Viré*
ペロンヌ地区／*Péronne*
クリュニー地区／*Cluny*
クレッセ地区／*Clessé*
スノザン地区／*Senozan*
ベルゼ・ラ・ヴィル地区
Berzé-la-Ville
ビュシエール地区
Bussières
ユリニィ地区／*Hurigny*
プリセ地区／*Prissé*
ヴェルジソン地区／*Vergisson*
マコン／Mâcon
セリエール地区／*Serrières*
プイィ・フュイッセ地区
Pouilly-Fuissé
シャスラ地区／*Chasselas*
プイイ・ロシェ地区／*Pouilly Loché*
サン・ヴェラン地区
St-Vérand
プイイ・ヴァンゼル地区
Pouilly Vinzelles
ロマネシュ・トラン地区
Romanèche-Thorins

ブルゴーニュ地方全体図域

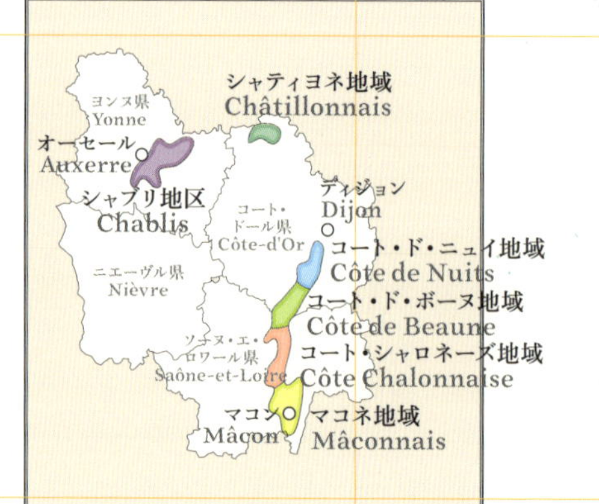

Nord
北

Bourgogne

ブルゴーニュ地方

ミクロクリマ（微気候）の恩恵と先祖伝来の製法が受け継がれてきたブルゴーニュ地方は、多くの専門家がワインの真髄はここにあると認める、偉大な産地である。

ワイン産地は堆積物の集中的な蓄積に起因する断層に沿って伸びている。畑が細かく分割されているが、その一因は子孫への遺産の均等分配を定めたナポレオン法典にある。1生産者が所有する畑の平均面積は7ha以下となっている。

栽培品種の数は極めて少ないが、間違いなくフランスで最も複雑な産地であろう。AOCの区画はほぼ1つの村に相当する規模で、村の名がAOCの呼称となっている。この地方ではAOCはワインの品質よりもアイデンティティを保証するものである。ブルゴーニュの生産者は1つのAOC区を地質や方角に応じて、さらに細かく区分して等級付けするという、他の産地とは異なる仕組みを導入している。ブドウの栽培、醸造が行われた区画の範囲によって、ワインは下から村名格、一級畑（プルミエ・クリュ）、特級畑（グラン・クリュ）に格付けされる。
ブルゴーニュ地方について語る時は、クリマに触れないわけにはいかない。ユネスコの「文化的景観」として世界遺産に登録された「クリマ」は、テロワールの特性に基づいて綿密に画定された畑の区画のことを指す。1クリマの面積は数百㎡から数十haと様々で、複数の生産者によって分割所有されていることが多い。クリマの数は1,500近くもあり、グラン・クリュをはじめとするクリマの大半はコート・ド・ニュイ地域とコート・ド・ボーヌ地域に集中している。

シャルドネは世界で最も栽培されている品種の1つであるが、誕生の地であるブルゴーニュ地方、特にシャブリ村、コート・ド・ボーヌ地域、マコネ地域で比類なき魅力を開花させる。

「ブルゴーニュ地方の黄金の扉」とも呼ばれるシャブリ地区は長い間、日常消費用のワインを首都パリに供給する産地であった。しかし、鉄道の開通で地中海沿岸地方のワインがパリにも届くようになってから、ヨンヌ県民は品質を重視したワイン造りに取り組むようになった。

ボーヌ市に、1443年に貧しい人たちを救済するために建てられた慈善病院、オスピス・ド・ボーヌがある。治療を受けたブドウ栽培者の多くが、感謝の印として、所有地の一部を病院に寄進した。数世紀の間に、この公立病院の原型ともいえる施設は優良なテロワールからなる素晴らしい畑を築くまでになった。現在、この畑で生産されるワインは毎年競売にかけられ、その収入は、この歴史的建造物の維持や運営に充てられている。これが有名なオスピス・ド・ボーヌの競売会である。

マコネ地域はガメを放棄し、シャルドネにその素晴らしい土地を委ねた。現在、シャルドネはこの地域の畑の90%を占めている。代表的なAOCはプイィ・フュイッセである。

ブルゴーニュ地方のミクロ・テロワールとワインの比類なき多様性を科学的に説明するとなると、多くが謎のままである。いずれにせよ、魔法は、謎のなかから生まれるのではなかろうか？

栽培面積（ha）
28,800

黒ブドウと白ブドウの栽培比率

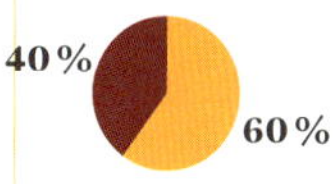

AOC
100

主な栽培品種

- ピノ・ノワール（Pinot Noir）
- シャルドネ（Chardonnay）

フランス品種

5 まずは知っておきたい地区

シャブリ
ジュヴレ・シャンベルタン
ポマール
プイィ・フュイッセ
サヴィニー・レ・ボーヌ

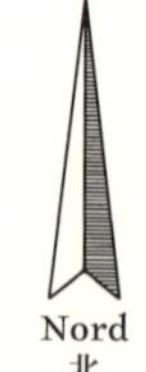

マッシフ・ド・サン・ティエリー地区
Massif de Saint-Thierry

ヴァレ・ド・ラルドル地区
Vallée de l'Ardre

ヴェール川
Vesle

ランス／Reims

モンターニュ・ド・ランス地域
Montagne de Reims

ヴァレ・ド・ラ・マルヌ地域
Vallée de la Marne

シャティヨン・シュル・マルヌ
Châtillon-Sur-Marne

シャトー・ティエリー
Château-Thierry

エペルネ
Épernay

シャロン・アン・シャンパーニュ
Châlons-en-Champagne

コート・ド・ブラン地域
Côte des Blancs

マルヌ川
Marne

ヴィトリー・ル・フランソワ
Vitry-le-François

コート・ド・セザンヌ地域
Côte des Sézanne

デル・シャントコック湖
Lac du Der-Chantecoq

オーブ川
Aube

セーヌ川／*Seine*

モングー地区
Montgueux

トロワ
Troyes

アマンス湖
Lac d'Amance

オーゾン・タンプル湖
Lac d'Auzon-Temple

オリヨン湖
Lac d'Orient

バール・シュル・オーブ
Bar-sur-Aube

コート・デ・バール地域
Côte des Bar

バール・シュル・セーヌ
Bar-sur-Seine

0 10 20 30 km

主な栽培品種

- ピノ・ノワール(Pinot Noir)、ピノ・ムニエ(Pinot Meunier)
- シャルドネ(Chardonnay)

フランス品種

地球の至る所で、
祝いの酒としてひっぱりだこなのが、
フランスが誇る発泡性ワイン、
シャンパーニュである。
世界中で1秒間に578個もの
コルク栓が飛んでいる。

海岸から離れてはいるが、風の流れを阻む山塊が周辺にないため、雨をもたらす海洋からの風の影響を受けている。シャンパーニュ地方の下層土を構成する石灰質は、水はけが良く、熱を保つという特徴を持つ。冷涼な秋のおかげで、ブドウの実はゆっくり成熟し、偉大な発泡性ワインの醸造に必要な酸が十分に得られる気候条件となっている。

17世紀に、「ドン・ペリニヨン」とも呼ばれるピエール・ペリニヨン修道僧が、ワインの発泡を制御するために、補強されたボトルとコルク栓を徹底して使用することを考え付くまでは、地下貯蔵室や食卓でボトルが破裂することもあった。

シャンパーニュは、ある特定の区画で栽培されたブドウのみを使用する「テロワール・ワイン」ではない。その醸造に使用されるブドウは、この地方の様々な区画から集められる。意外かもしれないが、シャンパーニュの大半は黒ブドウをベースに造られている。ワインに色を付ける果皮を除いて醸造されるため、果汁は透明なままである。

栽培面積(ha)
34,500

黒ブドウと白ブドウの栽培比率
55% 45%

AOC
3

Champagne
シャンパーニュ地方

Languedoc-Roussillon

ラングドック・ルシヨン地方

海に面し、運命と向き合ってきた地方。
フランス最大の栽培面積を誇るこの産地は、遠い未来を見据えている。

地中海沿岸地域に属することは明白であるが、その西側は大西洋の冷涼な風の影響を受けている。この気候条件が世界最古の発泡性ワイン、ブランケット・ド・リムーを誕生させた。

ブドウ栽培が始まったのは古代ローマ時代であるが、この地方を理解するためには近代に目を向けたほうがよい。港の発展、ミディ運河の開通、首都とを結ぶ鉄道の建設により、品質は並程度ではあったが特産のワインを、フランス各地に流通させることが可能となった。第二次世界大戦後、フランスのワイン産業は最悪の時期を迎え、大量生産型の品種を栽培していたラングドック地方は、すぐに日常消費用のテーブルワインの産地と見なされるようになった。

「粗雑な赤ワイン」の時代はもう過去のことであるが、そこから抜け出すのはそう容易なことではなかった。80年代の終わりに原産地統制呼称（AOC）が導入され、高貴な品種が栽培されるようになり、若い世代の造り手が増えたことで改革が進み、今ではフランスで最も活気と将来性のある産地の1つとなっている。

栽培面積（ha）
228,000

黒ブドウと白ブドウの栽培比率

AOC
26

主な栽培品種

- カリニャン（Carignan）、グルナッシュ（Grenache）、シラー（Syrah）、ムールヴェードル（Mourvèdre）
- ルーサンヌ（Roussanne）、マルサンヌ（Marsanne）、ヴィオニエ（Viognier）、グルナッシュ・ブラン（Grenache Blanc）

フランス品種

ラングドック地方
Languedoc

ソミエール地区 Sommières
ニーム Nimes
エロー川 Hérault
テラス・デュ・ラルザック地区 Terrasses du Larzac
ピック・サン・ルー地区 Pic Saint-Loup
グレ・ド・モンペリエ地区 Grès de Montpellier
ロデーヴ／Lodève
クレレット・デュ・ラングドック地区 Clairette du Languedoc
モンペリエ Montpellier
フォジェール地区 Faugères
ペゼナス地区 Pézénas
セート Sète
サン・シニアン地区 St-Chinian
ピクプル・ド・ピネ地区 Picpoul de Pinet
トー湖 Bassin de Thau
ベジエ／Béziers
カバルデス地区 Cabardès
ミディ運河 Canal du Midi
ミネルヴォワ地区 Minervois
テラス・ド・ベジエ地区 Terrasses de Béziers
アグド Agde
ナルボンヌ Narbonne
ラ・クラップ地区 La Clape
地中海 Mediterranean Sea
マルペール地区 Malepère
カルカッソンヌ Carcassonne
キャトゥールズ地区 Quatourze
コルビエール地区 Corbières
リムー地区 Limoux
リムー Limoux
リオン湾 G. du Lion
フィトゥー地区 Fitou

ルシヨン地方
Roussillon

コート・デュ・ルシヨン地区 Côtes-du-Roussillon
ペルピニャン／Perpignan
コート・デュ・ルシヨン・ヴィラージュ地区 Côtes du Roussillon Villages
コリウール／Collioure
コリウール／バニュルス地区 Collioure Banyuls
スペイン Spain

5 まずは知っておきたい地区
サン・シニアン
フォジェール
ミネルヴォワ
バニュルス
ピク・サン・ルー

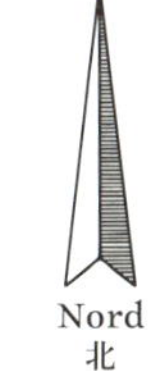

0 20 40 km

A B C D

1

Val de Loire

ヴァル・ド・ロワール地方

2

栽培面積（ha）
72,000

黒ブドウと白ブドウの栽培比率

44％ 56％

AOC
86

3

ミュスカデの地からサンセール地区まで、
フランス最長のロワール川を遡るだけで、
多様な歴史とワインのスタイルに触れることができる。

フランスの多くのワイン産地と異なり、ロワール地方ではブドウ樹が全域を占領しているわけではない。「フランスの庭」とも呼ばれるロワール渓谷の素晴らしい植物相と共生している。フランス革命以降、ブドウ畑は細分化され、1区画が15haを超えることは稀である。
この地方はそれぞれ趣の異なる3地域に大きく区分される。西部はミュスカデの王国で、塩気を含んだ霧がムロン・ド・ブルゴーニュとも呼ばれるこの品種に、この上なく生き生きとした酸味をもたらす。中央部ではアンジュー、ソーミュール、トゥーレーヌなどの地区で、高貴なシュナン・ブラン、カベルネ・フランが育つ。そして東部のサンセール地区周辺はソーヴィニヨン・ブランの楽園である。フランスの歴代の国王がこの地に城を築いた理由がよくわかる。

5 まずは知っておきたい地区
サンセール
モンルイ
ブルグイユ
ジャスニエール
ミュスカデ

主な栽培品種

- カベルネ・フラン（Cabernet Franc）、ガメ（Gamay）、ピノ・ノワール（Pinot Noir）
- シュナン・ブラン（Chenin Blanc）、ソーヴィニヨン・ブラン（Sauvignon Blanc）、ムロン・ド・ブルゴーニュ（Melon de Bourgogne）

フランス品種

Nord
北

4

ペイ・ナンテ地域
Pays Nantais
サン・ナゼール St-Nazaire
ナント Nantes
コトー・ダンスニ地区 Coteaux d'Ancenis
アンスニ Ancenis
グロ・プラン・デュ・ペイ・ナンテ地区 Gros-Plant du-Pays-Nantais
ミュスカデ地区 Muscadet
ノワールムティエ島 Île de Noirmoutier
セーヴル・ナンテーズ川 Sèvre Nantaise
サヴェニエール地区 Savennières
ラ・クーレ・ド・セラン地区 La Coulée de Serrant
アンジェ Angers
カール・ド・ショーム地区 Quarts-de-Chaume
コトー・ド・ローバンス地区 Coteaux-de-l'Aubance
アンジュー地区 Anjou
ボンヌゾー地区 Bonnezeaux
コトー・デュ・レイヨン地区 Coteaux-du-Layon
ソーミュール Saumur
ソーミュール地区 Saumur
ヴァン・デュ・トゥアルセ地区 Vins du Thouarsais
ソーミュール・シャンピニィ地区 Saumur Champigny
サン・ニコラ・ド・ブルグイユ地区 Saint-Nicolas de-Bourgueil
ブルグイユ地区 Bourgueil
シノン地区 Chinon
ジャスニエール地区 Jasnières
コトー・デュ・ロワール地区 Coteaux-du-loir
ロワール川 Loire
コトー・デュ・ヴァンドモワ地区 Coteaux-du-Vendômois
ヴァンドーム Vendôme
クール・シュヴェルニー地区、シュヴェルニー地区 Cour Cheverny Cheverny
オルレアン Orléans
オルレアネ地区 Orléanais
ブロワ Blois
ヴーヴレ地区 Vouvray
メラン地区 Mesland
アンボワーズ地区 Amboise
トゥール Tours
アンボワーズ Amboise
モンルイ地区 Montlouis
トゥーレーヌ地区 Touraine
アゼー・ル・リドー地区 Azay-le-Rideau
ヴァランセ地区 Valençay
トゥーレーヌ地域 Touraine
コトー・デュ・ジエノワ地区 Coteaux-du Giennois
ジアン Gien
中央フランス地域 Centre
サンセール地区 Sancerre
メヌトゥー・サロン地区 Menetou-Salon
カンシー地区 Quincy
ブールジュ Bourges
プイィ・フュメ地区、プイィ・シュル・ロワール地区 Pouilly-fumé Pouilly-sur-Loire
ルイィ地区 Reuilly
シェール川 Cher
シャトールー Châteauroux
アンドル川 Indre
シャトーメイヤン地区 Châteaumeillant

5

ユー島 Île d' Yeu
ラ・ロシュ・シュル・ヨン La Roche-sur-Yon
フィエフ・ヴァンデアン地区 Fiefs Vendéens
アンジュー＆ソーミュール地域 Anjou & Saumur
オー・ポワトゥー地区 Haut-Poitou
ヴィエンヌ川 Vienne
ポワティエ Poitiers
大西洋 Atlantic Ocean

0 20 40 60 km

B C D

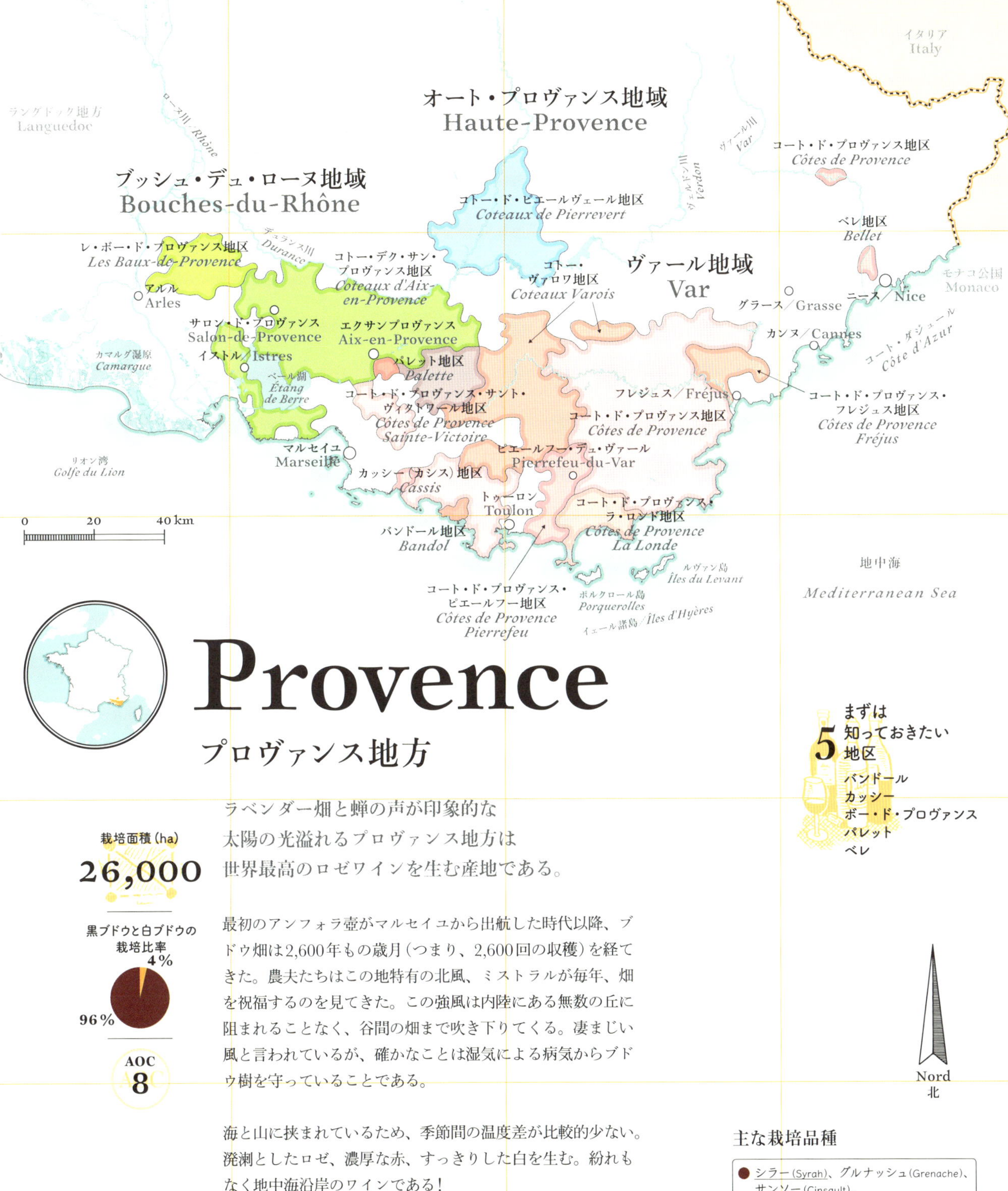

Provence

プロヴァンス地方

ラベンダー畑と蝉の声が印象的な
太陽の光溢れるプロヴァンス地方は
世界最高のロゼワインを生む産地である。

最初のアンフォラ壺がマルセイユから出航した時代以降、ブドウ畑は2,600年もの歳月（つまり、2,600回の収穫）を経てきた。農夫たちはこの地特有の北風、ミストラルが毎年、畑を祝福するのを見てきた。この強風は内陸にある無数の丘に阻まれることなく、谷間の畑まで吹き下りてくる。凄まじい風と言われているが、確かなことは湿気による病気からブドウ樹を守っていることである。

海と山に挟まれているため、季節間の温度差が比較的少ない。溌溂としたロゼ、濃厚な赤、すっきりした白を生む。紛れもなく地中海沿岸のワインである！

栽培面積（ha）
26,000

黒ブドウと白ブドウの栽培比率
4%
96%

AOC
8

5 まずは知っておきたい地区

バンドール
カッシー
ボー・ド・プロヴァンス
パレット
ベレ

Nord
北

主な栽培品種

● シラー（Syrah）、グルナッシュ（Grenache）、サンソー（Cinsault）、ムールヴェードル（Mourvèdre）

● ユニ・ブラン（Ugni Blanc）、ロール（Rolle）、グルナッシュ・ブラン（Grenache Blanc）、クレレット（Clairette）

フランス品種

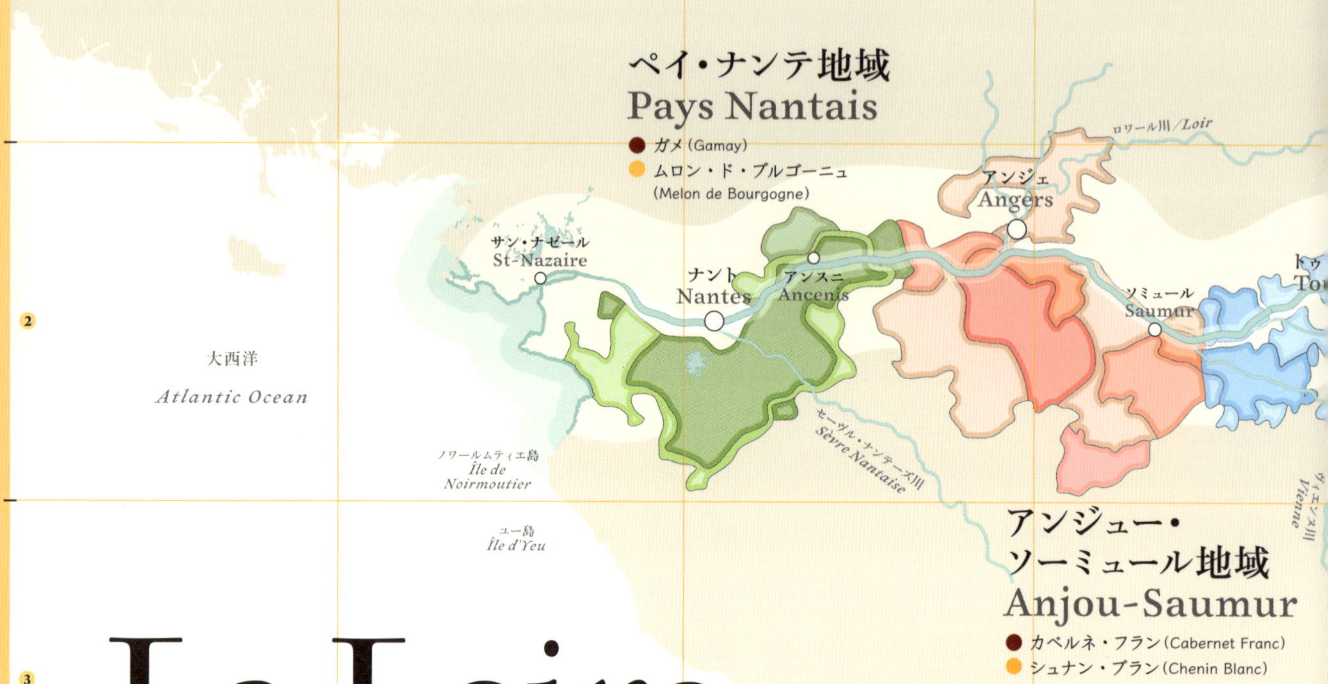

ペイ・ナンテ地域
Pays Nantais
ガメ (Gamay)
ムロン・ド・ブルゴーニュ (Melon de Bourgogne)

ロワール川／Loir
アンジェ Angers
サン・ナゼール St-Nazaire
ナント Nantes
アンスニ Ancenis
ソミュール Saumur
大西洋
Atlantic Ocean
ノワールムティエ島 Île de Noirmoutier
セーヴル・ナンテーズ川 Sèvre Nantaise
ユー島 Île d'Yeu
ヴィエンヌ川 Vienne

アンジュー・ソーミュール地域
Anjou-Saumur
カベルネ・フラン (Cabernet Franc)
シュナン・ブラン (Chenin Blanc)

La Loire ロワール川

王家の川

自然のままの姿を残すように
改修されてきたロワール川は、
今でもフランスを横断できる
最良の水路となっている。

フランスで最も長く、最も荒々しさの残るロワール川は、中央山塊に源を発して大西洋に注ぐ。この豊かな川は、ラングドック地方、ボージョレ地方、ブルゴーニュ地方を流れる川と同様に、その流域にワイン産地となるに相応しい自然条件をもたらした。17世紀に、ロワール川とセーヌ川を結ぶブリアール運河とオルレアン運河が開通し、この地方のワインが首都パリまで運ばれるようになった。オーヴェルニュ地方、シャロレー地方、ベリー地方、トゥーレーヌ地方、アンジュー地方、ブルターニュ南部を通過するこの水路は、おそらく世界一の美食ルートと言えるだろう。ロワール川とその流域は2000年にユネスコの世界遺産に登録された。サン・テティエンヌからサン・ナゼールまでの川の冒険は実に素晴らしいものだ！オーヴェルニュ地方のマドレーヌ山の麓、ロアンヌの町の西に最初のブドウ畑が現れる。ここではガメ種が君臨している。ヌヴェールの町でアリエ川と合流するため川幅が広くなり、水の勢いが増す。プイィ・シュル・ロワール村に着くと、標高310mの岩山の上に毅然と築かれたサンセール村が見えてくる。川の半分まで来たが、真のワイン街道はここから始まる。サンセール周辺では爽やかでキレのよい風味のソーヴィニヨン・ブラン、ピノ・ノワールが育つ。ブロワを過ぎると、豊饒な文化の時代、すなわちルネサンス期の面影が残る風景が現れる。川の流れに沿って、ショーモン、シャンボール、アンボワーズ、ヴィランドリーなど、栄華を極めた歴代の王が築いた城が姿を見せる。そして宮廷で愛されていたのは、シュナン・ブラン種によるワインであっただろう。甘口でも辛口でも素晴らしく、ソーミュールでは穏やかなワイン、ヴーヴレでは溌溂とした発泡性ワインとなる。その旅の終わりに、最後の城であるナントのブルターニュ公の城に別れを告げ、ミュスカデを生むムロン・ド・ブルゴーニュ種の地を流れた後、大西洋に注ぐ。フランスの中央を横断するロワール地方のワインは、何よりもまずフランスのワインと言えるだろう。

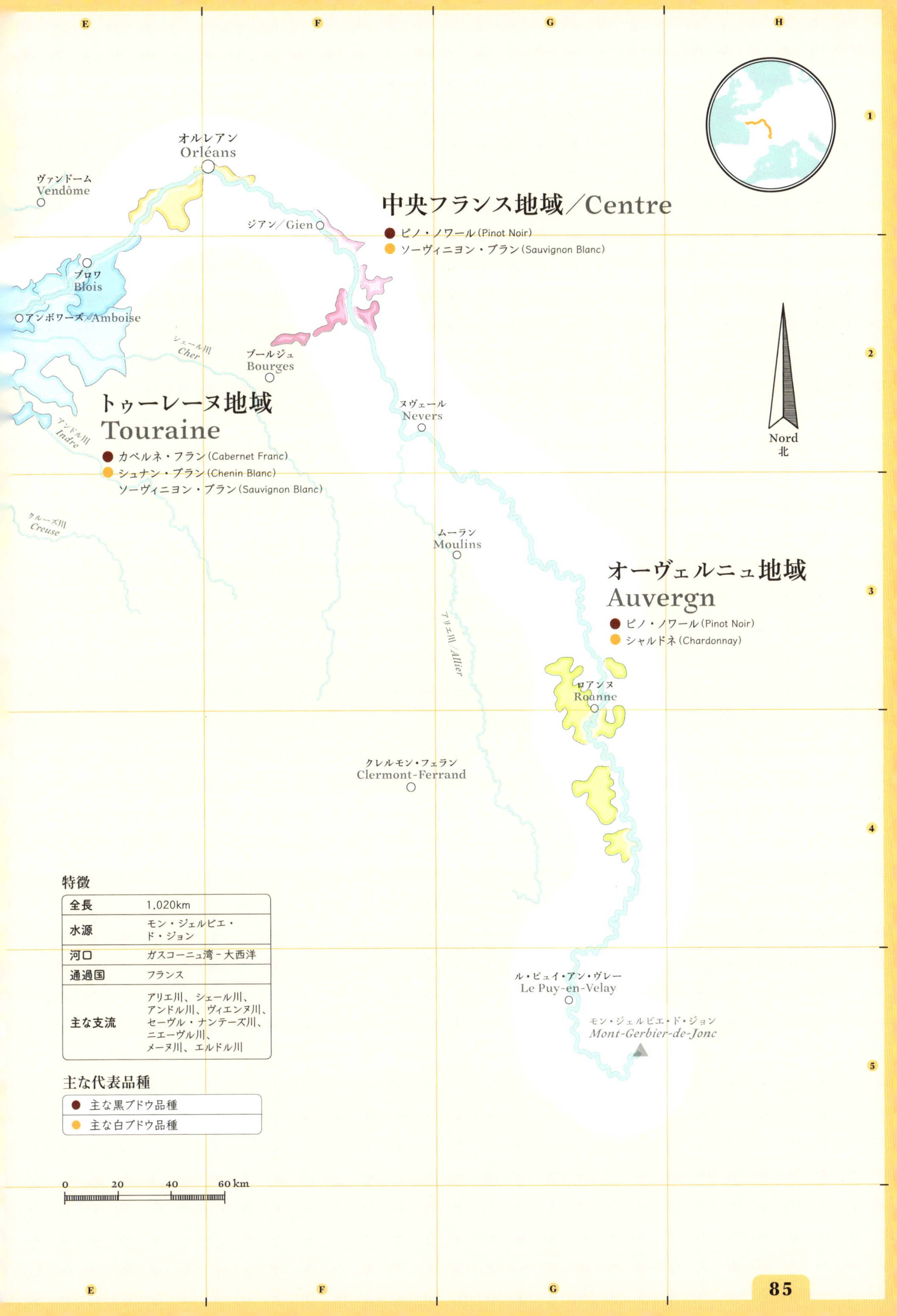

特徴

項目	内容
全長	1,020km
水源	モン・ジェルビエ・ド・ジョン
河口	ガスコーニュ湾－大西洋
通過国	フランス
主な支流	アリエ川、シェール川、アンドル川、ヴィエンヌ川、セーヴル・ナンテーズ川、ニエーヴル川、メーヌ川、エルドル川

Corse

コルス地方（コルシカ島）

地中海に浮かぶ島々のなかで最も山が多いコルシカ島には、多様な文化が息づいている。多様性はブドウの品種にも表れている。

栽培面積（ha）
7,000

黒ブドウと白ブドウの栽培比率

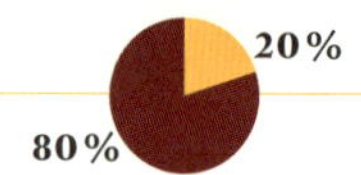

AOC
9

最初に古代ギリシャ人に植民地化され、イタリア都市国家によって統治された後、1768年のヴェルサイユ条約でフランスに譲渡された。山岳地帯の冷涼な空気、海からの風がなければ、夏が特に厳しいこの島でブドウを栽培することは不可能であっただろう。コルシカから輸出されるワインは、総生産量の1/4以下であるため、フランスの他の産地のワインよりも手に入りにくい。コルシカワインを味わうための最も簡単な方法は現地に赴くことである！　北の半島、カップ・コルスの山の麓では、最高品質のAOCパトリモニオのワインが造られている。洗練された濃縮感を備えた赤は長期熟成のポテンシャルを十分に秘めている。

主な栽培品種

- ● サンジョヴェーゼ（Sangiovese）*、スキアカレロ（Sciacarello）、グルナッシュ（Grenache）
- ● ヴェルメンティーノ（Vermentino）**

*現地ではニエルッキオ（Nielluccio）と呼ばれている。
**現地ではマルヴォワジー・ド・コルス（Malvoisie de Corse）と呼ばれている。
フランス品種

カップ・コルス Cap Corse
ミュスカ・ド・カップ・コルス地区 Muscat du Cap Corse
コトー・デュ・カップ・コルス地区 Coteaux-du-Cap-Corse
サン・フロラン湾 Golfe de St-Florent
パトリモニオ地区 Patrimonio
バスティア Bastia
サン・フロラン Saint-Florent
カルヴィ Calvi
リル・ルス L'île-Rousse
オート・コルス地域 Haute-Corse
カルヴィ地区 Calvi
ヴァン・ド・コルス地区 Vin de Corse
ゴロ川 Golo
コルテ Corte
ヴァン・ド・コルス地区 Vin de Corse
タヴィニャーノ川 Tavignano
アレリア Aléria
アジャクシオ地区 Ajaccio
アジャクシオ Ajaccio
コルス・デュ・シュド地域 Corse-du-Sud
アジャクシオ湾 Golfe d'Ajaccio
ポルト・ヴェッキオ地区 Porto-Vecchio
プロプリアノ Propriano
サルテーヌ Sartène
ポルト・ヴェッキオ Porto-Vecchio
サルテーヌ地区 Sartène
フィガリ地区 Figari
フィガリ Figari
ボニファシオ Bonifacio
ボニファシオ海峡 Strait of Bonifacio
Nord 北
0 10 20 km

Sud-Ouest

南西地方

ボルドー地方の陰に隠れがちではあるが、多様性に富んだ魅力的な産地である。

スペインのサンティアゴ・デ・コンポステーラに向かう巡礼路の途中にある重要な休息地であったこの地方では、巡礼者を受け入れる修道院や僧院の需要に応えるために、ワイン造りが発展した。巡礼者は各地方に様々な品種を伝播する存在でもあった。

南西地方では、大西洋から地中海沿岸地方までの地帯に、畑が分散して広がっている。品種の多様性が際立つ産地で、栽培品種は300種にも及び、そのうちの120種が土着品種である。有名なカベルネ・フラン、メルロも栽培されている。1960年代に、本国に帰還したアルジェリア出身のフランス人がこの地に移り住み、19世紀のフィロキセラ禍の傷跡がまだ残っていた畑の復興に貢献した。

主な栽培品種

- マルベック (Malbec)*、タナ (Tannat)、ネグレット (Négrette)、フェール・セルヴァドゥー (Fer Servadou)
- コロンバール (Colombard)、プティ・マンサン (Petit Manseng)、グロ・マンサン (Gros Manseng)、モーザック (Mauzac)

*現地ではコット (Côt) と呼ばれている。

フランス品種

栽培面積 (ha)

47,000

黒ブドウと白ブドウの栽培比率

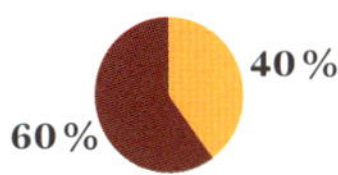

60%　40%

AOC **29**

5 まずは知っておきたい地区

カオール
ガイヤック
モンバジヤック
マディラン
フロントン

ドルドーニュ／ベルジュラック地域
Dordogne/Bergerac

ロゼット地区／Rosette
モンラヴェル地区 Montravel
ペシャルマン地区 Pécharmant
ソシニャック地区 Saussignac
ベルジュラック地区 Bergerac
ベルジュラック Bergerac
モンバジヤック地区 Monbazillac
コート・ド・デュラス地区 Côtes de Duras
コート・デュ・マルマンデ地区 Côtes du Marmandais
ボルドー Bordeaux
ガロンヌ川 Garonne
ドルドーニュ川 Dordogne
ロット川 Lot
大西洋／Atlantic Ocean

アヴェロン地域
Aveyron

アントレーグ・ル・フェル地区 Entraygues-Le Fel
マルシヤック地区 Marcillac
エスタン地区 Estaing
ロデズ Rodez
ミヨー Millau
コート・ド・ミヨー地区 Côtes de Millau
タルン川 Tarn

ガロンヌ地域
Garonne

カオール地区 Cahors
カオール Cahors
コトー・デュ・ケルシー地区 Coteaux du Quercy
ビュゼ地区 Buzet
アジャン／Agen
ラヴィルデュー地区 Lavilledieu
ブリュロワ地区 Brulhois
ガイヤック地区 Gaillac
モントーバン Montauban
サン・サルドス地区 Saint-Sardos
フロントン地区 Fronton
ガイヤック Gaillac
アルビ Albi
トゥールーズ／Toulouse

ガスコーニュ地域
Gascogne

モン・ド・マルサン Mont-de-Marsan
コート・ド・サン・モン地区 Côtes de Saint-Mont
テュルサン地区 Tursan
オーシュ／Auch
マディラン地区 Madiran
タルブ Tarbes

ベアルン／ペイ・バスク地域
Béarn/Pays basque

バイヨンヌ Bayonne
ベアルン地区 Béarn
イルレギー地区 Irouléguy
ポー／Pau
ジュランソン地区 Jurançon

スペイン Spain

Nord 北

0　25　50 km

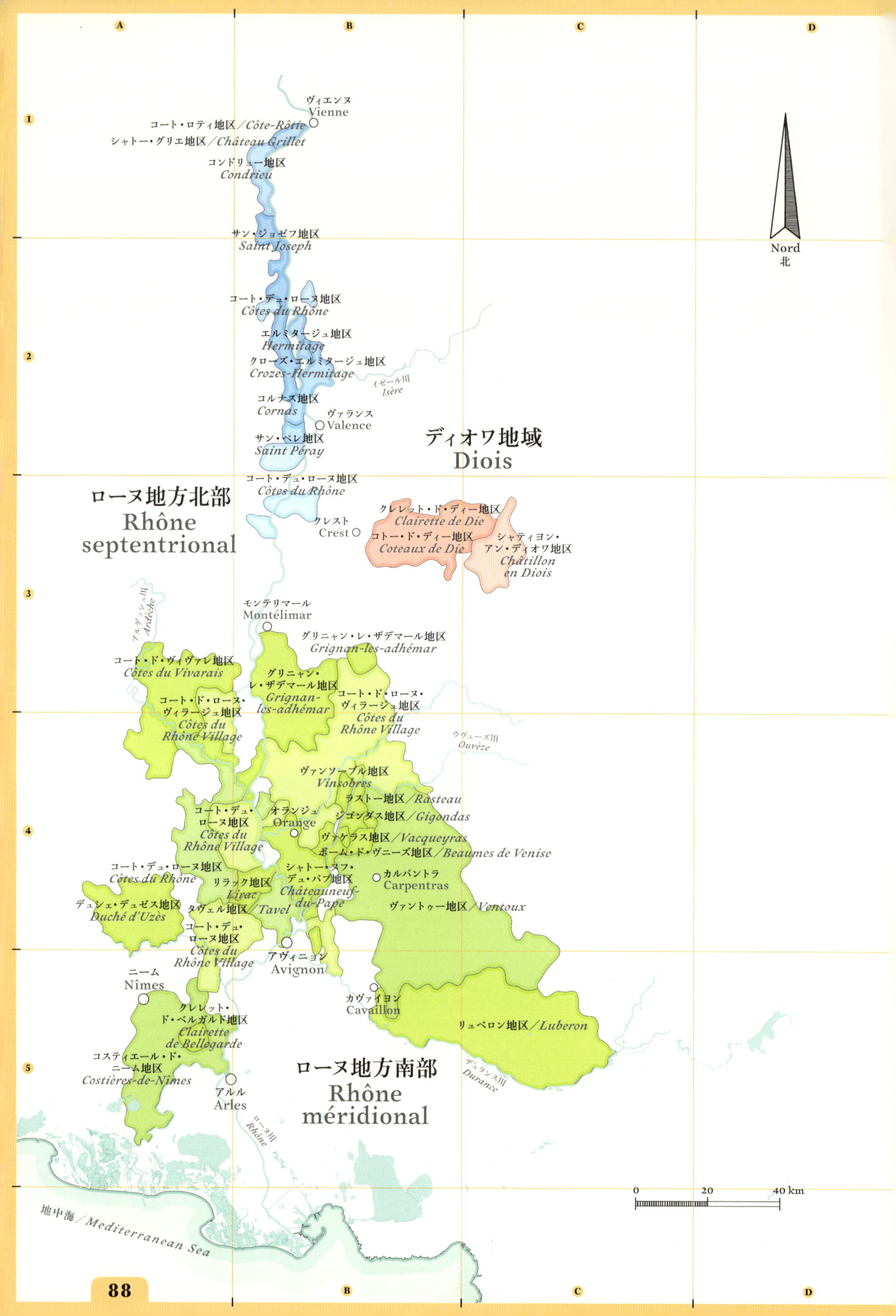
ヴィエンヌ
Vienne
コート・ロティ地区／Côte-Rôtie
シャトー・グリエ地区／Château Grillet
コンドリュー地区
Condrieu
サン・ジョゼフ地区
Saint Joseph
コート・デュ・ローヌ地区
Côtes du Rhône
エルミタージュ地区
Hermitage
クローズ・エルミタージュ地区
Crozes-Hermitage
イゼール川
Isère
コルナス地区
Cornas
ヴァランス
Valence
サン・ペレ地区
Saint Péray
ディオワ地域
Diois
コート・デュ・ローヌ地区
Côtes du Rhône
ローヌ地方北部
Rhône septentrional
クレスト
Crest
クレレット・ド・ディー地区
Clairette de Die
コトー・ド・ディー地区
Coteaux de Die
シャティヨン・アン・ディオワ地区
Châtillon en Diois
アルデッシュ川
Ardèche
モンテリマール
Montélimar
グリニャン・レ・ザデマール地区
Grignan-les-adhémar
コート・ド・ヴィヴァレ地区
Côtes du Vivarais
グリニャン・レ・ザデマール地区
Grignan-les-adhémar
コート・ド・ローヌ・ヴィラージュ地区
Côtes du Rhône Village
コート・ド・ローヌ・ヴィラージュ地区
Côtes du Rhône Village
ウヴェーズ川
Ouvèze
ヴァンソーブル地区
Vinsobres
ラストー地区／Rasteau
オランジュ
Orange
ジゴンダス地区／Gigondas
コート・デュ・ローヌ地区
Côtes du Rhône Village
ヴァケラス地区／Vacqueyras
ボーム・ド・ヴニーズ地区／Beaumes de Venise
コート・デュ・ローヌ地区
Côtes du Rhône
シャトー・ヌフ・デュ・パプ地区
Châteauneuf-du-Pape
カルパントラ
Carpentras
リラック地区
Lirac
デュシェ・デュゼス地区
Duché d'Uzès
タヴェル地区／Tavel
ヴァントゥー地区／Ventoux
コート・デュ・ローヌ地区
Côtes du Rhône Village
アヴィニョン
Avignon
ニーム
Nîmes
カヴァイヨン
Cavaillon
クレレット・ド・ベルガルド地区
Clairette de Bellegarde
リュベロン地区／Luberon
コスティエール・ド・ニーム地区
Costières-de-Nîmes
ローヌ地方南部
Rhône méridional
デュランス川
Durance
アルル
Arles
ローヌ川
Rhône
地中海／Mediterranean Sea
Nord
北
0
20
40 km

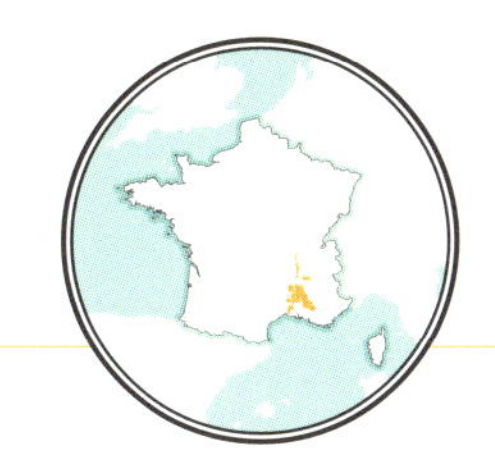

Rhône
ローヌ地方

ローヌ渓谷の険しい段丘の急斜面に張り付くように連なっている
ブドウ樹は、フランスが誇る珠玉のワインの数々を生む。

栽培面積(ha)
79,000

黒ブドウと白ブドウの栽培比率

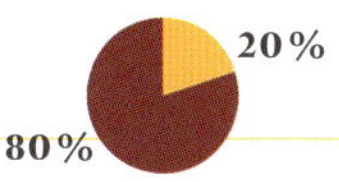

AOC
34

今では世界中で栽培されているが、シラーとヴィオニエが生まれたのはこのローヌの地である。ローヌ地方北部(ローヌ・セプタントリオナル)ではエルミタージュ以外の全てのAOCの畑が、日当たりが抜群に良い東向きの右岸に集結している。ワイン生産に理想的な環境だ! 1446年、ブルゴーニュ公がローヌワインの公国内での流通を禁じたが、それは都のディジョンでローヌのワインが人気を集め、ブルゴーニュワインを脅かすことを恐れたためだった。この時代からすでにワインのロビー運動はあったのである!

AOCコンドリューは、この上なく華やかな芳香を放つヴィオニエ種による白ワインのみを産出している。フィロキセラ禍、第一次世界大戦による絶滅の危機から逃れた貴重な品種である。1960年代末にはコンドリュー地区のヴィオニエの畑は20haほどしか残っていなかったが、生産者の忍耐、そのワインの気高さがこの品種を忘却の淵から救い、現在、その栽培面積は世界全体で6,300haにまで拡大した。そのうちの150haが、この品種が愛してやまないコンドリューの地にある。

ローヌ地方南部(ローヌ・メリディオナル)は、ローヌ地方全体の生産量の90%を誇る。ローヌ地方北部との共通点は、ローヌ川沿いにあるという点だけで、ブドウ品種もワインのスタイルも非常に異なる。ローヌ地方南部のワインは数品種のブレンド(アサンブラージュ)からなる。畑はより緩やかな丘陵地にあり、地中海性気候である。だからといって、良好なテロワールがないわけではない。海に近いことが強みで、ローヌワインが地中海地域の市場に姿を見せなかったことは一度もなかった。

シャトーヌフ・デュ・パプは、世界で最も有名なワイン産地の1つとなるまでは、ヴォークリューズ県の小村でしかなかった。14世紀にローマ教皇、クレメンス5世がこの地に居城を築いてから、歴史も村名(当時はカストロ・ノヴォという名だった)も村の未来も変わった。ローマ教皇は数世紀も未開拓であったこの地を、実りある地にすることに執心した。AOCシャトーヌフ・デュ・パプは1936年に誕生した。フランスで初めて法により保護され、詳細な生産条件が定められた地区である。このAOCワインは13品種によるブランドが認められている。13品種とはグルナッシュ、ムールヴェードル、シラー、サンソー、ミュスカルダン、クノワーズ、クレレット、ブールブーラン、ルーサンヌ、ピクプール、ピカルダン、ヴァカレーズ、テレ・ノワールである。無数の組み合わせが可能なワインと言えよう! シャトーヌフ・デュ・パプ地区では80の生産者がワインを造っているが、その生産量はローヌ地方北部全体よりも多い。

主な栽培品種

● シラー(Syrah)、グルナッシュ(Grenache)、カリニャン(Carignan)、ムールヴェードル(Mourvèdre)、サンソー(Cinsault)

● ヴィオニエ(Viognier)、ルーサンヌ(Roussanne)、マルサンヌ(Marsanne)

フランス品種

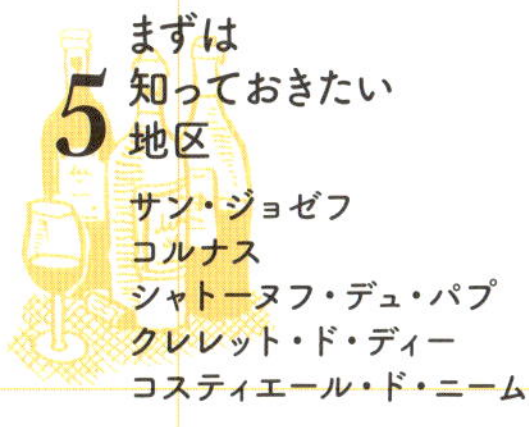

5 まずは知っておきたい地区

サン・ジョゼフ
コルナス
シャトーヌフ・デュ・パプ
クレレット・ド・ディー
コスティエール・ド・ニーム

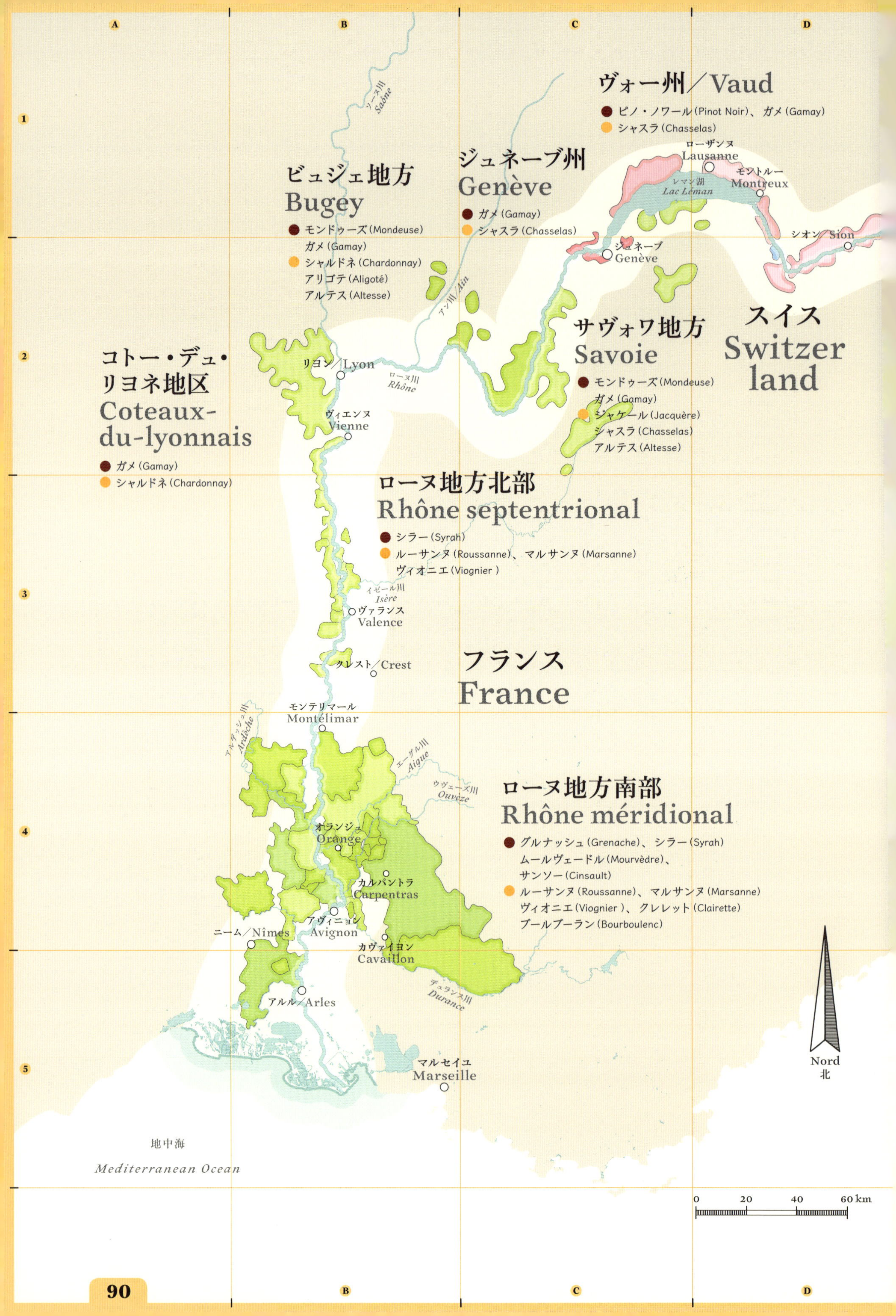

ヴォー州／Vaud
ピノ・ノワール(Pinot Noir)、ガメ(Gamay)
シャスラ(Chasselas)
ジュネーブ州
Genève
ガメ(Gamay)
シャスラ(Chasselas)
ビュジェ地方
Bugey
モンドゥーズ(Mondeuse)
ガメ(Gamay)
シャルドネ(Chardonnay)
アリゴテ(Aligoté)
アルテス(Altesse)
コトー・デュ・リヨネ地区
Coteaux-du-lyonnais
ガメ(Gamay)
シャルドネ(Chardonnay)
サヴォワ地方
Savoie
モンドゥーズ(Mondeuse)
ガメ(Gamay)
ジャケール(Jacquère)
シャスラ(Chasselas)
アルテス(Altesse)
スイス
Switzerland
ローヌ地方北部
Rhône septentrional
シラー(Syrah)
ルーサンヌ(Roussanne)、マルサンヌ(Marsanne)
ヴィオニエ(Viognier)
フランス
France
ローヌ地方南部
Rhône méridional
グルナッシュ(Grenache)、シラー(Syrah)
ムールヴェードル(Mourvèdre)、
サンソー(Cinsault)
ルーサンヌ(Roussanne)、マルサンヌ(Marsanne)
ヴィオニエ(Viognier)、クレレット(Clairette)
ブールブーラン(Bourboulenc)
ローザンヌ
Lausanne
モントルー
Montreux
レマン湖
Lac Léman
シオン Sion
ジュネーブ
Genève
ソーヌ川
Saône
アン川 Ain
リヨン／Lyon
ローヌ川
Rhône
ヴィエンヌ
Vienne
イゼール川
Isère
ヴァランス
Valence
クレスト／Crest
モンテリマール
Montélimar
アルデッシュ川
Ardèche
エーグル川
Aigue
ウヴェーズ川
Ouvèze
オランジュ
Orange
カルパントラ
Carpentras
アヴィニョン
Avignon
ニーム／Nîmes
カヴァイヨン
Cavaillon
デュランス川
Durance
アルル／Arles
マルセイユ
Marseille
地中海
Mediterranean Ocean
Nord
北
0 20 40 60 km
A B C D
1 2 3 4 5

ヴァレー州／Valais

● ピノ・ノワール（Pinot Noir）、ガメ（Gamay）
● シャスラ（Chasselas）

ローヌ氷河
Glacier du Rhône

ローヌ川
Rhône

Le Rhône
ローヌ川

古代ローマ帝国の川

レマン湖からカマルグの湿原まで、
ブドウ畑は海へ向かう川の流れに沿って伸びている。

ガリア人はワインという飲み物を知っていたが、蜂蜜水やビールを好んだ。そのため、ローヌ河畔でできた最初のワインは、愛好家の多かったローマへと運ばれた。古代ローマの商業を盛り上げるために、リヨンの民、ローマ教皇の喉の渇きを癒すために、アヴィニョン橋の下を流れたのは水だけではなかった。ローヌ川の水運は、川を遡ることのできる汽船が発明された19世紀初頭に全盛期を迎えた。1856年にパリーリヨンーマルセイユを結ぶ鉄道が開通し、高速道路が建設されたことで、河川による輸送は減少したが、それでも決して途絶えることはなかった。

ローヌ川はスイスを源とする。その水源は標高約1,900mのフルカ氷河にある。ローザンヌの周辺では、ブドウ畑は高い丘の斜面に広がっている。非常に急な斜面であるため、ブドウ樹がレマン湖の水面に映り込む光景が見られる。ジュラ地方に入ると激流となり、航行が不可能となる。ソーヌ川が合流するリヨンで水の流れが穏やかになり、川幅も広くなる。この美食の町では川沿いに道が敷かれ、見事な橋が川を跨いでいる。そして、いよいよローヌ渓谷に入る。この渓谷は中央山塊とアルプス山脈の間の土地の陥没によって生まれた。ローヌ地方北部の険しい急斜面にブドウ樹が張り付いている光景は圧巻である。土壌が多様で、理想的な日照量を得られるため、コンドリュー、コート・ロティ、コルナス、シャトー・グリエといった優良なテロワールが集中している。ローヌ川はさらに南下し、カマルグ湿原地帯へと流れ、地中海の風を受ける。ここから、ブドウ畑はローヌ川から離れ、プロヴァンス地方の丘陵地、ラングドック地方へと拡散していく。

特徴

全長	812km
水源	ローヌ氷河
河口	リオン湾－地中海
通過国	フランス、スイス
主な支流	イゼール川、デュランス川、ドローム川、アン川、ソーヌ川、アルデッシュ川、ガルドン川

代表品種

● 主な黒ブドウ品種
● 主な白ブドウ品種

NORTH AFRICA

北アフリカ諸国

モロッコ、アルジェリア、チュニジア

ワインはそれを嗜む人たちによって造られてきたが、
北アフリカ諸国は例外である。他のイスラム教国と同じく、
コーランが信徒に発酵した飲み物を口にすることを禁じているからだ。
それでもワイン造りは古代から脈々と続いている。

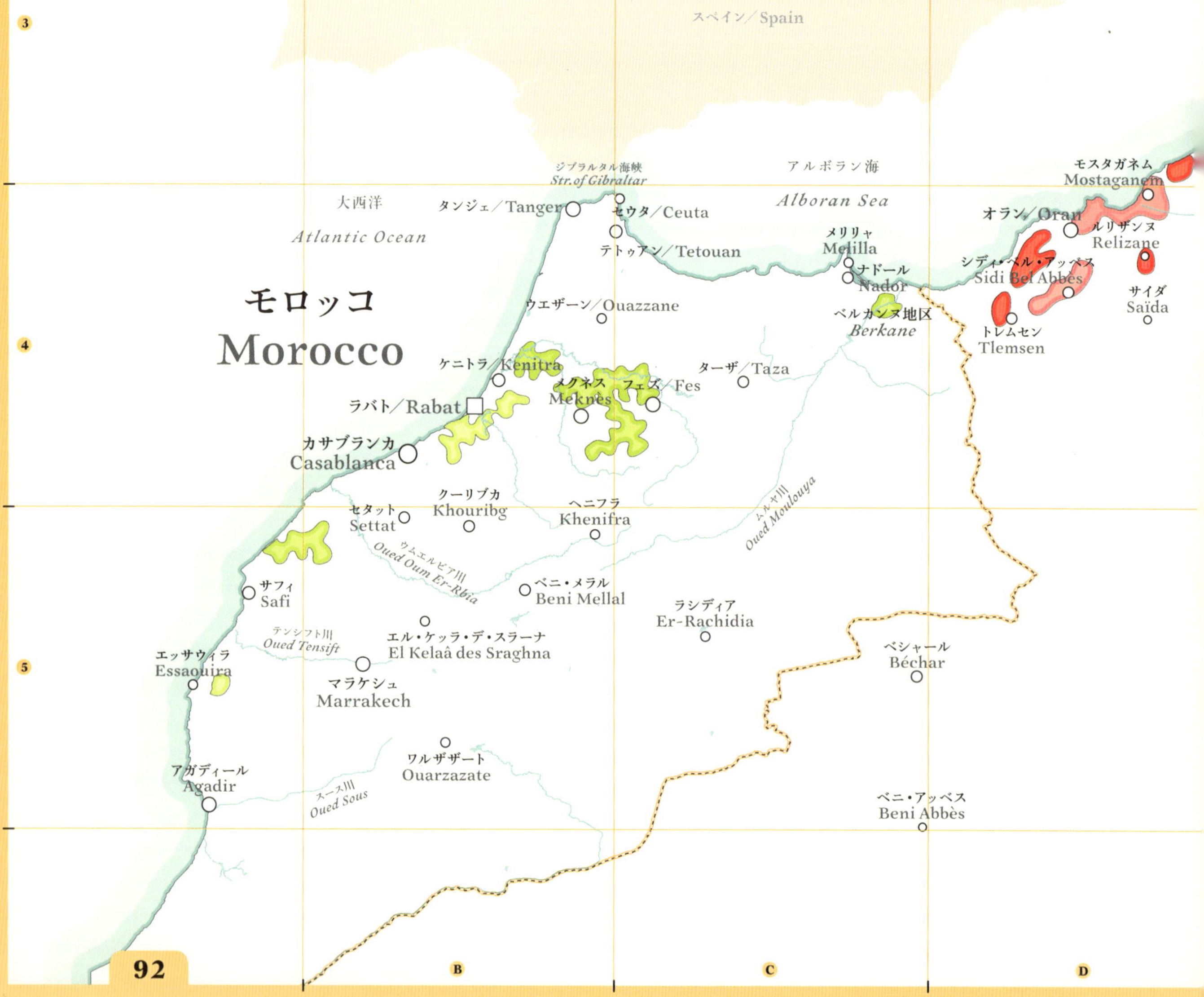

黒海
Black Sea
スペイン／Spain
ジブラルタル海峡
Str. of Gibraltar
アルボラン海
Alboran Sea
大西洋
Atlantic Ocean
タンジェ／Tanger
セウタ／Ceuta
テトゥアン／Tetouan
メリリャ
Melilla
ナドール
Nador
ベルカンヌ地区
Berkane
モスタガネム
Mostaganem
オラン／Oran
ルリザンヌ
Relizane
シディ・ベル・アッベス
Sidi Bel Abbès
サイダ
Saïda
トレムセン
Tlemsen
モロッコ
Morocco
ウエザーン／Ouazzane
ケニトラ／Kenitra
メクネス
Meknès
フェズ／Fes
ターザ／Taza
ラバト／Rabat
カサブランカ
Casablanca
クーリブカ
Khouribg
セタット
Settat
ヘニフラ
Khenifra
ムルヤ川
Oued Moulouya
ウムエルビア川
Oued Oum Er-Rbia
サフィ
Safi
ベニ・メラル
Beni Mellal
ラシディア
Er-Rachidia
テンシフト川
Oued Tensift
エル・ケッラ・デ・スラーナ
El Kelaâ des Sraghna
エッサウィラ
Essaouira
マラケシュ
Marrakech
ベシャール
Béchar
ワルザザート
Ouarzazate
アガディール
Agadir
スース川
Oued Sous
ベニ・アッベス
Beni Abbès

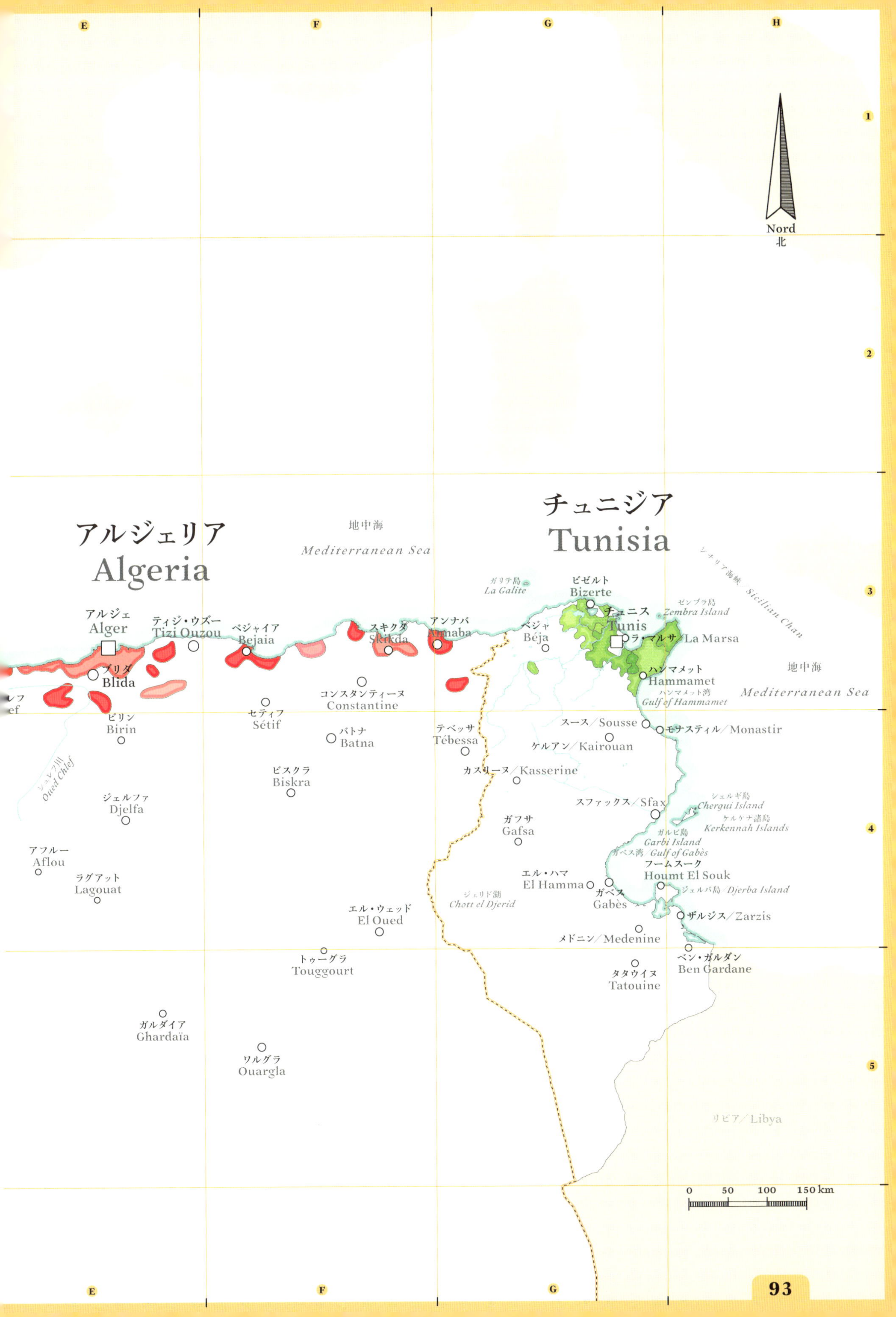

Nord
北
アルジェリア
Algeria
チュニジア
Tunisia
地中海
Mediterranean Sea
ガリテ島
La Galite
ビゼルト
Bizerte
チュニス
Tunis
ゼンブラ島
Zembra Island
シチリア海峡／Sicilian Chan
ラ・マルサ／La Marsa
アルジェ
Alger
ティジ・ウズー
Tizi Ouzou
ベジャイア
Bejaia
スキクダ
Skikda
アンナバ
Annaba
ベジャ
Béja
ブリダ
Blida
ハンマメット
Hammamet
ハンマメット湾
Gulf of Hammamet
地中海
Mediterranean Sea
コンスタンティーヌ
Constantine
セティフ
Sétif
ビリン
Birin
バトナ
Batna
テベッサ
Tébessa
スース／Sousse
モナスティル／Monastir
ケルアン／Kairouan
シェレフ川
Oued Chlef
ビスクラ
Biskra
カスリーヌ／Kasserine
ジェルファ
Djelfa
スファックス／Sfax
シェルギ島
Chergui Island
ケルケナ諸島
Kerkennah Islands
ガフサ
Gafsa
ガルビ島
Garbi Island
ガベス湾／Gulf of Gabès
アフルー
Aflou
フームスーク
Houmt El Souk
ラグアット
Lagouat
エル・ハマ
El Hamma
ガベス
Gabès
ジェルバ島／Djerba Island
ジェリド湖
Chott el Djerid
エル・ウェッド
El Oued
ザルジス／Zarzis
メドニン／Medenine
トゥーグラ
Touggourt
ベン・ガルダン
Ben Gardane
タタウイヌ
Tatouine
ガルダイア
Ghardaïa
ワルグラ
Ouargla
リビア／Libya
0 50 100 150 km

A
B
C
D
1
2
3
4
5
ポルトガル／Portugal
スペイン／Spain
地中海
Mediterranean Sea
ジブラルタル海峡
Str.of Gibraltar
セウタ／Ceuta
タンジェ／Tanger
テトゥアン／Tetouan
ロリエンタル地方
L'Oriental
ナドール
Nador
ガルブ地域
Gharbe
ウエザーン
Ouazzane
メクネス地域
Meknès
ベルカンヌ地区、
アンガド地区
Berkane, Angad
ウジダ
Oujda
Nord
北
ケニトラ／Kenitra
ゲロワンヌ地区／Guerrouane
ゲロワンヌ地区／Guerrouane
タザ／Taza
メクネス
Meknès
フェズ／Fes
コトー・ド・ラトラス地区
Coteaux de l'Atlas
ベンスリマン地域
Benslimane
ラバト／Rabat
ザーレ地区
Zare
ケミセット
Khemisset
ベニ・ムティエ地区／Beni M'tir
ゲロワンヌ地区／Guerrouane
カサブランカ
Casablanca
ゼナタ地区／Zenata
アズルー
Azrou
エル・ジャディーダ
El Jadida
セタット
Settat
クーリブカ
Khouribga
ヘニフラ
Khenifra
ムルヤ川
Oued Moulouya
大西洋
Atlantic Ocean
ドゥカラ地区／Doukkala
ブラウアンヌ地区／Boulaouane
ウムエルビア川
Oued Oum Er-Rbia
サフィ
Safi
ドゥカラ地域
Doukkala
ベニ・メラル
Beni Mellal
エルラシディア
Er-rachidia
エルアビド川
Oued El Abid
エッサウィラ
Essaouira
テンシフト川
Oued Tensift
マラケシュ
Marrakech
ヴァル・ダルガン地区
Val d'Argan
ワルザザート
Ouarzazate
ダデス川
Oued Dadès
エッサウィラ地域
Essaouira
アルジェリア／Algeria
スース川
Oued Souss
アガディール
Agadir
ドラア川
Oued Drâa
ゲルミン／Guelmim
タン・タン
Tan-Tan
ドラア川
Oued Drâa
西サハラ
Western Sahara
0
75
150
225
300 km

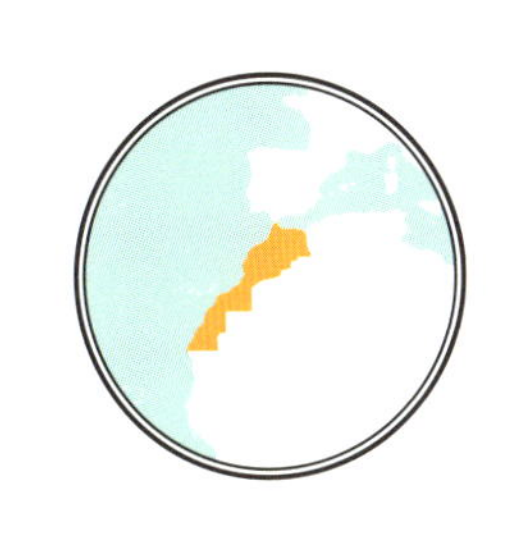

メクネス
ゲロワンヌ
マグレブ
コトー・ド・ラトラス

Morocco
モロッコ

ブドウ畑は大西洋沿岸の平野に沿って、オリーブ園となつめやし園の間を這うように伸びている。起伏のある地形と大西洋の影響で温和な気候に恵まれたモロッコは、北アフリカ諸国の中で最も将来性のあるワイン産地である。

歴史

フェニキア人が到来する前に、野生のブドウが実っていた。ベルベル人たちは木々に絡んだブドウの蔦から採った実を干して食べていた。古代に、ブドウ畑は現代のメクネス近郊のヴォルビリス周辺に広まった。ワイン造りと商いはローマ人の手によって発展した。

フェニキア人の到来以前にブドウが自生していた

当時、モロッコ北部はローマ帝国の属州、マウレタニア・ティンギタナであったため、ワインはローマまで運ばれていた。イスラム教徒による征服以降、食用ブドウの生産が優先されるようになったが、ワイン造りは絶えなかった。

現代

1990年代、ワイン産業を復興させるために、モロッコ政府はフランスの生産者に土地と資金を援助し、ワイン産業への投資を奨励した。この政策が実を結び、畑の整備と設備の近代化が実現した。

モロッコワインの大半は現地で、観光客によって消費されている

1977年から原産地呼称制度が導入され、栽培区画、品種、1ha当たりの収量が統制されるようになった。この数年、政府が国内の酒税を上げ、国民によるワインの消費を制限しようとする傾向が見られる。輸出量はごくわずかで、ワインの大半は国内で観光客に提供されている。国境を越えずとも外国人に堪能してもらうことに成功したのだから、モロッコワインは優秀であると言えるだろう！　この現地消費というワインの普及形態は特殊ではあるが、モロッコはアフリカ大陸屈指の観光大国であるから、その展望は明るい。

主な栽培品種

- ● サンソー（Cinsault）、カリニャン（Carignan）、アリカンテ・ブーシェ（Alicante Bouschet）
- ● グルナッシュ・ブラン（Grenache Blanc）、クレレット（Clairette）、ミュスカ（Muscat）

世界ランキング（生産量）
34

栽培面積（ha）
49,000

年間生産量（100万ℓ単位）
40

黒ブドウと白ブドウの栽培比率
25％
75％

収穫時期
8〜9月

ワイン造りの始まり
紀元前 **500** 年

貢献した民族
フェニキア人
ローマ人

5 まずは知っておきたい産地
- コトー・ド・ラトラス
- ゲロワンヌ
- ベニ・ムティエ
- ザーレ
- ドゥカラ

A B C D

地中海
Mediterranean Sea

アルジェ地域
Algérois

コンスタンティーヌ地域
Constantine

オラン地域
Oranie

アルジェ／Alger
ティジ・ウズ
Tizi Ouzou
ベジャイア
Bejaia
スキクダ
Skikda
アンナバ
Annaba
ダラ地区／*Dahra*
ブリダ／Blida
シュレフ／Chlef
ザカール地区
Zaccar
メデア地区
Médéa
アイン・ベセム－ブイラ地区
Aïn Bessem-Bouira
セティフ
Sétif
コンスタンティーヌ
Constantine
モスタガネム
Mostaganem
オラン／Oran
コトー・ド・マスカラ地区
Coteaux de Mascara
テッサラー地区／*Tesslah*
レリザン／Relizane
ビリン／Birin
バトナ
Batna
コトー・ド・トレムセン地区
Coteaux de Tlemcen
シディ・ベル・アッベス
Sidi Bel Abbès
シュレフ川
Oued Chlef
ビスクラ／Biskra
ジェルファ／Djelfa
トレムセン
Tlemcen
サイダ
Saïda
モロッコ
Morocco
チュニジア
Tunisia
アフルー／Aflou

0 100 200 300 km

ALGERIA
アルジェリア

ALGERIA TUNISIA
アルジェリア、チュニジア

収穫時期
8〜9月

ワイン造りの始まり
紀元前
500
年

貢献した民族
フェニキア人
ギリシャ人
ローマ人

19世紀末、ヨーロッパ全土に及んだ害虫フィロキセラの襲来により、フランスは他の土地の開拓を余儀なくされた。衰えることのないワインの需要に応えるために、近隣の植民地でブドウ畑を拡大し、ワイン運送船による、史上最大級のワイン輸入作戦を敢行した。貧弱なフランスワインの味わいを深くするためのブレンド用として、何億リットルものワインが船で運ばれた。1930年、ワイン販売のほぼ全てを政府が管理するようになり、特にアルジェリアは世界のワイン生産大国の1つに数えられるまでになった。1956年にチュニジア、1962年にアルジェリアが独立を達成し、20世紀末にフランス系移住者が本国へ帰還したことにより、両国はイスラム教の規範を取り戻していった。

世界ランキング（生産量）
30

栽培面積（ha）
77,000

年間生産量（100万ℓ単位）
62

黒ブドウと白ブドウの栽培比率
65%　35%

現代

1962年の独立、そして欧州共同体産ワインと外国産ワインの混合を禁じた1967年のローマ条約以降、アルジェリアはブドウ畑の80%を失ったが、アフリカ大陸では南アフリカ共和国に次ぐ第2位のワイン生産国となっている。最も上質なワインはアルジェとオラン周辺の地区で造られている。同国のワイン産業の未来はまだ不透明ではあるが、長い間低迷していた観光業に今、明るい兆しが見えている。実際、アフリカ大陸の観光客数が多い国ランキングで上位5国に入るほどである。これはアルジェリアワインの知名度が高まる好機ではなかろうか？

主な栽培品種

- カリニャン (Carigan)、サンソー (Cinsault)、グルナッシュ (Grenache)
- クレレット (Clairette)、ユニ・ブラン (Ugni Blanc)、アリゴテ (Aligoté)

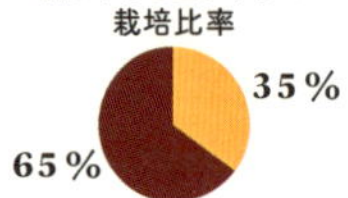

まずは知っておきたい3地区
コトー・ド・マスカラ
コトー・ド・トレムセン
ダッラ

TUNISIA
チュニジア

世界ランキング（生産量）
38

栽培面積（ha）
21,000

年間生産量（100万ℓ単位）
24

黒ブドウと白ブドウの栽培比率
90％ / 10％

現代

1975年にワイン産地は5地域に区分され、原産地呼称制度（フランスのAOCに相当）に認定されている地区は7つある。北アフリカ諸国のなかで、ワイン生産に充てる国産ブドウの割合が最も多い国である。生産者組合2団体と民間企業1社がワイン産業をほぼ独占しており、3組織で国内生産量の97％を占め、その半分を輸出している。チュニジアの生産者はフランスの影響だけでなく、数世紀前からこの地に定住しているイタリア系移民のノウハウも享受している。

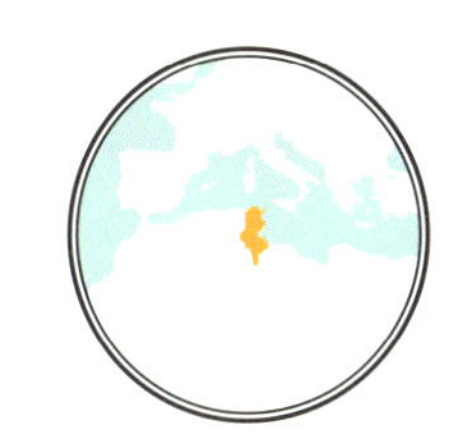

主な栽培品種

- カリニャン（Carignan）、サンソー（Cinsault）、ムールヴェードル（Mourvèdre）
- ミュスカ（Muscat）、シャルドネ（Chardonnay）、ペドロ・ヒメネス（Pedro Ximénez）

3 まずは知っておきたい地区

- コトー・デュティック
- グランクリュ・モルナグ
- シディ・サレム

ガリテ島 La Galité
ビゼルト地域 Bizerte
ビゼルト Bizerte
メンゼル・ブルギーバ Menzel Bourguiba
コトー・デュティック地区 Coteaux d'Utique
コトー・ド・テブルバ地区 Coteaux de Tebourba
マトゥール Mateur
チュニス湾 Gulf of Tunis
ゼンブラ島 Zembra Island
ボン岬地域 Cap Bon
Nord 北
タバルカ Tabarka
ベジャ Béja
チュニス地域 Tunis
アリアナ Ariana
チュニス Tunis
ラ・グレット La Goulette
レ・バルドー Le Bardo
ベンナラス Ben Arous
ケリビア地区 Kelibia
ケリビア Kelibia
ハマムーリフ Hammam-Lif
モルナグ地区 Mornag
コルバ Korba
ティバール地区 Thibar
ジェンドゥーバ Jendouba
テブルスク Tabursuq
グランクリュ・モルナグ地区 Grand cru Mornag
シディ・サレム地区 Sidi Salem
ナブール Nabeul
ベジャジャンドゥーラ地域 Béjajendoura
ハンマメット Hammamet
エル・ケフ El Kef
シリアナ Siliana
ハンマメット湾 Gulf of Hammamet
地中海 Mediterranean Sea
タジュルーイーヌ Tajarwin
マクタール Maktar
エルグラ Harqalah
スース Sousse
0 25 50 75 km
ケルアン Kairouan
ムサケン Masakin
モナスティル Monastir

北極圏

Qui fait du vin en 500?

北緯45度

北回帰線

500年に ワインを造っていた 地域は？

赤道

南回帰線

南緯35度

ローマ帝国の繁栄とともに、ブドウとワインはヨーロッパ全土と
その文明に浸透していった。
ローマ軍団兵は遠征の先々にブドウの株を運んだ。
そして、その栽培に適した土地を見極めるすべを心得た最初の民族でもあった。

-700　-500　-300　-100

-500
- モロッコ
- アルジェリア
- チュニジア
- クロアチア
- スロベニア

-300
- オーストリア
- ウズベキスタン
- ローマ人による征服開始
- アンフォラに代わって樽が用いられるようになる

- ボスニア・ヘルツェゴビナ
- モンテネグロ
- スイス
- 中国

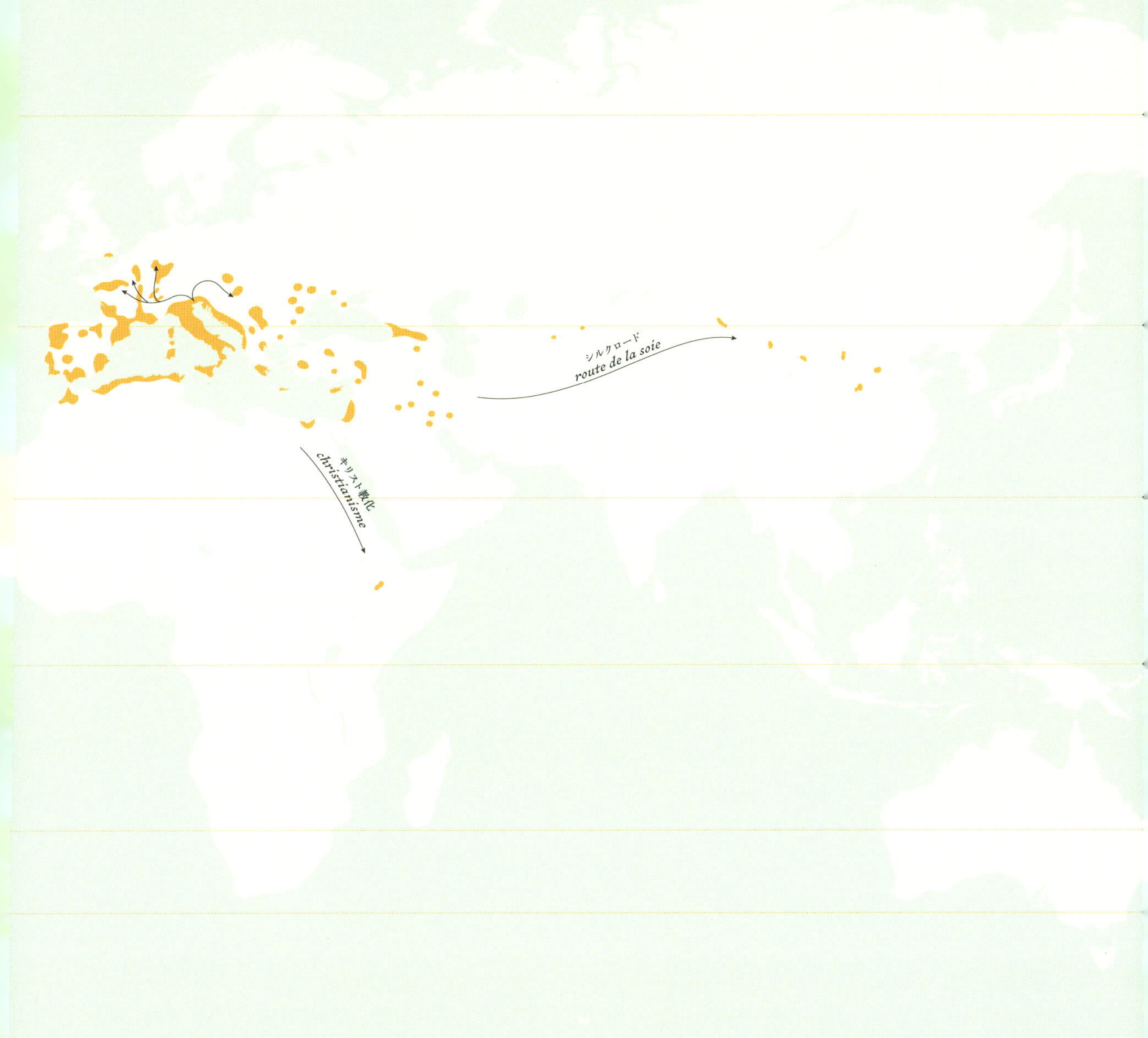
シルクロード
route de la soie
キリスト教化
christianisme

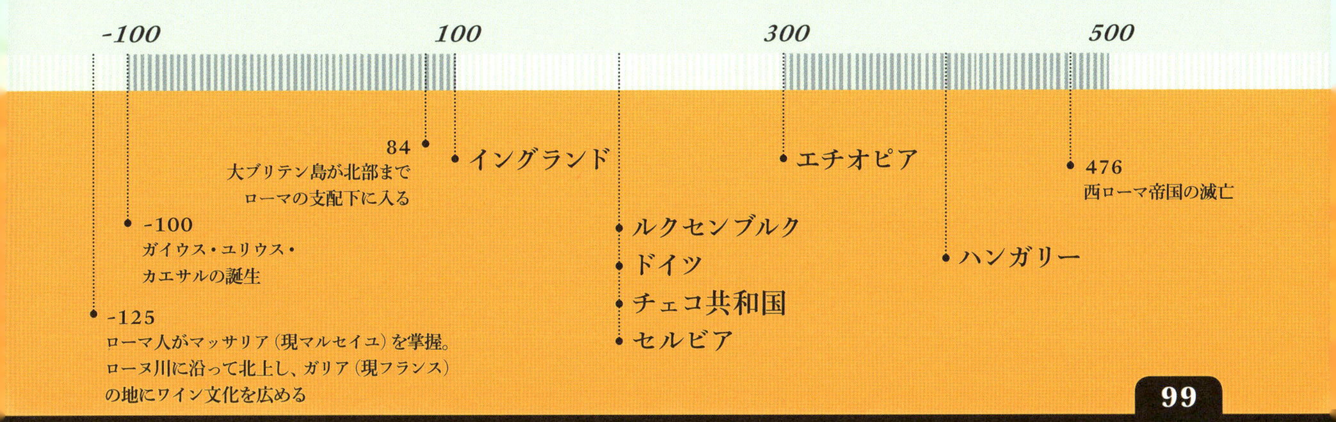
-100
100
300
500
84
大ブリテン島が北部まで
ローマの支配下に入る
-100
ガイウス・ユリウス・
カエサルの誕生
-125
ローマ人がマッサリア（現マルセイユ）を掌握。
ローヌ川に沿って北上し、ガリア（現フランス）
の地にワイン文化を広める
イングランド
ルクセンブルク
ドイツ
チェコ共和国
セルビア
エチオピア
ハンガリー
476
西ローマ帝国の滅亡

西バルカン諸国

スロベニア、クロアチア、
ボスニア・ヘルツェゴビナ、セルビア

南東ヨーロッパでは2度の世界大戦と共産党体制が
人々と土地を疲弊させてきた。2000年代に各国が
欧州連合に相次いで加盟し、ワイン産業の復興が進んだ。

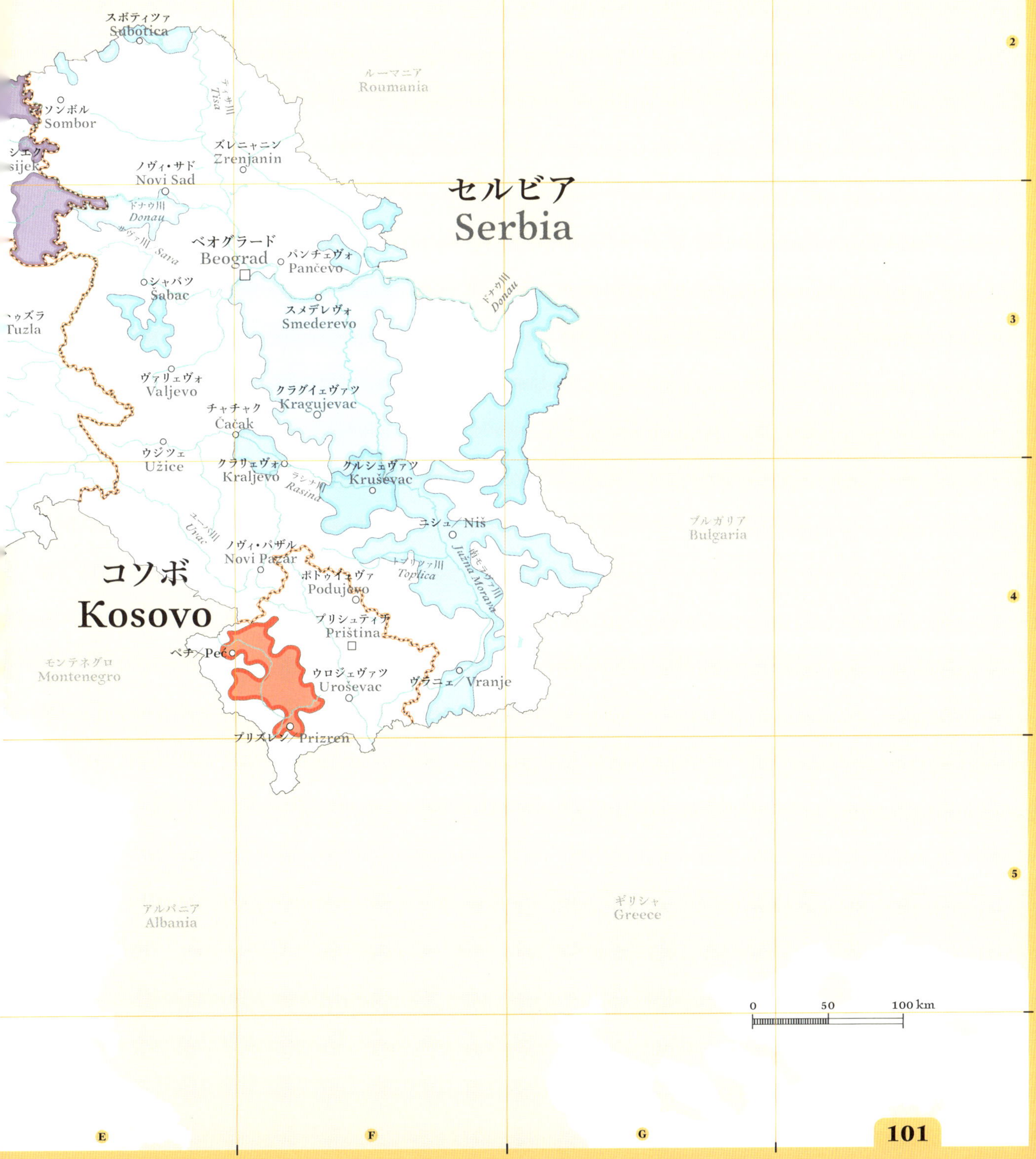

世界ランキング
(生産量)
32

栽培面積(ha)
16,000

年間生産量
(100万ℓ単位)
54

黒ブドウと白ブドウの
栽培比率

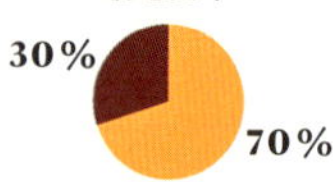

収穫時期
7〜10月

ワイン造りの始まり
紀元前
500
年

貢献した民族
ケルト人

SLOVENIA
スロベニア

はるか昔から様々な民族が行き交うこの地域は、異文化が交流する場であり、ギリシャ、ケルト、ローマ、エトルリアなどの文化を継承してきた自負がある。スロベニアは旧ユーゴスラビア社会主義連邦共和国から最初に独立し、ブドウ畑を復興させた国である。

陽光が燦々と降り注ぐ丘陵地帯は、ブドウの生育に理想的な条件を満たしている。合計16,000haの畑で29,000の生産者がブドウを栽培しているため、畑の細分化が特に進んだ国でもある。最西端にあるプリモルスカ地方は地中海の影響が強い。その気候は太陽の恵みを蓄えた、果実味豊かな赤ワインを生む。一方で、アルプス山脈からの冷涼な風を受けるポドラウイエ地方は白ワインのための土地である。

主な栽培品種

● レフォスコ(Refosco)*、メルロ(Merlot)、ツァメトフカ(Žametovka)

● ヴェルシュリースリング(Welschriesling)**、シャルドネ(Chardonnay)、ソーヴィニヨン・ブラン(Sauvignon Blanc)

*現地ではレフォシュク(Refošk)と呼ばれている。
**現地ではラシュキ・リーズリング(Laški Rizling)と呼ばれている。
土着品種

オーストリア Austria
ハンガリー Hungary
プレクムリェ地区 Prekmurje
ムルスカ・ソボタ Murska Sobota
ドラーヴァ川 Drava
マリボル Maribor
ムール川 Mura
ポドラウイエ地方 Podravje
プトゥイ Ptuj
イェセニツェ Jesenice
サヴィンジャ川 Savinja
ヴェレニエ Velenje
シュタイエルスカ・スロベニア地区 Štajerska Slovenija
サヴァ川 Sava
クラーニ Kranj
カムニーク Kamnik
ツェリェ Celje
トルボヴリェ Trbovlje
プリモリスカ地方 Primorska
シュコーフィア・ロカ Škofja Loka
ドムジャレ Domžale
ゴリシュカ・ブルダ地区 Goriška Brda
リュブリャナ Ljubljana
サヴァ川 Sava
ビゼリュスコ・スレミッチュ地区 Bizeljsko-Sremič
ノヴァ・ゴリツァ Nova Gorica
イタリア Italy
ドレンスカ地区／Dolenjska
ヴィパウスカ・ドリナ地区 Vipavska dolina
ノヴォ・メスト Novo Mesto
クラス地区／Kras
ポサウイエ地方 Posavje
トリエステ湾 Gulf of Trieste
コペル Koper
ベラ・クライナ地区 Bela Krajina
イゾラ Izola
クロアチア Croatia
クパ川 Kupa
スロヴェンスカ・イストラ地区 Slovenska Istra
アドリア海 Adriatic Sea
Nord 北
0 20 40 60 km

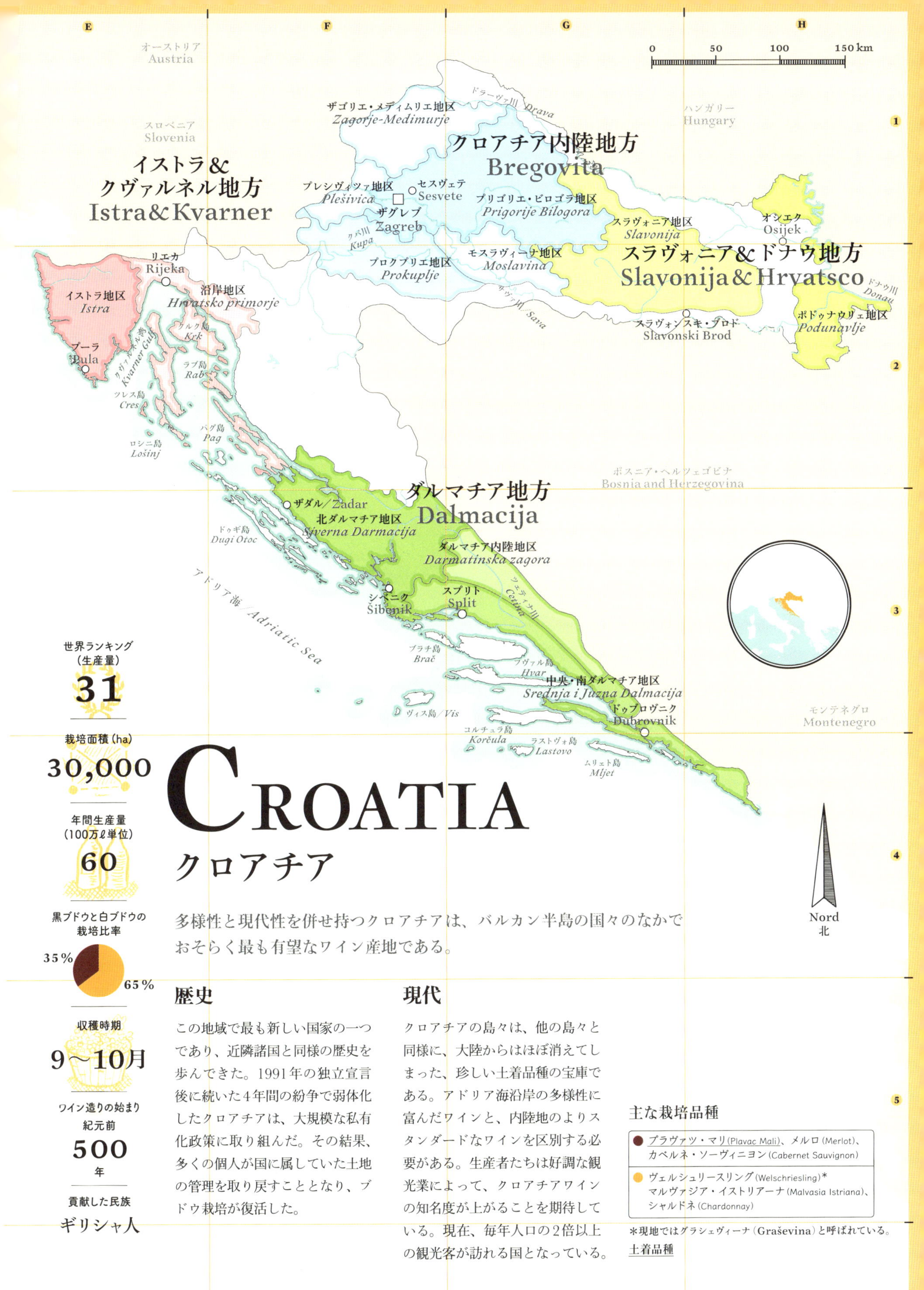

世界ランキング（生産量）
31

栽培面積（ha）
30,000

年間生産量（100万ℓ単位）
60

黒ブドウと白ブドウの栽培比率
35％ 65％

収穫時期
9〜10月

ワイン造りの始まり
紀元前
500
年

貢献した民族
ギリシャ人

CROATIA
クロアチア

多様性と現代性を併せ持つクロアチアは、バルカン半島の国々のなかでおそらく最も有望なワイン産地である。

歴史

この地域で最も新しい国家の一つであり、近隣諸国と同様の歴史を歩んできた。1991年の独立宣言後に続いた4年間の紛争で弱体化したクロアチアは、大規模な私有化政策に取り組んだ。その結果、多くの個人が国に属していた土地の管理を取り戻すこととなり、ブドウ栽培が復活した。

現代

クロアチアの島々は、他の島々と同様に、大陸からはほぼ消えてしまった、珍しい土着品種の宝庫である。アドリア海沿岸の多様性に富んだワインと、内陸地のよりスタンダードなワインを区別する必要がある。生産者たちは好調な観光業によって、クロアチアワインの知名度が上がることを期待している。現在、毎年人口の2倍以上の観光客が訪れる国となっている。

主な栽培品種

- ● プラヴァツ・マリ（Plavac Mali）、メルロ（Merlot）、カベルネ・ソーヴィニヨン（Cabernet Sauvignon）
- ● ヴェルシュリースリング（Welschriesling）*、マルヴァジア・イストリアーナ（Malvasia Istriana）、シャルドネ（Chardonnay）

*現地ではグラシェヴィーナ（Graševina）と呼ばれている。
土着品種

グヴァリテーツヴァイン
ドナウ川
グリューナー・ヴェルトリーナー
ウィーン

AUSTRIA
オーストリア

世界ランキング（生産量）
18

栽培面積（ha）
46,000

年間生産量（100万ℓ単位）
200

黒ブドウと白ブドウの栽培比率
35％ 65％

収穫時期
8〜10月

ワイン造りの始まり
紀元前 **300** 年

貢献した民族
ケルト人 ローマ人

オーストリアは、極甘口ワインの最も古い痕跡が発見された国である。ここでは*16*世紀から、ブドウの実が超完熟するまで待ってから収穫する遅摘みが行われていた。主要な産地は、国内生産量の*60*％を誇るニーダーエスタライヒ州で、ドイツのリースリング種によく似たグリューナー・ヴェルトリーナー種から、国を代表するワインを産出している。

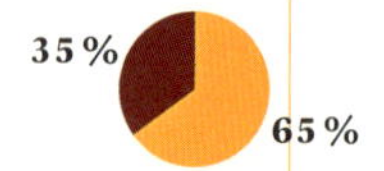

歴史

この地に最初にブドウ樹を植えたのはケルト人であったが、畑を本格的に拡大させたのはローマ人であった。ドナウ川流域に植えられたブドウ樹の行く末は、平穏というわけにはいかなかった。度重なる侵略、害虫フィロキセラの襲来により、畑の復興には長い時間を要した。1980年代、悪天候が続き、生産者たちは自慢の極甘口ワインを造れない状況に陥った。ドイツ市場での高い需要に何とか応えるために、まろやかさと甘味を出すためにジエチレングリコールを添加することを、不心得にも思い付いてしまった生産者がいた。1985年に行政当局の取締で発覚したこの不正行為は、ワイン史上最大のスキャンダルの1つに数えられている。発覚から数週間も経たないうちに、多くの国がオーストリアワインの輸入を禁止し、輸出量が90％も急落した。

ドナウ川流域の畑は数奇な運命を辿ってきた

現代

ジエチレングリコール添加ワインというスキャンダルの発覚後、政府は大々的な取締活動、畑の再整備を実施し、厳格な原産地呼称制度を導入した。幸いにもこの政策は大きな成果をもたらした！ 生産者は品質向上に取り組み、オーストリアはヨーロッパのワイン名産国の1つとしての地位を取り戻した。オーストリアワインのエチケットには、産地と品種だけでなく、糖度の区分が表示される。Trocken（辛口）、Halbtrocken（半辛口）、Liebliche（半甘口）、Süss（甘口）の区分がある。面白い事実として、ウィーンは市街地に700haのブドウ畑を有しているが、このように首都にワイン生産のための本格的なブドウ畑があるのは、世界中でここオーストリアのみである。

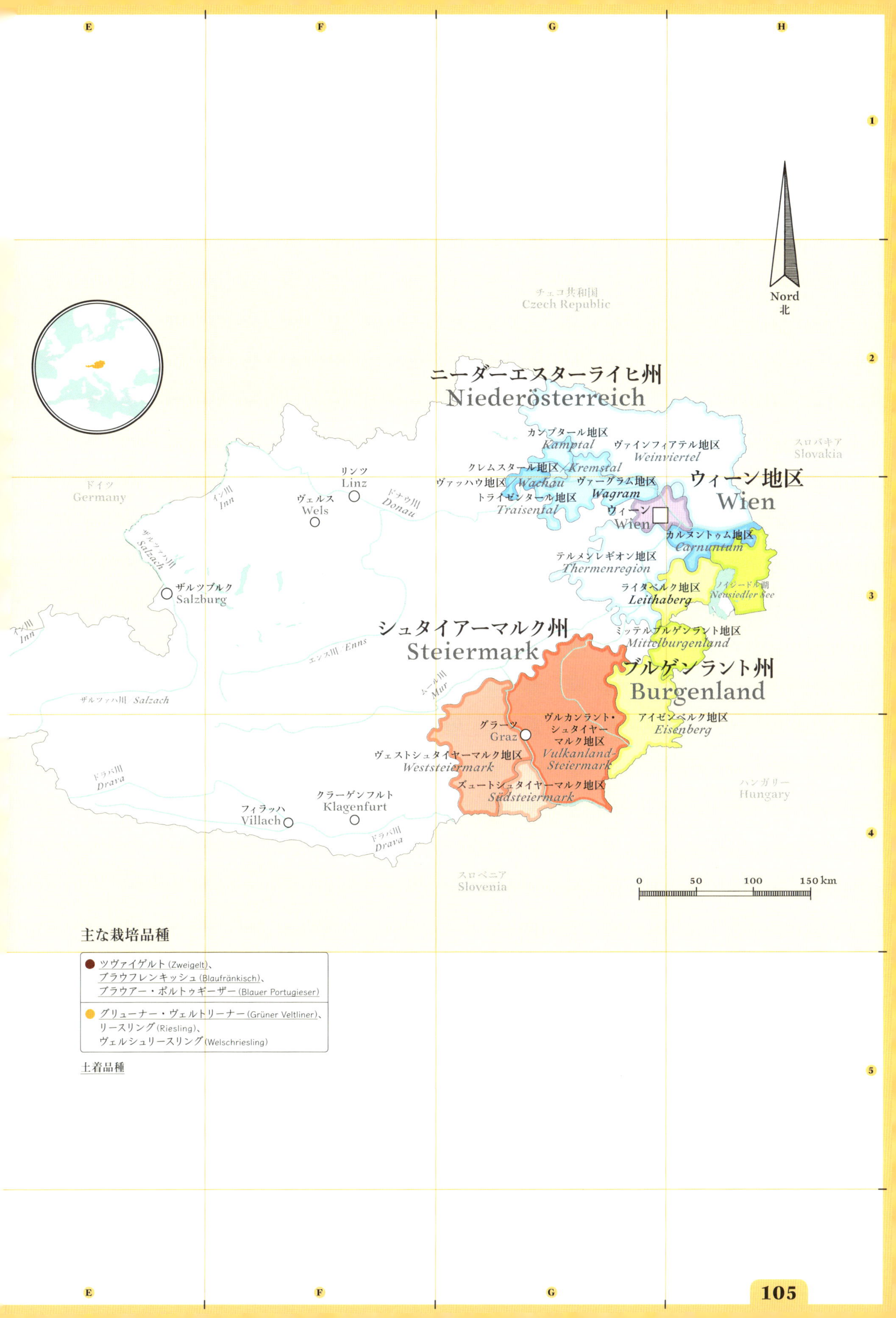

チェコ共和国
Czech Republic
Nord
北
ニーダーエスターライヒ州
Niederösterreich
カンプタール地区
Kamptal
ヴァインフィアテル地区
Weinviertel
クレムスタール地区／Kremstal
ヴァッハウ地区／Wachau
ヴァーグラム地区
Wagram
トライゼンタール地区
Traisental
ウィーン地区
Wien
ウィーン
Wien
カルヌントゥム地区
Carnuntum
テルメンレギオン地区
Thermenregion
ライタベルク地区
Leithaberg
ノイジードル湖
Neusiedler See
ミッテルブルゲンラント地区
Mittelburgenland
ブルゲンラント州
Burgenland
アイゼンベルク地区
Eisenberg
シュタイアーマルク州
Steiermark
ヴルカンラント・シュタイヤーマルク地区
Vulkanland-Steiermark
グラーツ
Graz
ヴェストシュタイヤーマルク地区
Weststeiermark
ズュートシュタイヤーマルク地区
Südsteiermark
スロバキア
Slovakia
ハンガリー
Hungary
スロベニア
Slovenia
ドイツ
Germany
リンツ
Linz
ヴェルス
Wels
ドナウ川
Donau
イン川
Inn
ザルツァハ川
Salzach
ザルツブルク
Salzburg
エンス川 Enns
ムール川
Mur
ザルツァハ川 Salzach
ドラバ川
Drava
クラーゲンフルト
Klagenfurt
フィラッハ
Villach
0
50
100
150 km
主な栽培品種
ツヴァイゲルト(Zweigelt)、
ブラウフレンキッシュ(Blaufränkisch)、
ブラウアー・ポルトゥギーザー(Blauer Portugieser)
グリューナー・ヴェルトリーナー(Grüner Veltliner)、
リースリング(Riesling)、
ヴェルシュリースリング(Welschriesling)
土着品種

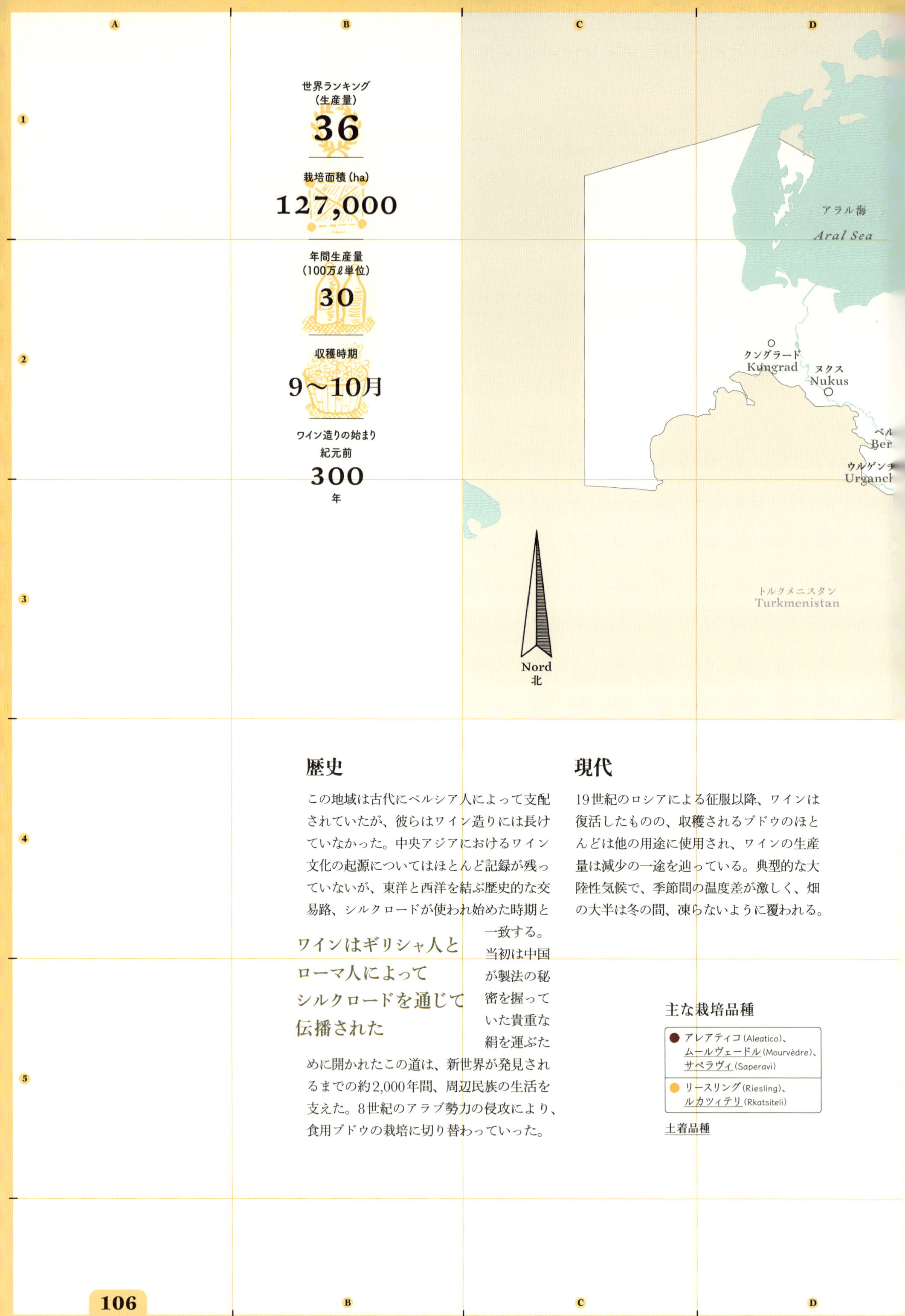

歴史

この地域は古代にペルシア人によって支配されていたが、彼らはワイン造りには長けていなかった。中央アジアにおけるワイン文化の起源についてはほとんど記録が残っていないが、東洋と西洋を結ぶ歴史的な交易路、シルクロードが使われ始めた時期と一致する。当初は中国が製法の秘密を握っていた貴重な絹を運ぶために開かれたこの道は、新世界が発見されるまでの約2,000年間、周辺民族の生活を支えた。8世紀のアラブ勢力の侵攻により、食用ブドウの栽培に切り替わっていった。

ワインはギリシャ人とローマ人によってシルクロードを通じて伝播された

現代

19世紀のロシアによる征服以降、ワインは復活したものの、収穫されるブドウのほとんどは他の用途に使用され、ワインの生産量は減少の一途を辿っている。典型的な大陸性気候で、季節間の温度差が激しく、畑の大半は冬の間、凍らないように覆われる。

主な栽培品種

- ● アレアティコ(Aleatico)、ムールヴェードル(Mourvèdre)、サペラヴィ(Saperavi)
- ● リースリング(Riesling)、ルカツィテリ(Rkatsiteli)

土着品種

UZBEKISTAN

ウズベキスタン

シルクロードの中間にあるこの国は、数多くの商人、
そしてワインを詰めたアンフォラ壺が行き交う光景を見てきた。

Bosnia Herzegovina

ボスニア・ヘルツェゴビナ

19世紀末にオーストリア・ハンガリー帝国の属州となるまでは、オスマン帝国の支配下にあった。イスラム教の戒律でアルコール飲料は禁止されていたため、ワインの生産はほぼ途絶えていた。ユーゴスラビア社会主義連邦共和国からの分離独立により勃発した紛争で、ブドウ畑の大半が破壊された。

E F G H

ハンガリー Hungary
スボティツァ Subotica
スボティツァ・ホルゴス地区 Horgoš
ティサ川 Tisa
ソンボル Sombor
ルーマニア Romania
ヴォィヴォディナ地域 Vojvodina
ズレニャニン Zrenjanin
クロアチア Croatia
スレム地区 Srem
ノヴィ・サド Novi Sad
スレムスカ・ミトロヴィツァ Sremska Mitrovica
バナト地区 Banat
ベオグラード Beograd
パンチェヴォ Pančevo
サヴァ川 Sava
シャバツ Šabac
スメデレヴォ Smederevo
ドナウ川 Donau
ポチェリナ地区 Pocerina
シュマディヤ地区 Šumadija
中央セルビア地方 Centrale Serbia
ヴァリェヴォ Valjevo
チャチャク Čačak
ティモク地区 Timok
ボスニア・ヘルツェゴビナ Bosnia and Herzegovina
ウジツェ Užice
クラグイェヴァツ Kragujevac
クラリェヴォ Kraljevo
クルシェヴァツ Kruševac
ラシナ川 Rasina
ウーバツ川 Uvac
西モラヴァ地区 Zapadna Morava
ニシュ Niš
ニシャヴァ地区 Nišava
ノヴィ・パザル Novi Pazar
ポドゥイェヴァ Podujevo
トプリツァ川 Toplica
南モラヴァ川 Južna Morava
モンテネグロ Montenegro
コソボ Kosovo
プリシュティナ Priština
ブルガリア Bulgaria
ペーチ Peć
ウロシェヴァツ Uroševac
ヴラニェ Vranje
プリズレン Prizren
マケドニア Macedonia
Nord 北
0 50 100 150 km

SERBIA
セルビア

世界ランキング(生産量)
15

栽培面積(ha)
69,000

年間生産量(100万ℓ単位)
290

黒ブドウと白ブドウの栽培比率
35% 65%

収穫時期
7〜10月

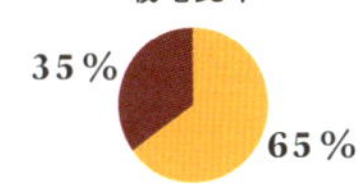

ワイン造りの始まり
200年

貢献した民族
ローマ人

フランスのボルドー地方、ローヌ地方とほぼ同じ緯度にあるセルビアでは、ワイン産地は9地方に区分されており、土着品種の栽培が盛んである。

歴史

現存する記録によると、最初のブドウはローマ帝国の皇帝プロブスによって、シルミウムの町(現在のスレムスカ・ミトロヴィツァ)周辺に植えられたとされている。ボスニアと同様に、イスラム教徒のトルコ人がブドウの木を根絶しようと試みた。オーストリア・ハンガリー帝国の盛期にワインの黄金期を迎えたが、ユーゴスラビア紛争で再び低迷した。200年前から、セルビアワインは国境を、さらには太西洋を越えて異国に運ばれていた。北部で造られているベルメット(Bermet)というデザートワインは、悲劇の豪華客船、タイタニック号のワインリストに載るほどだった。

オーストリア・ハンガリー帝国の盛期に黄金期を迎えたセルビアワイン

現代

海に面していないセルビアでは、ドナウ川が温和な気候をもたらしてくれる。品質を重視する家族経営の生産者が多いことから、セルビアワインに新たな希望が生まれている。共産主義体制によって衰退はしたが、これから間違いなく国際市場へと進出していくであろう。現在輸出されているのは、総生産量のわずか5%である。

主な栽培品種

- ● プロクパッツ(Prokupac)、カベルネ・ソーヴィニヨン(Cabernet Sauvignon)、ヴラナッツ(Vranac)
- ● ヴェルシュリースリング(Welschriesling)、シャスラ(Chasselas)

土着品種

CHINA
中国

東洋の超大国でブドウ栽培が始まったのは今から2000年以上も前のことである。しかしつい最近まで、ワイン生産国としては世界的にほぼ無名な存在であった。その中国が今、世界一のワイン生産国に上り詰めようとしている。

世界ランキング（生産量）
6

栽培面積（ha）
864,000

年間生産量（100万ℓ単位）
1,140

黒ブドウと白ブドウの栽培比率

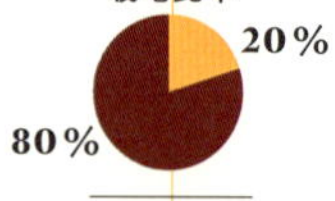

収穫時期
7〜10月

ワイン造りの始まり
紀元前
200
年

歴史

最近の研究で6000年以上前のビールや穀物酒の痕跡が発見された中国は、人類による発酵飲料の発祥地と見なされている。最も有名な中国の歴史書、「史記」によると、ヴィティス・ヴィニフェラ種による最初のブドウ酒醸造は、2000年前に遡る。中央アジアへ派遣された張騫（ちょうけん）という外交家が、紀元前126年に現在のウズベキスタンにあたるバクトリア地方を原産とするブドウの株を持ち帰ったという記述が残っている。ワインは中国の文化にほとんど根付かなかったが、1949年に、中華人民共和国の成立により、国民を長い間苦しめた内戦が終わり、新時代を迎えたことで、ワインの歴史も一転することになる。

ヴィティス・ヴィニフェラ種による最初のブドウ酒醸造は、2000年前に遡る

現代

改革開放と呼ばれる経済政策が加速された1992年以降、中国人は寛大なワインの購入者と見なされてきたが、数年前から強力な生産者として頭角を現している。そのワインは専門家も目を見張るほどの進化を遂げている。2000年には世界全体の4%に過ぎなかった中国の栽培面積は、今ではその3倍になっている。相当の消費量を見込める人口の規模、フランスよりも17倍も広い国土という好条件が揃っているのだから、その成長は衰えようもないだろう！　中国の生産者は中国ワインを象徴する品種、アイコンが必要であることをよく知っている。それはおそらく、カベルネ・ガーニッシュであろう。長い間、カベルネ・フラン（蛇龍珠）を改良した品種と見なされていたが、科学的研究で、その遺伝子がカルメネール種のものとほぼ一致することが実証された。カルメネール種とは、チリでスターになるまでは忘れ去られていたフランス原産の品種である。

主な栽培品種

- ● カベルネ・ソーヴィニヨン（Cabernet Sauvignon）、メルロー（Merlot）、カベルネ・ガーニッシュ（Cabernet Gernischt）
- ● 龍眼（Dragon Eye）、シャルドネ（Chardonnay）

土着品種

グル
Gh
カシュガル
Kashgar
インド
India

E
F
G
H
ロシア／Russia
Amour
フルン・ノール湖
Fulun Nu
チチハル／Qiqihar
ハルビン／Harbin
ハンカ湖
Lake Khanka
モンゴル／Mongolia
石河子／Shiheji
ウルムチ／Ürümqi
トルファン地区
Turpan
哈密
Hami
コルラ／Korla
新疆ウイグル自治区
Xinjiang
甘粛省
Gansu
寧夏回族自治区
Ningxia
河北省
Hebei
長春／Changchun
吉林／Jilin
中国東北部
Northeast China
瀋陽／Shenyang
鞍山／Anshan
朝鮮民主主義人民共和国
Dem.People's Rep. of Korea
山西省
Shanxi
北京／Pekin
大連／Dalian
天津／Tianjin
武威地区
Wuwei
賀蘭地区
Helan
青海湖
Qinghai
銀川
Yinchuan
西寧
Xining
蘭州
Lanzhou
汾河
Fen River
太原
Taiyuan
石家荘／Shijiazhuang
山東省
Shandong
済南／Jinan
青島／Qingdao
大韓民国
Rep.of Korea
黄海
Yellow Sea
日本／Japan
黄河
Huang He
西安／Xi'an
鄭州
Zhengzhou
江蘇省
Jiangsu
陝西省
Shanxi
小金地区
Xiaojin
南京／Nanjing
四川省
Sichuan
成都／Chengdu
武漢／Wuhan
上海
Shanghai
長江
Chang Jiang
サルウィン川
Salween
ブラマプトラ川
Brahmaputra
ラサ
Lhasa
重慶／Chongqing
南昌／Nanchang
杭州／Hangzhou
東シナ海
East Chine Sea
ネパール
Nepal
ブータン
Bhutan
メコン川
Mekong
昆明
Kunming
貴陽
Guiyang
長沙／Changsha
福州／Fuzhou
バングラデシュ
Bangladesh
雲南省
Yunnan
南寧
Nanning
西江
Xi Jiang
広東省
Guangdong
台湾
Taiwan
ミャンマー
Myanmar
防城港
Fangcheng Gang
マカオ
Macau
香港
Hong Kong
太平洋
Pacific Ocean
ベンガル湾
Bay of Bengal
ラオス
Laos
ベトナム
Vietnam
タイ
Thailand
1
2
3
4
5
Nord
北
0 300 600 900 1200 km

アルプス連峰
レマン湖
シャスラ
3カ国語

SWITZERLAND
スイス

スイスのワイン産地の地形はこの国のイメージ通り独特である。
アルプス山脈とジュラ山脈に囲まれた起伏の激しい渓谷を
這いあがるようにブドウ樹が連なっている。
そこから驚くほど多彩なワインが生まれる。

世界ランキング
（生産量）
25

栽培面積（ha）
15,000

年間生産量
（100万ℓ単位）
108

黒ブドウと白ブドウの
栽培比率

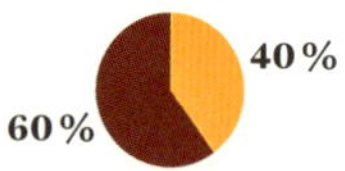

収穫時期
9〜10月

ワイン造りの始まり
紀元前
200
年

貢献した民族
ローマ人

グレンツァッハ・ヴィレン
Grenzach-Wyhlen
バーゼル／Basel
バーゼル地区
Basel
ジュラ州
Jura
ヌーシャテル州
Neuchâtel
ラ・ショー・ド・フォン
La Chaux-de-Fonds
ビール／Biel
ビール湖
Bielersee
フランス／France
ヌーシャテル／Neuchâtel
ヌーシャテル湖
Lac de Neuchâtel
ボンヴィラー地区
Bonvillars
ヴュイー地区
Vully
ベルン／Bern
ベルン地区
Bern
イヴェルドン
Yverdon
コート・ド・ロルブ地区
Côte de l'Orbe
ヴォー州
Vaud
トゥーン
Thun
ローザンヌ
Lausanne
ラ・コート地区
La Côte
レマン湖
Lac Léman
ラヴォー地区
Lavaux
モントルー／Montreux
シャブレー地区
Chablais
シオン
Sion
ヴェルニエ
Vernier
ジュネーヴ
Genève
ジュネーヴ州
Genève
ヴァレー州
Valais
0 25 50 75km

5 まずは
知っておきたい
産地

ヴァレー
グラウビュンデン
ティチーノ
ジュネーヴ
ビール湖

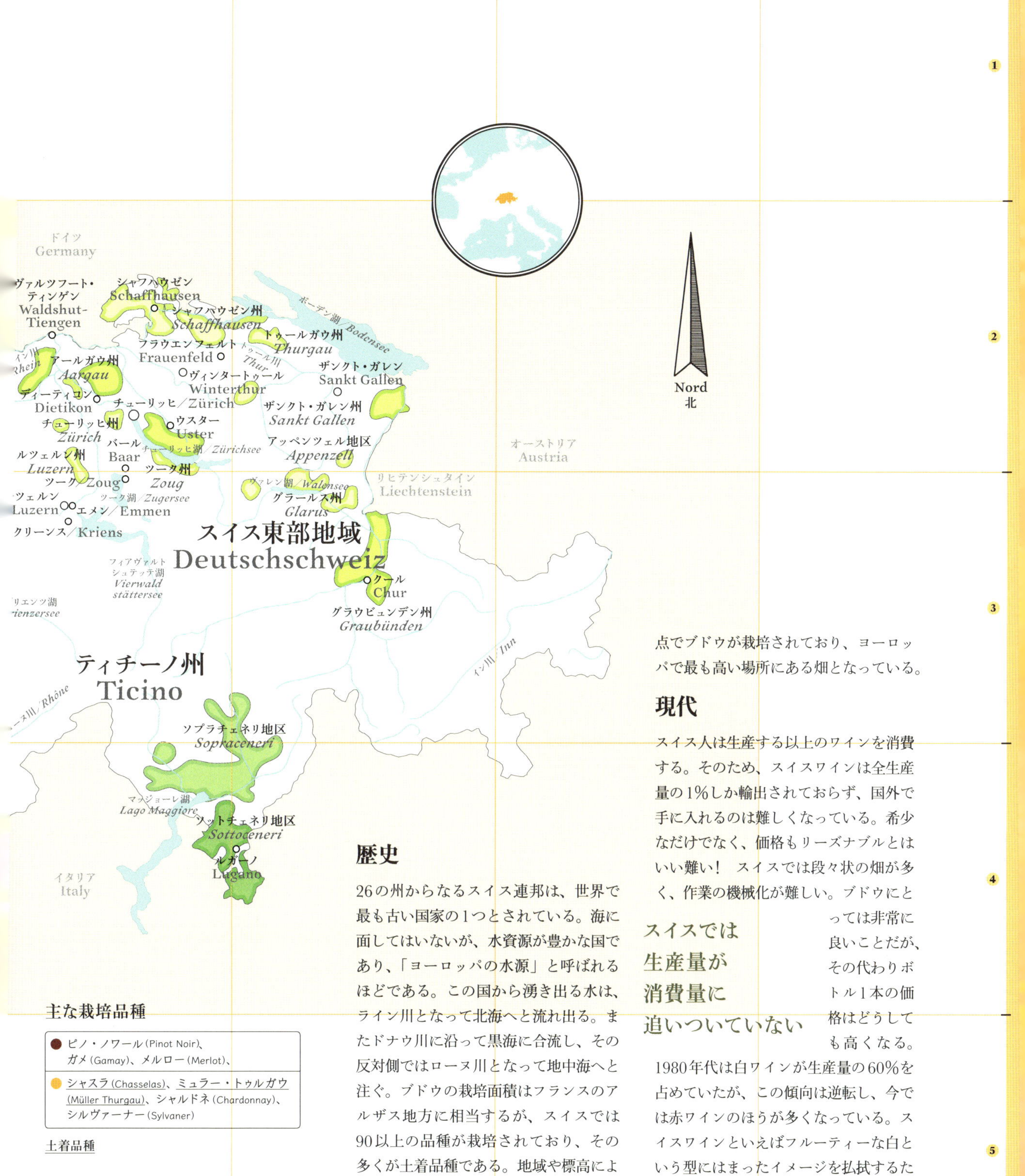

主な栽培品種

● ピノ・ノワール（Pinot Noir）、ガメ（Gamay）、メルロー（Merlot）、
● シャスラ（Chasselas）、ミュラー・トゥルガウ（Müller Thurgau）、シャルドネ（Chardonnay）、シルヴァーナー（Sylvaner）

土着品種

歴史

26の州からなるスイス連邦は、世界で最も古い国家の1つとされている。海に面してはいないが、水資源が豊かな国であり、「ヨーロッパの水源」と呼ばれるほどである。この国から湧き出る水は、ライン川となって北海へと流れ出る。またドナウ川に沿って黒海に合流し、その反対側ではローヌ川となって地中海へと注ぐ。ブドウの栽培面積はフランスのアルザス地方に相当するが、スイスでは90以上の品種が栽培されており、その多くが土着品種である。地域や標高によって土壌と気候が大きく異なる。劇的な地殻変動が驚くほど多様なテロワールをもたらしたのである。ヴァレー州のフィスパーテルミネン村では、標高1,150mの地点でブドウが栽培されており、ヨーロッパで最も高い場所にある畑となっている。

現代

スイス人は生産する以上のワインを消費する。そのため、スイスワインは全生産量の1%しか輸出されておらず、国外で手に入れるのは難しくなっている。希少なだけでなく、価格もリーズナブルとはいい難い！ スイスでは段々状の畑が多く、作業の機械化が難しい。ブドウにとっては非常に良いことだが、その代わりボトル1本の価格はどうしても高くなる。

スイスでは生産量が消費量に追いついていない

1980年代は白ワインが生産量の60%を占めていたが、この傾向は逆転し、今では赤ワインのほうが多くなっている。スイスワインといえばフルーティーな白という型にはまったイメージを払拭するために、生産者たちは先祖伝来の製法に立ち戻るなどして、それぞれのテロワールの個性が反映されたワインを造ることに力を注いでいる。

ENGLAND

イングランド

世界ランキング（生産量）
51

栽培面積（ha）
1,000

年間生産量（100万ℓ単位）
4

黒ブドウと白ブドウの栽培比率
20%
80%

収穫時期
9〜10月

ワイン造りの始まり
100年

ワイン産地としては適していなかったが、四方を海に囲まれた島国であるイングランドは、数世紀にわたり世界中のワインを味わってきた。そして今、国産ワインを世界に発信しようとしている。

歴史

ブドウは数世紀前から栽培されていたが、イングランド人はむしろ商才でワイン史に名を残す存在となった。12世紀にボルドー地方がイングランドの領土になった時、ジロンド川流域のワインは非常に安かったため、この国の民はメドック地区やサンテミリオン地区のワインしか飲まなくなった。1321年に、ロンドン港に入荷するワイン樽のそれぞれに、価格を決める前に「Good（良）」、「Ordinary（並）」というランクを申告することを義務付ける命令が交付された。つまり、イングランド人は品質に基づいたワインの格付け制度を導入した最初の民族だったといえるだろう。本土の慎ましやかな畑は、17世紀の「小氷期」で壊滅してしまったが、第二次世界大戦直後の1945年に復活した。

現代

イングランド南部はフランスのシャンパーニュ地方と同じ白亜の土壌に恵まれており、地球温暖化の影響もあって、発泡性ワインの事業は今、明るい未来に向かっている。名高いシャンパーニュの品種（シャルドネ、ピノ・ノワール、ピノ・ムニエ）がすでに畑の半分を占めており、今も着々と陣地を拡大し続けている。これから泡の戦争が始まることになるのだろうか？　いずれにせよ、フランスの大手メゾンはイギリス海峡の向こう側の土地を買収し始めている。シャンパーニュ地方の民には先見の明があったということだろう……。

主な栽培品種

- ● ピノ・ノワール（Pinot Noir）、ピノ・ムニエ（Pinot Meunier）
- ● シャルドネ（Chardonnay）、セイヴァル・ブラン（Seyval Blanc）

MALTA マルタ

地中海の中心にあり、東洋と西洋を結ぶ
地点にあるこの島国には、
小さいながらも将来有望な畑がある

歴史

交易の要衝であったマルタ島は、古来より様々な強国の関心を集めずにはいられなかった。フェニキア人、ギリシャ人、ローマ人、ヴァンダル族、ゴート族、アラブ人、イギリス人によって支配されてきたマルタは、地中海沿岸地域の多様な文化を吸収してきた。2004年に欧州連合に加盟するまでは、食用ブドウの栽培を優先させ、売れ残ったブドウでワインを生産していた。そのため、マルタワインは粗野というイメージがつきまとうこととなった。

現代

2つの土着品種が畑の大半を占めるが、10年前から大量に導入されている国際品種の割合が確実に増えつつある。マルタは本格的なワイン生産国に生まれ変わろうとしている。生産者の熱意だけでなく、気候もその発展を後押ししている。1年を通して日照に恵まれ、ブドウがそのライフサイクルのなかで特に重要な休眠期を迎える冬が温暖であるから、理想的な条件といえよう。近隣のシチリア島やチュニジアで優良なワインができているのだから、マルタでできないことはない。現在のところ、マルタワインを島の外で手に入れることは非常に難しい。ゆえに、そのワインを味わう最良の方法は現地へ赴くことである。

地中海沿岸地域の多様な文化を吸収してきたマルタ

世界ランキング（生産量）
56

栽培面積（ha）
750

年間生産量（100万ℓ単位）
0,6

収穫時期
9月

ワイン造りの始まり
紀元前
600
年

貢献した民族
フェニキア人

主な栽培品種

● ゲレザ(Gellewza)、カベルネ・ソーヴィニヨン(Cabernet Sauvignon)、シラー(Syrah)
● ギルゲンティーナ(Ghirghentina)、ソーヴィニヨン・ブラン(Sauvignon Blanc)、ヴェルメンティーノ(Vermentino)

土着品種

世界ランキング（生産量）
10

栽培面積（ha）
102,000

年間生産量（100万ℓ単位）
900

黒ブドウと白ブドウの栽培比率
45％ / 65％

収穫時期
10～11月

ワイン造りの始まり
200年

貢献した民族
ローマ人

プレディカーツヴァイン
リースリング
ライン川
ピノ・ノワール

GERMANY
ドイツ

ワイン愛好家から忘れられがちだが、
ドイツは長く熟成させることができるだけでなく、
口の中で長い余韻が楽しめる白ワインの銘醸地である。

歴史

ローマ人たちはライン川を下り、スイスを越えてケルト族の地へたどり着いた。そしてこの地にブドウ樹を植えた。リースリングはライン川のほとりで生まれ、東へと広まっていった。「ラインの地はワインの地」という諺がある通り、ブドウ栽培は19世紀に黄金期を迎え、ドイツワインはフランスやイタリアの優れたワインに匹敵するほどの存在となった。第二次世界大戦後、経済の復興が行われ、ワインに関しては収量の多い品種を、機械による収穫が可能な平野で栽培することが優先された。「ドイツ・クオリティ」を軸とした畑の再生が推進されたのは1980年代になってからで、かつてのように丹念かつ緻密な仕事が求められるようになった。

**ラインの地は
ワインの地**

現代

早霜と厳しい冬に見舞われるドイツでは、わずかな気温の変動でブドウの成熟度が最高にも最悪にもなり得る。ブドウ畑が水の流れに沿って連なる光景は実に印象的である。ブドウ樹はライン川とその支流沿いの、日当たりが良い、冷たい風から守られた急斜面に身を寄せている。ドイツはリースリングワインの第一生産国であるが、確かにこの土着品種に最も適したテロワールであるといえよう。一方で、フランス、ブルゴーニュ地方のシトー会修道士によってもたらされたピノ・ノワールは、この国の赤ワインを象徴する品種となっている。ブルゴーニュワインよりも色が淡く、タンニンも控えめではあるが、アルザス地方と同様に地球温暖化の影響で、これまでよりも香り豊かなワインができるようになっている。

**ワイン産地は
川の流れに沿って
伸びている**

主な栽培品種

- ● ピノ・ノワール (Pinot Noir)*、ブラウアー・ポルトゥギーザー (Blauer Portugieser)、ドルンフェルダー (Dornfelder)
- ● リースリング (Rielling)、ミュラー・トゥルガウ (Muller-Thurgau)、シルヴァーナー (Silvaner)

*現地ではシュペートブルグンダー (Spätburgunder) と呼ばれている。
フランス品種

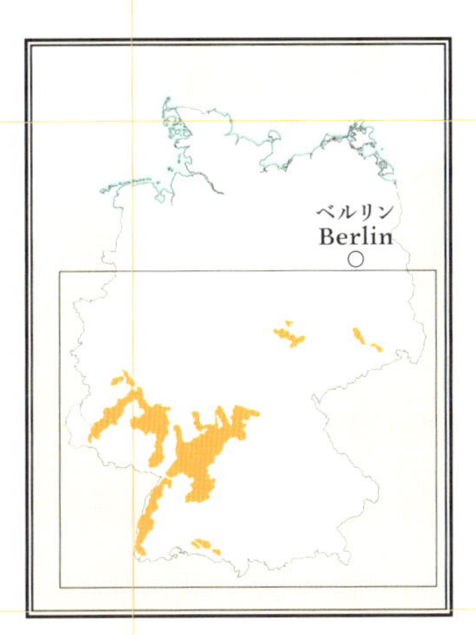

Rhein

ライン川

ヨーロッパの大河

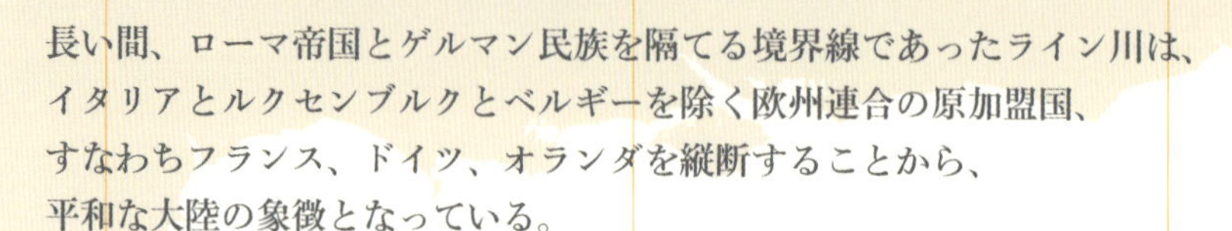
長い間、ローマ帝国とゲルマン民族を隔てる境界線であったライン川は、
イタリアとルクセンブルクとベルギーを除く欧州連合の原加盟国、
すなわちフランス、ドイツ、オランダを縦断することから、
平和な大陸の象徴となっている。

中世の時代、キリスト教の修道士たちは、ビールとワインのいずれかを選ぶことはしなかった。ライン川は3つのワイン生産国を縦断するが、その恵みを最も享受しているのはドイツであろう。良いブドウを作るには寒すぎる気候を和らげてくれる存在であり、ドイツワインのほぼ全てがライン川、モーゼル川とその支流で生産されている理由はここにある。

スイスの山間に発するライン川は、ボーデン湖を通過した地点から船の往来が可能となり、リースリングの畑が現れ始める。この伝説の品種の発祥国を証明することは難しいが、専門家たちの意見はライン渓谷で誕生したという点で一致している。リースリングが君臨している地ではあるが、その気候に合うことから導入されたブルゴーニュ地方原産のピノ・ノワールも逞しく育っている。フランスでは、ブドウはライン川流域に植えられていない。アルザス地方の産地は、素晴らしいテロワールを備えた、ヴォージュ山脈の丘陵地帯に集中している。灌漑の行き届いた、平坦すぎる平野は穀類の栽培に充てられている。平野の向こう側には、有名なチーズの産地であるマンステールの谷や、ゼラニウムの花が飾られた美しい村々が点在する。
ライン川は古都ストラスブールでロマンを求めるように本流から逃れて小運河を巡り、このヨーロッパ第2の都の伝統的な木組みの家々を称えた後、フランスに別れを告げる。再びドイツに戻り、ケルンまでこの国を離れることなく悠々と下っていく。ドイツ最北端のブドウ畑を通過した後、ワインのためのライン川はビールのためのライン川となる。

特徴

全長	1238.8km
水源	トーマ湖（スイス）
河口	北海
通過国	スイス、リヒテンシュタイン、オーストリア、ドイツ、フランス、オランダ
主な支流	アーレ川、モーゼル川、マイン川、ネッカー川

主な代表品種

- ● 黒ブドウ品種
- ● 白ブドウ品種

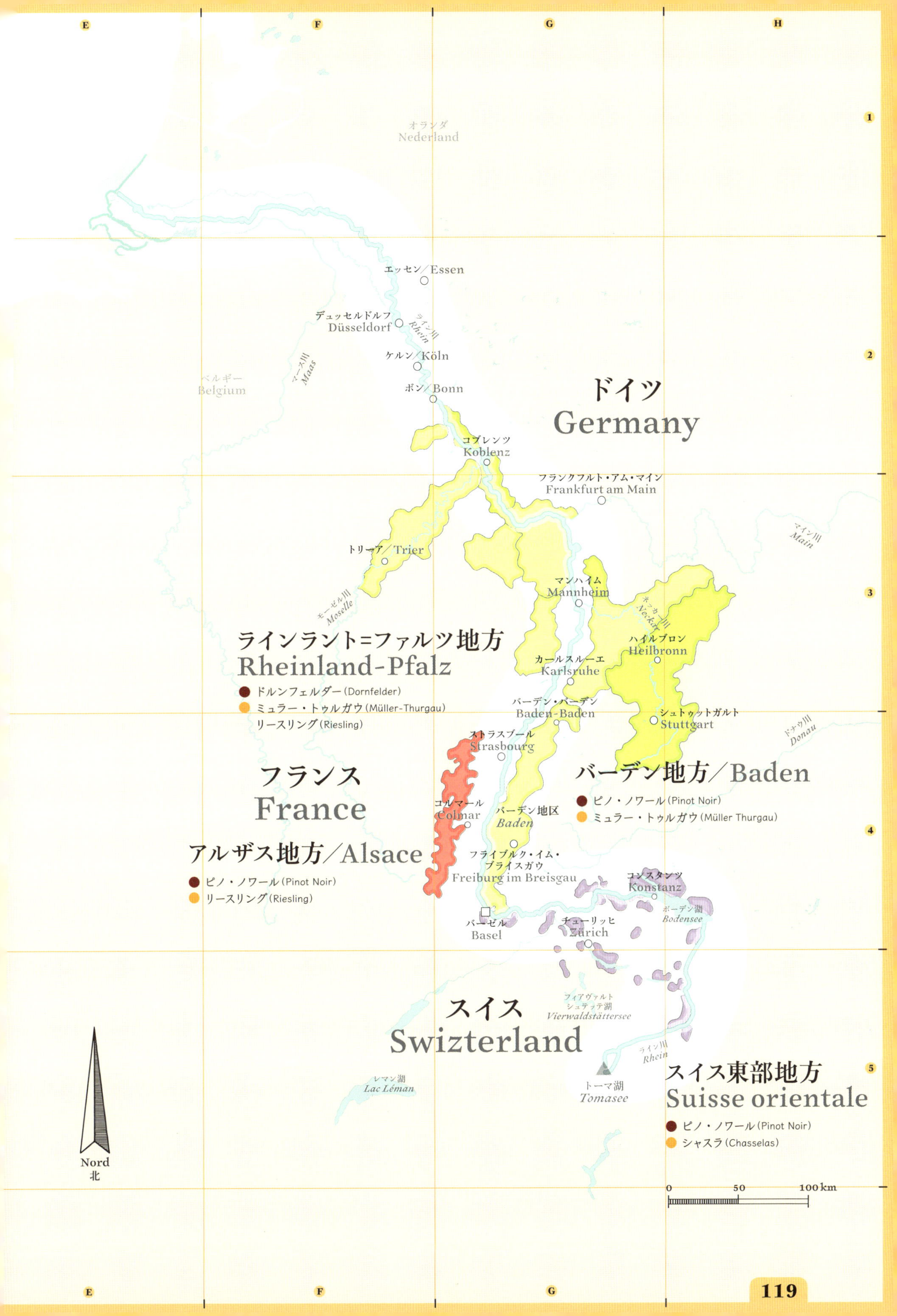

オランダ
Nederland
ベルギー
Belgium
エッセン／Essen
デュッセルドルフ
Düsseldorf
ライン川
Rhein
ケルン／Köln
ボン／Bonn
マース川
Maas
ドイツ
Germany
コブレンツ
Koblenz
フランクフルト・アム・マイン
Frankfurt am Main
マイン川
Main
トリーア／Trier
モーゼル川
Moselle
マンハイム
Mannheim
ネッカー川
Neckar
ハイルブロン
Heilbronn
ラインラント=ファルツ地方
Rheinland-Pfalz
ドルンフェルダー（Dornfelder）
ミュラー・トゥルガウ（Müller-Thurgau）
リースリング（Riesling）
カールスルーエ
Karlsruhe
バーデン・バーデン
Baden-Baden
シュトゥットガルト
Stuttgart
ドナウ川
Donau
ストラスブール
Strasbourg
フランス
France
バーデン地方／Baden
ピノ・ノワール（Pinot Noir）
ミュラー・トゥルガウ（Müller Thurgau）
コルマール
Colmar
バーデン地区
Baden
アルザス地方／Alsace
ピノ・ノワール（Pinot Noir）
リースリング（Riesling）
フライブルク・イム・ブライスガウ
Freiburg im Breisgau
コンスタンツ
Konstanz
ボーデン湖
Bodensee
バーゼル
Basel
チューリッヒ
Zürich
フィアヴァルトシュテッテ湖
Vierwaldstättersee
スイス
Switzerland
ライン川
Rhein
トーマ湖
Tomasee
スイス東部地方
Suisse orientale
ピノ・ノワール（Pinot Noir）
シャスラ（Chasselas）
レマン湖
Lac Léman
Nord
北
0 50 100 km
E F G H
1 2 3 4 5

0 50 100 150km

ドイツ
Germany

ウースチー・ナド・ラベム
Ústí nad Labem
ジェチーン／Děčín
エルベ川
Elbe
リベレツ
Liberec
ヤブロネツ・ナド・ニソウ
Jablonec nad Nisou
モスト／Most
テプリツェ
Teplice
ボヘミア地方
Bohemia
ホムトフ／Chomutov
リトムニェジツェ地区
Litoměřice
ムニェルニーク地区
Mělník
ムラダー・ボレスラフ
Mladá Boleslav
ソコロフ／Sokolov
ヘプ／Cheb
カルロヴィ・ヴァリ
Karlovy Vary
クラトビ
Klatovy
フラデツ・クラーロヴェー
Hradec Králov
エルベ川
Elbe
パルドゥビツェ
Pardubic
プラハ
Praha
ベロウンカ川
Berounka
コリーン／Kolín
プルゼニ／Plzeň
プルシーブラム
Příbram
サーザヴァ川
Sázava
ヴルタヴァ川
Vltava
ラブザ川
Radbuza
クラドノ／Kladno
イフラヴァ
Jihlava
ピーセク／Písek
ターボル
Tábor
ストラコニツェ
Strakonice
チェスケー・ブジェヨヴィツェ
České Budějovice
リプノ・ダム
Lipno Dam
オーストリア
Austria

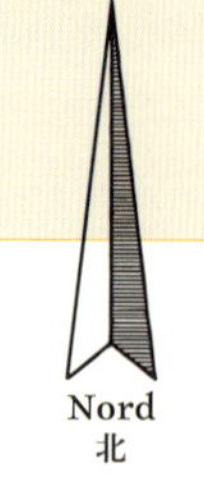

歴史

ブドウ栽培が始まったのは今から2,000年ほど前だが、畑を発展させたのは、アルプス山脈の北にあったローマ帝国の属州にブドウ樹を植えることを許可したマルクス・アウレリアス・プロブス皇帝だった。チェコワインの歴史を一纏めにして語ることは難しい。現在の国境はまだ新しく、ワイン造りにおいてはローマ人、フランス人、ドイツ人からの影響を経て、オーストリアに倣った体系が定着した。産地はボヘミアとモラヴィアの2地方に区分される。16世紀、最初にワインの産地となったのはボヘミア地方だったが、ワイン造りが目覚ましく発展したのはモラヴィア地方で、国内生産量の96%を誇るほど成長した。

チェコワインの
歴史を
一纏めにして
語ることは
難しい

現代

ビールが水よりも安いことで有名なチェコでは、観光客はワインリストを求めることを思い付かない。幸いなことに、ワイン専門店は地元住民の需要で成り立っている！チェコ人は国内生産量の2倍のワインを消費するため、チェコワインを国外で入手するのは難しくなっている。モラヴィア地方には伝統的な風習が残っている。今でも多くの家庭が個人で楽しむための自家製ワインを造っている。10人ほどの所有者が、同じ1haの畑を共有していることも珍しくない。

ビールが水よりも
安いことで有名なチェコ

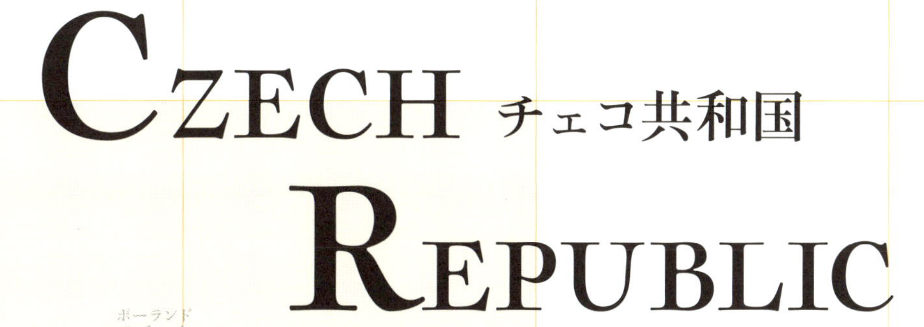

CZECH REPUBLIC チェコ共和国

長らくオーストリア・ハプスブルグ家の支配下にあったチェコは、
ワインの分野では、オーストリアと酷似している。

ポーランド
Poland

クルノフ／Krnov
オパヴァ
Opava
シュムペルク
Šumperk
モラヴィツェ川
Moravice
モラヴァ川
Morava
オストラヴァ
Ostrava
ハヴィジョフ
Havířov
オロモウツ
Olomouc
フリーデク・ミーステク
Frýdek-Místek
モラヴィア地方
Moravia
プシェロフ
Přerov
ノビー・イーチン
Nový Jičín
クロムニェジーシュ
Kroměříž
ブルノ／Brno
ズリーン／Zlín
ヴェルケ・パヴロヴィチェ地区
Velké Pavlovice
モラヴィアン・スロバキア地区
Moravské Slovensko
ズノイモ地区／Znojmo
ミクロフ地区
Mikulov
ホドニーン
Hodonín
スロバキア
Slovakia

世界ランキング（生産量）
33

栽培面積（ha）
16,000

年間生産量（100万ℓ単位）
45

黒ブドウと白ブドウの栽培比率
30％ / 70％

収穫時期
9〜10月

ワイン造りの始まり
200
年

貢献した民族
ローマ人

主な栽培品種

● ザンクト・ラウレント（St.Laurent）、ツヴァイゲルト（Zweigelt）、ピノ・ノワール（Pinot Noir）、ブラウフレンキッシュ（Blaufränkisch）

● ミュラー・トゥルガウ（Müller-Thurgau）、グリューナー・ヴェルトリーナー（Grüner Veltliner）、ヴェルシュリースリング（Welschriesling）

HUNGARY

トカイ
ドナウ川
ルイ14世と15世
ロシア皇帝の酒
ボル

ハンガリー

世界に名だたるトカイ(*Tokaj, Tokaji*)の産地であるハンガリーは、
世界で初めてブドウ畑の格付けを行った国である。

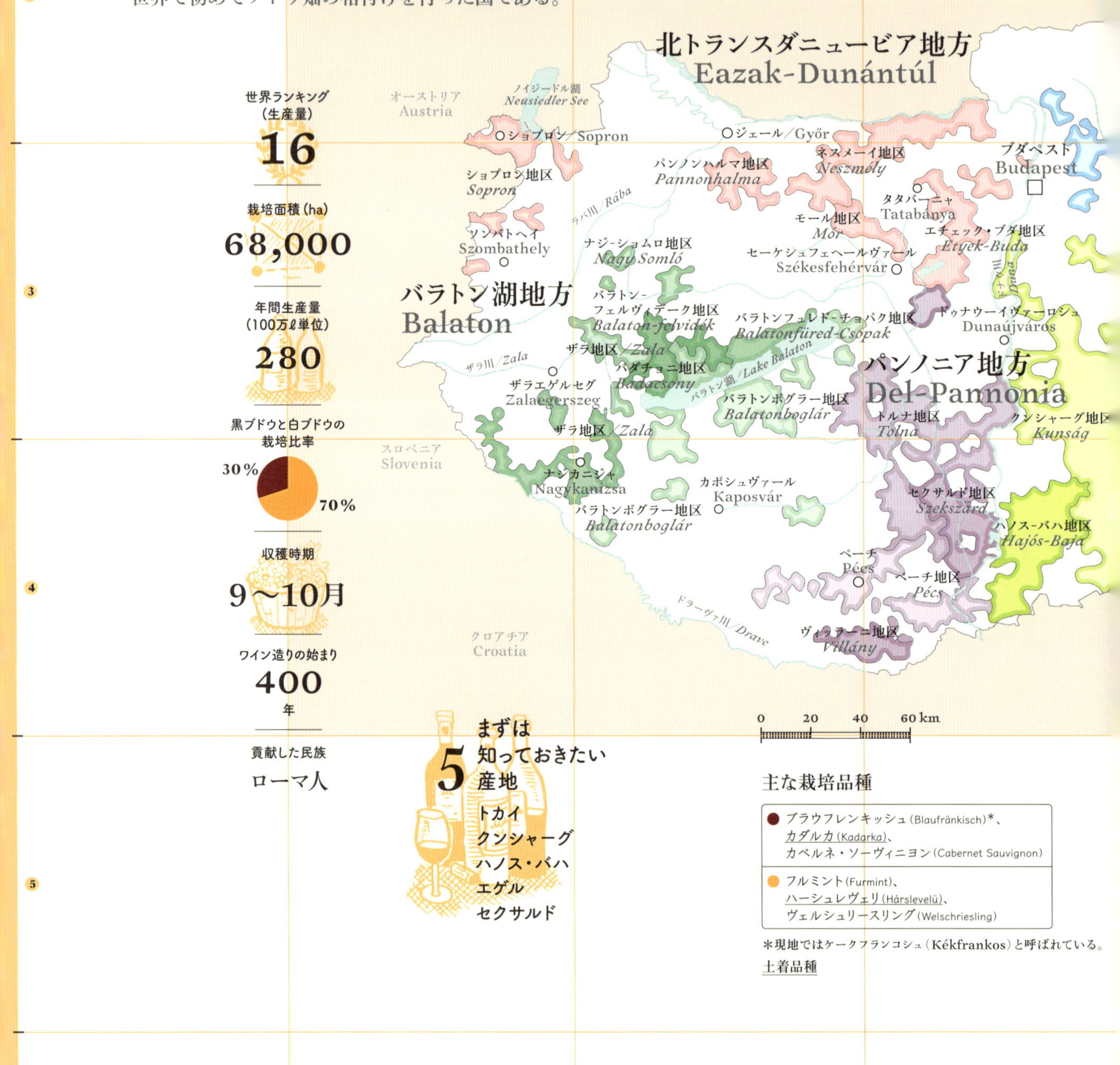

世界ランキング(生産量)
16

栽培面積(ha)
68,000

年間生産量(100万ℓ単位)
280

黒ブドウと白ブドウの栽培比率
30% 70%

収穫時期
9〜10月

ワイン造りの始まり
400年

貢献した民族
ローマ人

5 まずは知っておきたい産地
トカイ
クンシャーグ
ハノス・バハ
エゲル
セクサルド

主な栽培品種

● ブラウフレンキッシュ(Blaufränkisch)*、カダルカ(Kadarka)、カベルネ・ソーヴィニヨン(Cabernet Sauvignon)

● フルミント(Furmint)、ハーシュレヴェリ(Hárslevelü)、ヴェルシュリースリング(Welschriesling)

*現地ではケークフランコシュ(Kékfrankos)と呼ばれている。
土着品種

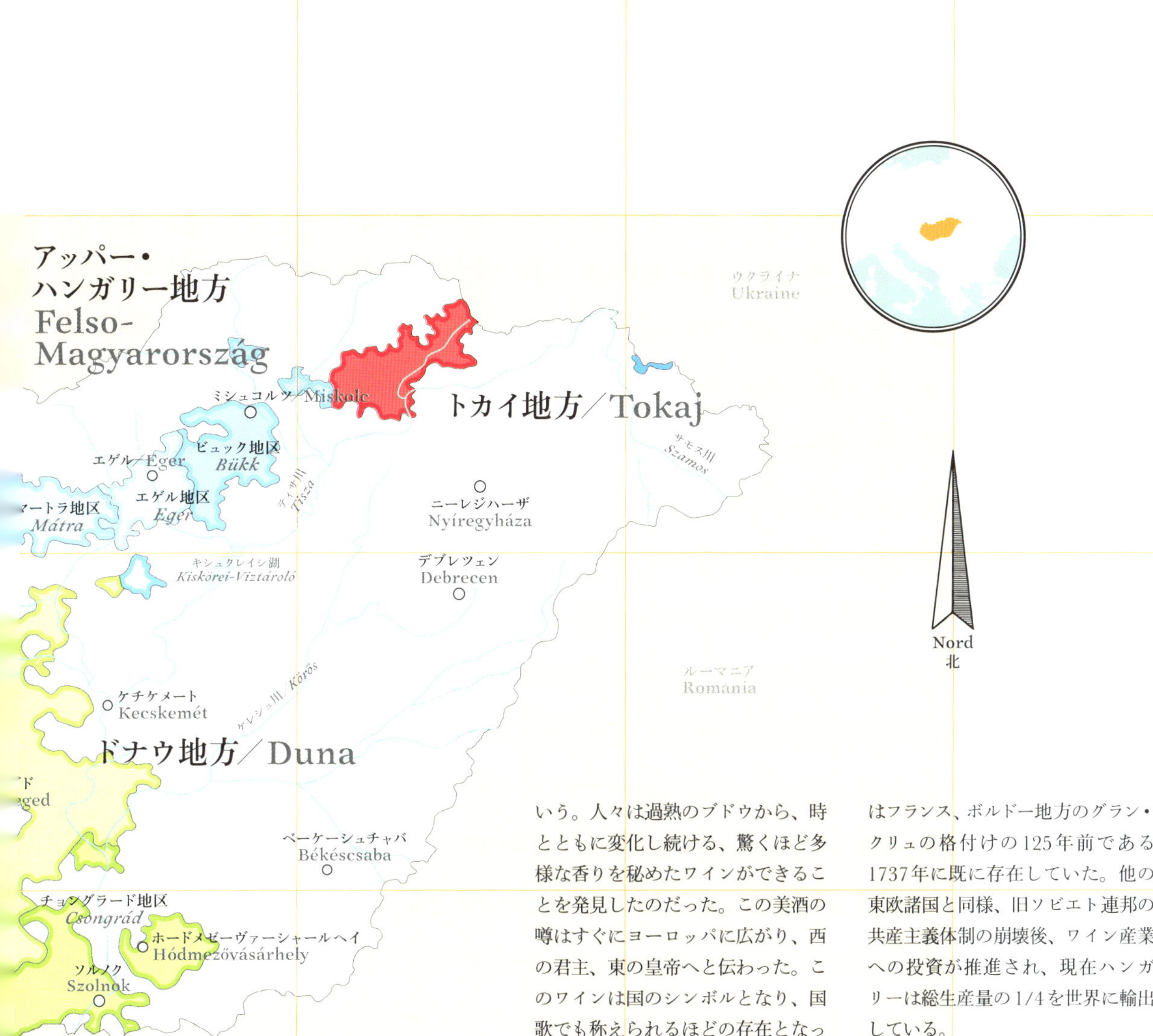

歴史

「マダム、これが『王のワインにしてワインの王』である」。

これはフランスの国王、ルイ15世がルイ14世の言葉を引用し、愛妾ポンパドゥール夫人に向けた言葉で、現在もトカイワインの最高の宣伝文句となっている。トカイは伝説のスイートワインである。一説によると、その昔、予定よりも遅く帰還した兵士たちがブドウの実に奇妙なカビが生えているのを発見した。この「貴腐ブドウ」からできたワインを味わった時の感動は大変なものだったという。人々は過熟のブドウから、時とともに変化し続ける、驚くほど多様な香りを秘めたワインができることを発見したのだった。この美酒の噂はすぐにヨーロッパに広がり、西の君主、東の皇帝へと伝わった。このワインは国のシンボルとなり、国歌でも称えられるほどの存在となった。「神は海原のように、平原の穂を波立たせる。そしてトカイの神酒で我々の杯を満たす」。

ハンガリー語ではワインは「ボル（bor）」というが、ワインを示す単語がラテン語のvinumを語源としていないのはハンガリー語とギリシャ語のみである。

現代

遅摘みブドウの魔法が最初に発見された地域を知る者はいない。フランスのソーテルヌ地方、アルザス地方、それともこのハンガリーだろうか？いずれにせよ、トカイは世界最古の原産地呼称ワインである。この呼称はフランス、ボルドー地方のグラン・クリュの格付けの125年前である1737年に既に存在していた。他の東欧諸国と同様、旧ソビエト連邦の共産主義体制の崩壊後、ワイン産業への投資が推進され、現在ハンガリーは総生産量の1/4を世界に輸出している。
クンシャーグ地区（ドナウ川流域）が国最大の栽培面積を誇り、国内生産量の40%を占めている。ハンガリーワインを選ぶときは、「minőségi bor（クォリティ・ワイン）」あるいは「különleges minőségü bor（プレミアム・クォリティ・ワイン）」という表示があるかを確認したほうがよい。これらの文言は、22の原産地呼称ワインの1つであることを保証するものである。さらに、この国にはもう1つ誇れるものがある。世界の国々が樽製造のためにアメリカやフランスのオークを伐採しているなか、ハンガリーはワインの熟成に申し分なく適した国産オークを使用している。「地産地消」万歳である！

Qui fait du vin en 1500?

1500年にワインを造っていた地域は?

ローマ帝国の崩壊後、ワイン醸造の伝統を守っていったのはキリスト教会であった。
オスマン帝国による侵略で、中近東、東欧の畑の多くは破壊されたが、
宗教目的で造り続けた修道士の努力があったため、ワイン造りは途絶えなかった。
十字軍の騎士たちが、遠征地から多くの新品種を持ち帰ったことで、
品種に対する意識が高まっていった。

300 500 700 900

ベルギー

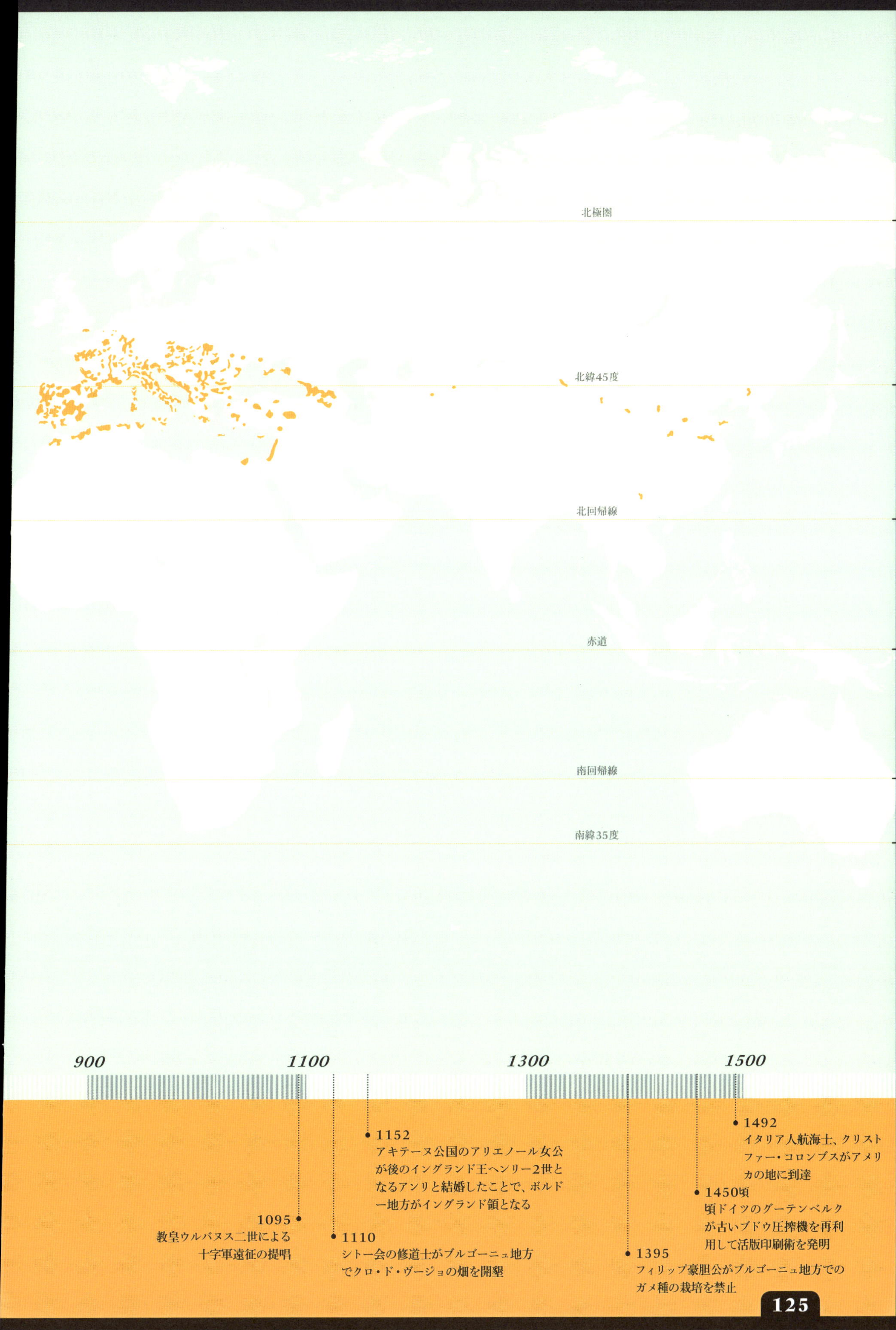
北極圏
北緯45度
北回帰線
赤道
南回帰線
南緯35度
900
1100
1300
1500
1095
教皇ウルバヌス二世による
十字軍遠征の提唱
1110
シトー会の修道士がブルゴーニュ地方
でクロ・ド・ヴージョの畑を開墾
1152
アキテーヌ公国のアリエノール女公
が後のイングランド王ヘンリー2世と
なるアンリと結婚したことで、ボルド
ー地方がイングランド領となる
1395
フィリップ豪胆公がブルゴーニュ地方での
ガメ種の栽培を禁止
1450頃
頃ドイツのグーテンベルク
が古いブドウ圧搾機を再利
用して活版印刷術を発明
1492
イタリア人航海士、クリスト
ファー・コロンブスがアメリ
カの地に到達

BELGIUM

ベルギー

ビール大国で、ささやかながらも
ワイン革命が起きている。
今国民が求めているのはワインだ！

オーステンデ
Ostende
ブルッヘ
Brugge
ヘント
Gand
ルーセラーレ
Roeselare
レイエ川 / Leie
フラームス・ラントウェイン地区
Vlaamse Landwijn
ホーヴラント地区
Heuvelland
コルトレイク
Kortrijk
ムスクロン
Mouscron
スヘルデ川 / Schelde
トゥルネー
Tournai
フランス
France

5 まずは知っておきたい地区

- ハゲランド
- ハスペンゴウ
- ホーヴラント
- コート・ド・サンブル・エ・ムーズ
- クレマン・ド・ワロニー

歴史

ワインに関しては、ベルギーはイングランドに似た歴史を辿ってきた。中世の時代、両国は小氷期の影響でブドウ畑を失い、ビールの国へと変わっていった。ホップが栽培しやすい植物であったため、修道士たちはワインよりもこの発泡酒の生産に専念した。また交通路の整備が進み、フランスやドイツからワインを容易に調達することができるようになり、生産量で太刀打ちできない相手に無理をして挑む必要もなくなった。その立地条件から、ベルギーは常に世界のワイン通商に欠かせない経由地であった。

現代

1997年、同国初の原産地統制呼称ワインがフランドル地方で誕生し、テロワールの違いによって畑を区分する制度が広まっていった。隣国のドイツやルクセンブルクと同じく、北の気候により適応する白ブドウ品種の割合が多い。生産量は増え続けているが、現地の需要を満たすには程遠い。ベルギー人は国内生産量の284倍の量を消費している。イングランドと同じように、ベルギーは上質な発泡性ワインの産地として頭角を現し始めている。

ワインの国内消費量は生産量の284倍！

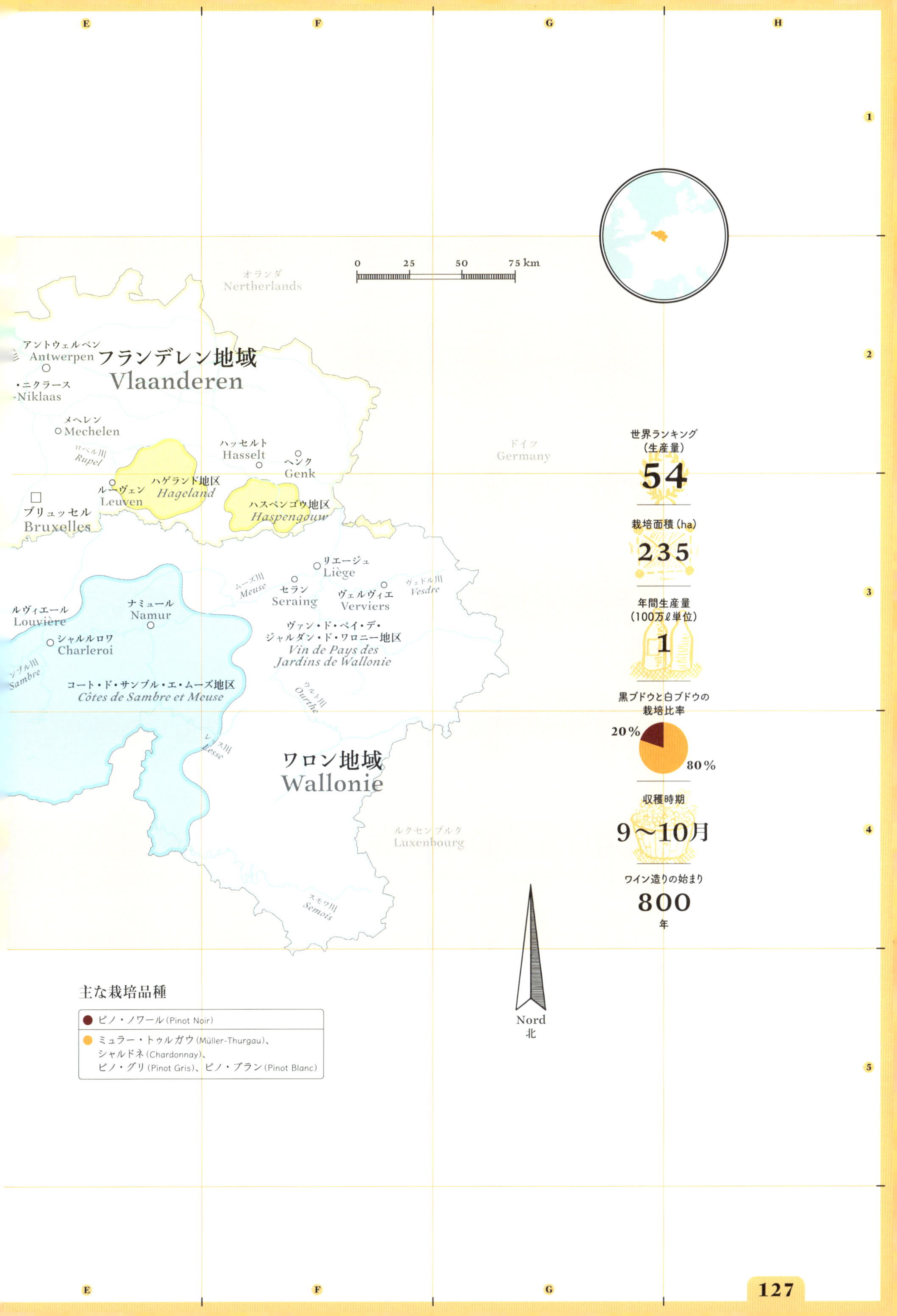
オランダ
Nertherlands
0 25 50 75 km
アントウェルペン
Antwerpen
フランデレン地域
Vlaanderen
ニクラース
Niklaas
メヘレン
Mechelen
ハッセルト
Hasselt
ヘンク
Genk
ドイツ
Germany
ルーヴェン
Leuven
ハゲランド地区
Hageland
ハスペンゴウ地区
Haspengouw
ブリュッセル
Bruxelles
リエージュ
Liège
セラン
Seraing
ヴェルヴィエ
Verviers
ヴェドル川
Vesdre
ムーズ川
Meuse
ルヴィエール
Louvière
ナミュール
Namur
シャルルロワ
Charleroi
ヴァン・ド・ペイ・デ・
ジャルダン・ド・ワロニー地区
Vin de Pays des
Jardins de Wallonie
サンブル川
Sambre
コート・ド・サンブル・エ・ムーズ地区
Côtes de Sambre et Meuse
ウルト川
Ourthe
レッス川
Lesse
ワロン地域
Wallonie
ルクセンブルク
Luxenbourg
スモワ川
Semois
世界ランキング
(生産量)
54
栽培面積(ha)
235
年間生産量
(100万ℓ単位)
1
黒ブドウと白ブドウの
栽培比率
20%
80%
収穫時期
9~10月
ワイン造りの始まり
800
年
Nord
北
主な栽培品種
ピノ・ノワール(Pinot Noir)
ミュラー・トゥルガウ(Müller-Thurgau)、
シャルドネ(Chardonnay)、
ピノ・グリ(Pinot Gris)、ピノ・ブラン(Pinot Blanc)

Qui fait du vin en 1800?

1800年にワインを造っていた地域は？

ヨーロッパからの入植者
colons européens

ヨーロッパからの入植者
colons européens

スペインの冒険家（コンキスタドール）
conquistadores espagnols

大航海時代の大発見により、世界地図、
そしてワイン産地の分布図も描き直されていった。
スペイン人、ポルトハル人、フランス人、イタリア人が
新世界にワインの製造技術を伝播した。
ワインが初めて5大陸で造られるようになった時代である。

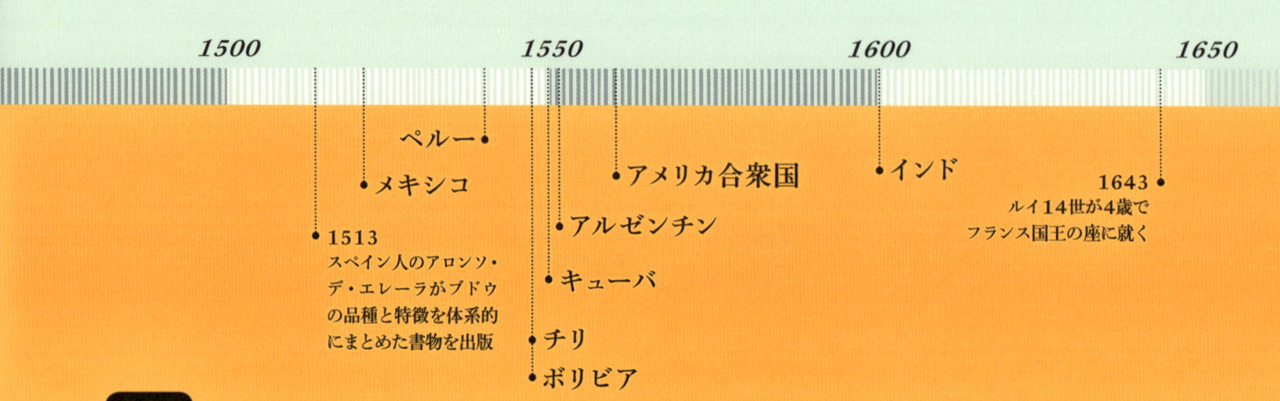

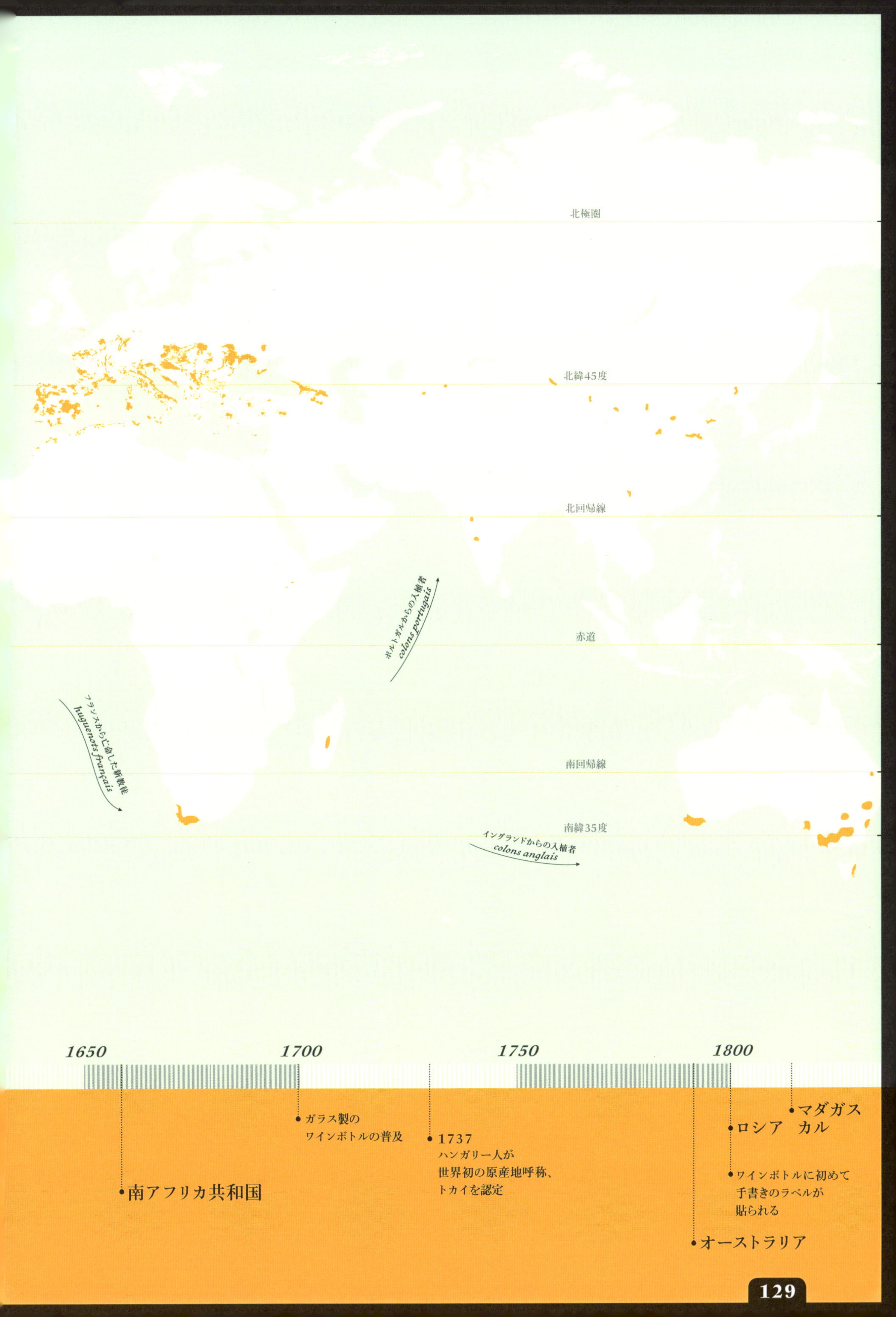
北極圏
北緯45度
北回帰線
赤道
南回帰線
南緯35度
ポルトガルからの入植者
colons portugais
フランスから亡命した新教徒
huguenots français
イングランドからの入植者
colons anglais
1650
1700
1750
1800
南アフリカ共和国
ガラス製の
ワインボトルの普及
1737
ハンガリー人が
世界初の原産地呼称、
トカイを認定
オーストラリア
ロシア
マダガスカル
ワインボトルに初めて
手書きのラベルが
貼られる

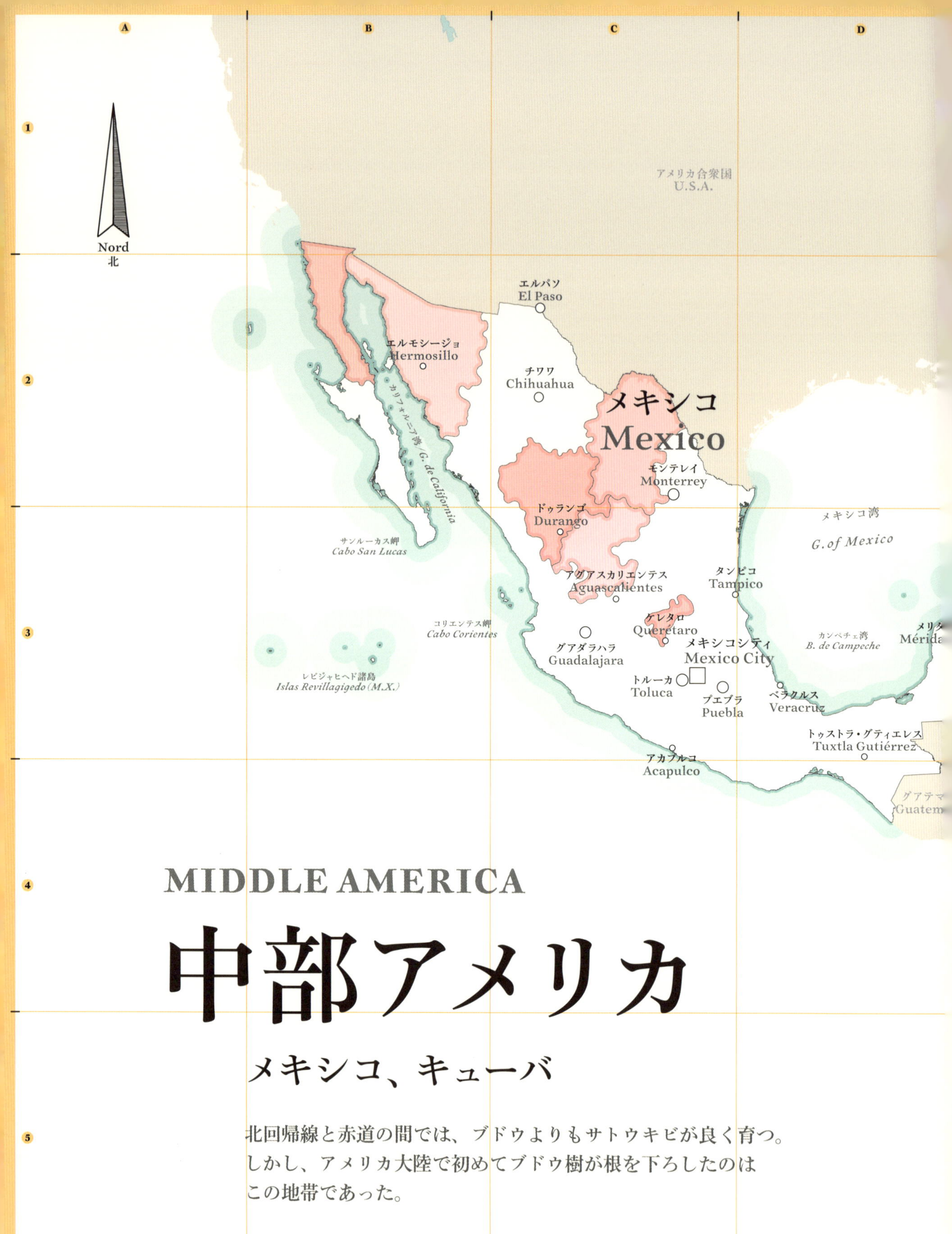

MIDDLE AMERICA

中部アメリカ

メキシコ、キューバ

北回帰線と赤道の間では、ブドウよりもサトウキビが良く育つ。
しかし、アメリカ大陸で初めてブドウ樹が根を下ろしたのは
この地帯であった。

クリストファー・コロンブスはカリブ海に浮かぶ西インド諸島に到達したことにより、新世界を発見した。香辛料の宝庫であるアジアに到達したと思い込んではいたが、彼はこの時、人類史において極めて重要な意味を持つ、未知の民族との遭遇を果たそうとしていた。その後、コンキスタドールと呼ばれるスペインの冒険家たちが、移住の決意を持ってこの地に渡り、ヨーロッパ原産のブドウを持ち込み、栽培するようになった。最初のワインは宗教目的で造られた。

MEXICO

メキシコ

難しい気候、高い関税、ビールとテキーラを好む国民という不利な条件にもかかわらず、メキシコの生産者は前向きである。しかも、その努力はむしろ良い方向に向かっている！

世界ランキング（生産量）
39

栽培面積（ha）
27,000

年間生産量（100万ℓ単位）
20

黒ブドウと白ブドウの栽培比率
80％ 20％

収穫時期
8〜9月

ワイン造りの始まり
1521年

貢献した民族
スペインのコンキスタドール

歴史

1524年、エルナン・コルテスはコンキスタドールの1人1人に5年間、毎年1,000株のブドウを植えるよう命じ、これを守らない者からは労働力に対する特権を剥奪すると警告した。メキシコでブドウ栽培が発展したのは、この政策に負うところが大きい。しかしながら、スペイン王国の目にはその発展はあまりに急激で、本土のワインを脅かす存在になると見なされた。そこで、この現象を抑えるために、フェリペ2世は宗教上の理由以外でワインを造ることを禁じた。ワイン産業が再び自由を取り戻したのは、1821年のメキシコの独立以降である。

アメリカ大陸初のワインはメキシコワインだった！

現代

アメリカ合衆国、チリ、アルゼンチンのようなダイナミックな近隣諸国と肩を並べるワイン生産国になることはそう簡単ではない。1年に平均2杯のワインしか飲まない国民を相手にするのだから、その挑戦は相当なものである！ それでも生産者たちは、メキシコシティやモンテレイ、グアダラハラなどの大都市に住む、ワインに高い関心を示すようになった富裕層に期待を寄せている。現在のメキシコワインの頼もしい顧客は日本であろう。その輸出量の48％が「日出づる国」で賞味されている。ほぼ島のような土地にあり、地中海沿岸地域に似た気候に恵まれたメキシコのなかで、最も上質なワインを生む産地はバハ・カリフォルニア州で、国内生産量の85％を産出している。

主な栽培品種

- ● バルベーラ（Barbera）、カリニャン（Carignan）、メルロ（Merlot）、カベルネ・ソーヴィニヨン（Cabernet Sauvignon）
- ● シャルドネ（Chardonnay）、シュナン・ブラン（Chenin Blanc）、ソーヴィニヨン・ブラン（Sauvignon Blanc）、セミヨン（Sémillon）

サトウキビ畑と葉巻の製造工場が土地の大半を占めるカリブ海域最大の島キューバでは、数十ヘクタールの土地がワイン生産に充てられている。

世界ランキング（生産量）
54

年間生産量（100万ℓ単位）

1

収穫時期

2月

ワイン造りの始まり
16
世紀

貢献した民族
スペインのコンキスタドール

歴史

16世紀、ブドウ樹はキリスト教の儀式用のワインを造るために植えられたが、灼熱の暑さがスペイン系入植者の希望をうち砕いた。20世紀に入り、イタリア系、スペイン系の移住者が国際品種を導入し、現代の生産技術に適した設備投資を行った。

現代

生産の規模はごく小さいが、将来性はある。ベトナムやブラジル北部と同様に、生産者たちは熱帯でワインを生産することに挑戦している。毎年400万人の観光客が訪れることも、生産者たちの意欲を支えている。ただし、観光客の多くはどうしても、メルロの赤ワインよりもモヒートに惹かれてしまう……。

主な栽培品種

- ● カリニャン（Carignan）、メルロ（Merlot）、カベルネ・ソーヴィニヨン（Cabernet Sauvignon）
- ● シャルドネ（Chardonnay）、サルタナ（Sultana）、シュナン・ブラン（Chenin Blanc）

メキシコ湾／G.of Mexico
ラ・ハバナ州
La Havana
ピナール・デル・リオ州
Pinar del Río
ハバナ
Havana
マタンサス
Matanzas
サンタ・クララ
Santa Clara
ピナール・デル・リオ
Pinar del Río
シエンフエーゴス
Cienfuegos
サンクティ・スピリトゥス
Sancti Spiritus
ユカタン海峡
C. de Yucatán
ビジャ・クララ州
Villa Clara
バハマ
The Bahamas
オールド・バハマ海峡
C. de old Bahama
カマグエイ州
Camagüey
カマグエイ
Camagüey
オルギン州
Holguin
オルギン
Holguin
ラス・トゥーナス
Las Tunas
バヤモ
Bayamo
シエラ・マエストラ地区
Sierra Maestra
マンサニョ
Manzanillo
パルマ・ソリアノ
Palma Soriano
グアンタナモ
Guantánamo
サンティアーゴ・デ・クーバ
Santiago de Cuba
カリブ海／Caribbean Sea
ケイマン諸島
Cayman Islands
ジャマイカ
Jamaica
ハイチ
Haiti
Nord
北
0 100 200 km

SOUTH AMERICA

南アメリカ

ペルー、ボリビア、チリ、アルゼンチン

ペルーの砂漠から雪の降るパタゴニア地域まで
伸びるアンデス山脈は、
南米のワイン産地の脊柱である。

ヨーロッパからの移民の波が幾度となく押し寄せ、南米のそれぞれの国で、イタリア、ポルトガル、スペイン、あるいはフランスの影響とともに、文化、宗教、ワインの伝統が形成されていった。原産国では忘れ去られてしまった様々な品種、例えばウルグアイのタナ、アルゼンチンのマルベックなどが、この大陸でその価値を見出され、脚光を浴びるようになった。

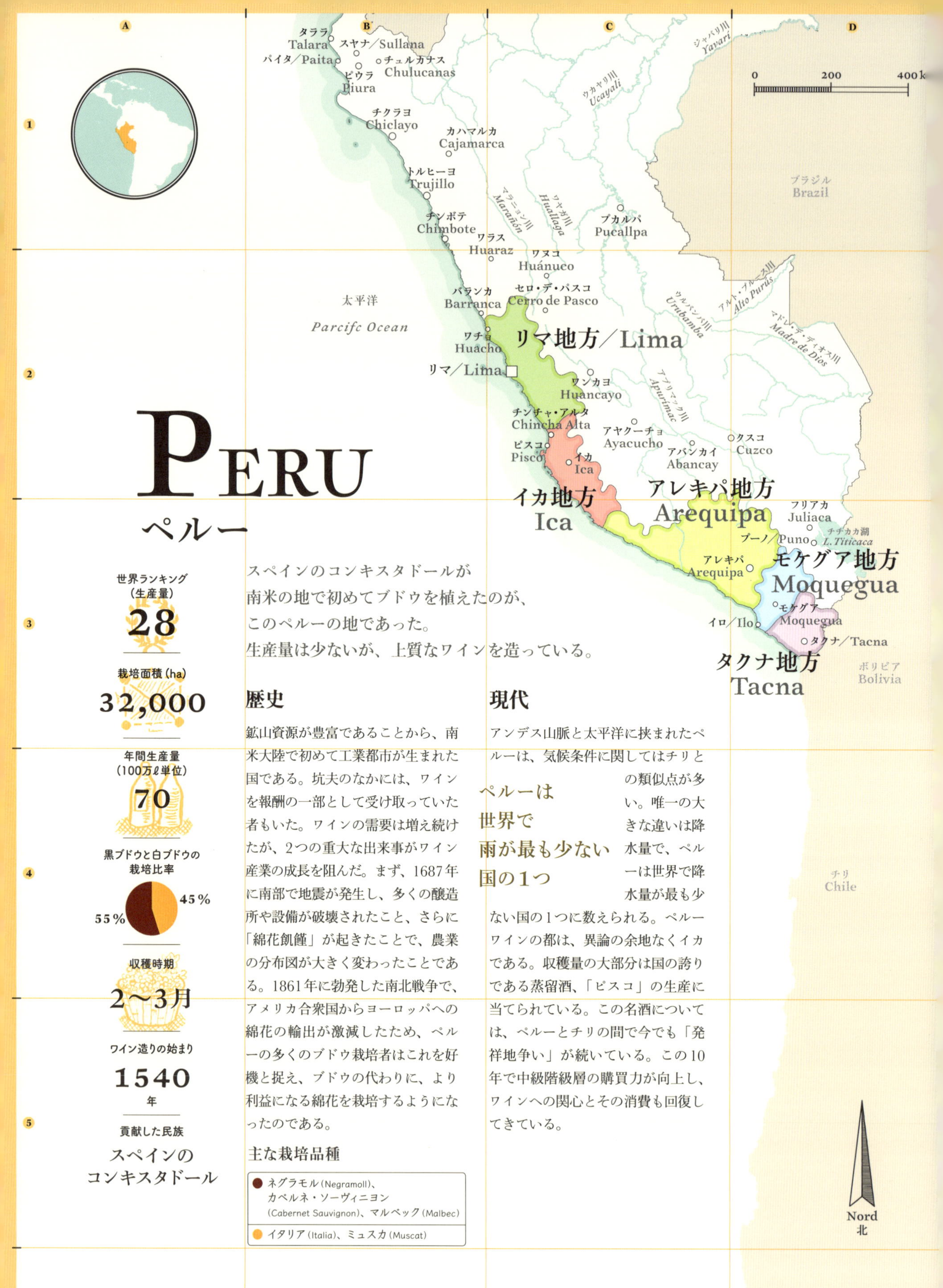

PERU
ペルー

世界ランキング（生産量）
28

栽培面積（ha）
32,000

年間生産量（100万ℓ単位）
70

黒ブドウと白ブドウの栽培比率
55％ 45％

収穫時期
2〜3月

ワインの造りの始まり
1540年

貢献した民族
スペインのコンキスタドール

スペインのコンキスタドールが
南米の地で初めてブドウを植えたのが、
このペルーの地であった。
生産量は少ないが、上質なワインを造っている。

歴史

鉱山資源が豊富であることから、南米大陸で初めて工業都市が生まれた国である。坑夫のなかには、ワインを報酬の一部として受け取っていた者もいた。ワインの需要は増え続けたが、2つの重大な出来事がワイン産業の成長を阻んだ。まず、1687年に南部で地震が発生し、多くの醸造所や設備が破壊されたこと、さらに「綿花飢饉」が起きたことで、農業の分布図が大きく変わったことである。1861年に勃発した南北戦争で、アメリカ合衆国からヨーロッパへの綿花の輸出が激減したため、ペルーの多くのブドウ栽培者はこれを好機と捉え、ブドウの代わりに、より利益になる綿花を栽培するようになったのである。

主な栽培品種

- ネグラモル（Negramoll）、カベルネ・ソーヴィニヨン（Cabernet Sauvignon）、マルベック（Malbec）
- イタリア（Italia）、ミュスカ（Muscat）

現代

ペルーは世界で雨が最も少ない国の1つ

アンデス山脈と太平洋に挟まれたペルーは、気候条件に関してはチリとの類似点が多い。唯一の大きな違いは降水量で、ペルーは世界で降水量が最も少ない国の1つに数えられる。ペルーワインの都は、異論の余地なくイカである。収穫量の大部分は国の誇りである蒸留酒、「ピスコ」の生産に当てられている。この名酒については、ペルーとチリの間で今でも「発祥地争い」が続いている。この10年で中級階級層の購買力が向上し、ワインへの関心とその消費も回復してきている。

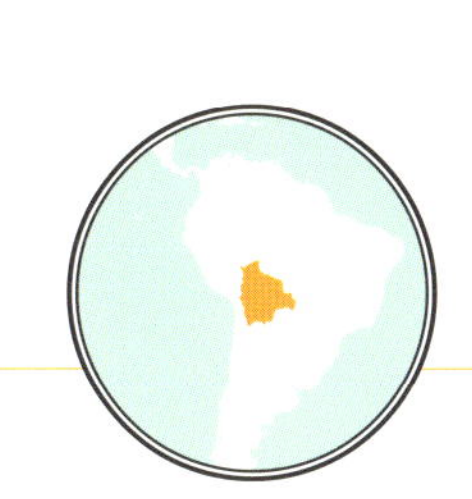

BOLIVIA
ボリビア

南米のワイン生産国のなかで最も逸話に富み、
また最も驚異的な国でもある。
この国は世界一標高の高いブドウ畑を擁する。

歴史

カリフォルニアでゴールドラッシュが起きる3世紀前、スペイン人たちはその新しい植民地に想像を絶するほどの銀鉱が埋まっていることを知った。この銀鉱を採掘するために、ポトシという町が特別に築かれた。事業は急速に発展し、1630年にはポトシはロンドンよりも人口の多い町となった。この新世界の首都の渇きを癒すためにブドウの蒸留酒、「シンガニ」が誕生した。坑夫の心と体を温める酒として普及した。

現代

鉱脈の標高からわかるように、ブドウ畑全体の標高も高く、1,600〜3,000mの地帯に広がっている。ヨーロッパで最も高い地点にある畑が、海抜1,150mのスイスのヴァレー地区であることと比較すると、その高さが想像しやすいだろう。シンガニは今も変わらず、国の象徴であるが、新しい生産設備、フランス品種の導入により、新しい世代が品質を重視した様々なタイプのワインを提案できる基盤が整ってきている。畑は急斜面にあるため、機械化は不可能で、ブドウの100%が手摘みで収穫されている。

ボリビアのブドウ畑全体が標高1,600〜3,000mの地帯に広がっている

世界ランキング（生産量）
48

栽培面積（ha）
3,000

年間生産量（100万ℓ単位）
5,7

黒ブドウと白ブドウの栽培比率

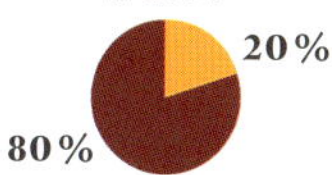

収穫時期
2〜3月

ワイン造りの始まり
1548年

貢献した民族
スペインのコンキスタドール

主な栽培品種

- カベルネ・ソーヴィニヨン（Cabernet Sauvinon）、マルベック（Malbec）、タナ（Tannat）
- ミュスカ・ダレクサンドリー（Muscat d'Alexandrie）、ソーヴィニヨン・ブラン（Sauvignon Blanc）、シャルドネ（Chardonnay）

ラパス地方 La Paz
チュキサカ地方 Chuquisaca
サンタ・クルス地方 Santa Cruz
タリハ地方 Tarija

リベラルタ Riberalta
アブナ川 Abuná
ブラジル Brazil
ペルー Peru
ベニ川 Beni
イテネス川 Iténez
トリニダード Trinidad
サン・マルティン川 San Martín
チチカカ湖 L.Titicaca
ラパス／La Paz
エル・アルト El Alto
オルロ Oruro
コチャバンバ Cochabamba
モンテロ Montero
サン・イグナシオ San Ignacio
コンセプシオン Concepcion
サンタ・クルス・デ・ラ・シエラ Santa Cruz de la Sierra
リャリャグア Llallagua
スクレ Sucre
ポトシ／Potosí
カミリ Camiri
トゥピサ／Tupiza
タリハ Tarija
チリ Chile
パラグアイ Paraguay
アルゼンチン Argentina
Nord 北
0 200 400 km

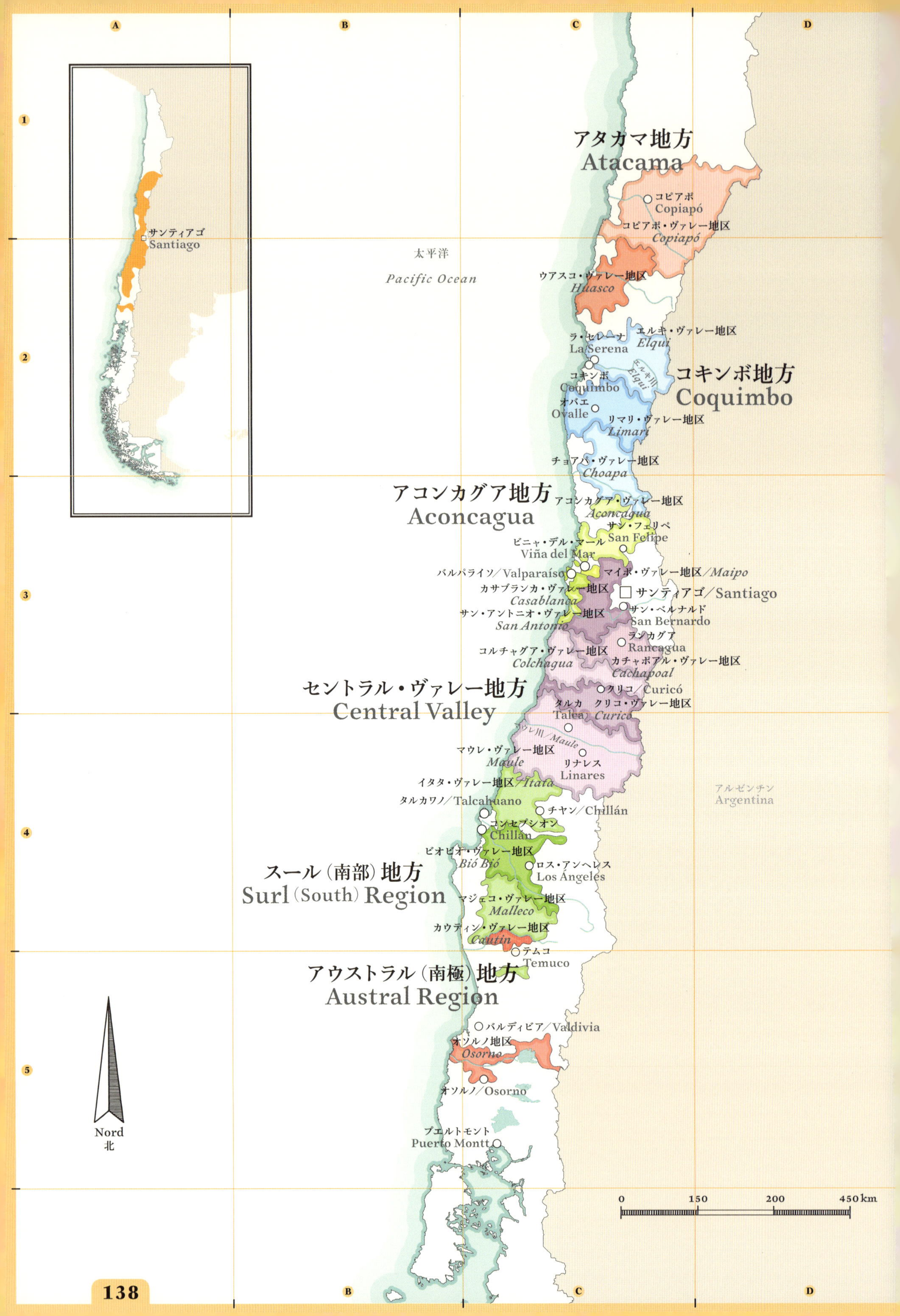

サンティアゴ
Santiago
太平洋
Pacific Ocean
アタカマ地方
Atacama
コピアポ
Copiapó
コピアポ・ヴァレー地区
Copiapó
ウアスコ・ヴァレー地区
Huasco
エルキ・ヴァレー地区
Elqui
ラ・セレーナ
La Serena
コキンボ
Coquimbo
オバエ
Ovalle
コキンボ地方
Coquimbo
リマリ・ヴァレー地区
Limarí
チョアパ・ヴァレー地区
Choapa
アコンカグア地方
Aconcagua
アコンカグア・ヴァレー地区
Aconcagua
サン・フェリペ
San Felipe
ビニャ・デル・マール
Viña del Mar
バルパライソ／Valparaíso
マイポ・ヴァレー地区／Maipo
カサブランカ・ヴァレー地区
Casablanca
サンティアゴ／Santiago
サン・アントニオ・ヴァレー地区
San Antonio
サン・ベルナルド
San Bernardo
ランカグア
Rancagua
コルチャグア・ヴァレー地区
Colchagua
カチャポアル・ヴァレー地区
Cachapoal
セントラル・ヴァレー地方
Central Valley
クリコ／Curicó
タルカ
Talca
クリコ・ヴァレー地区
Curicó
マウレ川／Maule
マウレ・ヴァレー地区
Maule
リナレス
Linares
イタタ・ヴァレー地区／Itata
タルカワノ／Talcahuano
チヤン／Chillán
コンセプシオン
Chillán
アルゼンチン
Argentina
ビオビオ・ヴァレー地区
Bió Bió
ロス・アンヘレス
Los Ángeles
スール（南部）地方
Surl (South) Region
マジェコ・ヴァレー地区
Malleco
カウティン・ヴァレー地区
Cautín
テムコ
Temuco
アウストラル（南極）地方
Austral Region
バルディビア／Valdivia
オソルノ地区
Osorno
オソルノ／Osorno
プエルトモント
Puerto Montt
Nord
北
0
150
200
450 km

CHILE

カルメネール種
アンデス山脈
ピスコ
太平洋

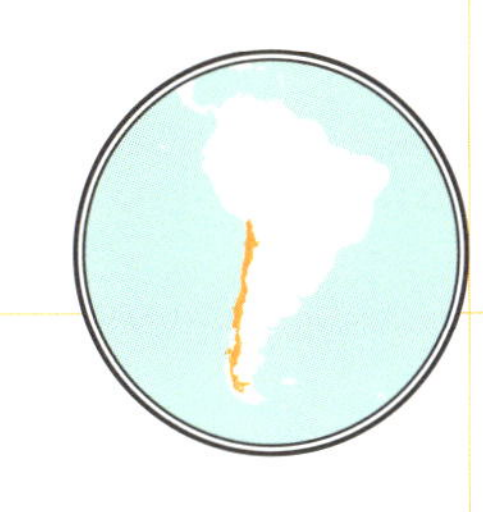

チリ

素晴らしいミクロクリマ(微気候)、高い技術力、
妥協のない生産者に恵まれたチリは、
この20年で、ワインの国際舞台に必ず登場する存在となった。

世界ランキング
(生産量)
8

栽培面積(ha)
215,000

年間生産量
(100万ℓ単位)
1,010

黒ブドウと白ブドウの
栽培比率

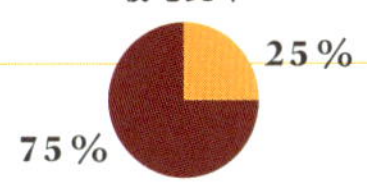

収穫時期
2〜3月

ワイン造りの始まり
1548年

貢献した民族
スペインのコンキスタドール

歴史

1548年、フランシスコ・デ・カラバンテスという修道士が儀式で使うワインを造るために、この地に初めてブドウの苗木を植えた。メキシコと同じく、チリは宗教行事以外の目的でブドウを栽培することを禁じたスペイン国王、フェリペ2世の勅令を受けた国であった。しかし、ブドウ樹の抜根は数年しか続かなかった。16〜20世紀、ブドウ畑は個人で消費するための自家製ワインを造っていた農夫たちによって維持された。彼らは、あまり特徴はないが、生産性が非常に高い「パイス」という黒ブドウによるワインを造っていた。1818年、チリは独立を宣言し、大西洋を横断する航路により、多くの醸造家とフランスの品種がチリへ渡った。フランス、ボルドー地方原産のカルメネール種がチリワインの花形となった。長い間メルロ種と混同されていたが、1994年のDNA調査で別の品種ということが判明し、カルメネールという本来の名前を取り戻した。

大西洋を横断する航路が醸造家とフランス品種の渡来を促した

現代

アルゼンチンと並び、チリは南アメリカ大陸で最も将来性のあるワイン生産国である

栽培面積はボルドー地方より少し広い程度であるが、その40%以上はこの10年で開拓されたものである。輸出量に関しては、ヨーロッパのワイン大国に次ぐ順位を占めている。その特異な地理的条件は、ブドウ栽培に最適であり、ワインにはテロワールの特徴が深く刻まれる。申し分ない日照に恵まれ、太平洋からの爽やかな風と、夜間にアンデス山脈から吹き降りる冷たい空気の影響で温和な気候となっている。アルゼンチンとは異なり、必ずしも灌漑が必要というわけではなく、また有機栽培に特に適した条件を備えている。その証として、コルチャグア地区に1,000haに及ぶ世界最大のビオディナミ農法のワイナリーを擁する。

5 まずは知っておきたい地区

- マイポ・ヴァレー
- コルチャグア・ヴァレー
- カチャポアル・ヴァレー
- カサブランカ・ヴァレー
- マウレ・ヴァレー

主な栽培品種

- ● カベルネ・ソーヴィニヨン(Cabernet Sauvignon)、カルメネール(Carménère)、メルロ(Merlot)、シラー(Syrah)、ピノ・ノワール(Pinot Noir)
- ● ソーヴィニヨン・ブラン(Sauvignon Blanc)、シャルドネ(Chardonnay)

ARGENTINA

アルゼンチン

パンパ
メンドーサ
ワインツーリズム
マルベック種
ボデガ

アルゼンチンは異論の余地なく、南アメリカ大陸でワインの伝統が最も深く根付いている国である。長い間、量重視の生産が続いていたが、その品質は洗練され、チリやヨーロッパのワインと張り合う存在になってきている。

世界ランキング（生産量）
9

栽培面積（ha）
224,000

年間生産量（100万ℓ単位）
940

黒ブドウと白ブドウの栽培比率

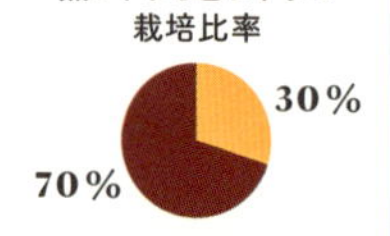

収穫時期
3〜4月

ワイン造りの始まり
1551年

貢献した民族
スペインのコンキスタドール

歴史

アルゼンチンは南米諸国のなかで最もスペイン人の血が濃い国である。大航海時代の後、ほぼ砂漠のような土地に築かれた新しい文化は、ブラジルやチリほどの人種間の混血をもたらさず、ワインは教会でも家庭でも常に重要な位置を占めてきた。19世紀に入り、政府が専門家たちの助言を求めるようになり、フランスの農学者であるミッシェル・プジェがカオール地区で栽培されていた品種、マルベックを導入した。この頑強な黒ブドウ品種は急速にアルゼンチンワインの象徴となっていった。ワイン市場は、1885年にメンドーサと首都ブエノスアイレスを結ぶ鉄道の開通により著しく発展した。

急速にアルゼンチンワインの象徴となったマルベック種

現代

大規模な海外資本の投入によりメンドーサ地方の畑の整備が行われ、現代、国内生産量の3/4を占めるほどの大産地となっている。またメンドーサ地方は毎年100万人以上の観光客を受け入れる、世界有数のワインツーリズムの都となっている。極西部のような乾いた大地が広がるこの地域では、雨が非常に少なく、アンデス山脈から流れる河川を利用した灌漑施設が畑を潤している。

ブドウ樹の連なりが2,000kmほど、ほぼ途絶えることなく視界に入るルートは、間違いなく世界最長のワイン街道といえるだろう。ヨーロッパの生産者組合に相当するボデガ（Bodegas）という組織があり、小規模な農園で収穫されたブドウを集めて醸造したワインを、1つの同じ銘柄で出荷している。

毎年100万人以上の観光客が訪れるメンドーサ地方

主な栽培品種

- ● マルベック（Malbec）、ボナルダ（Bonarda）、カベルネ・ソーヴィニヨン（Cabernet Sauvignon）
- ● トロンテス（Torrontés）、シャルドネ（Chardonnay）、ペドロ・ヒメネス（Pedro Ximénez）

土着品種

5 まずは知っておきたい地区

- ルハン・デ・クージョ
- サン・ラファエル
- サンタローサ
- カファヤテ
- バジェス・カルチャキエス

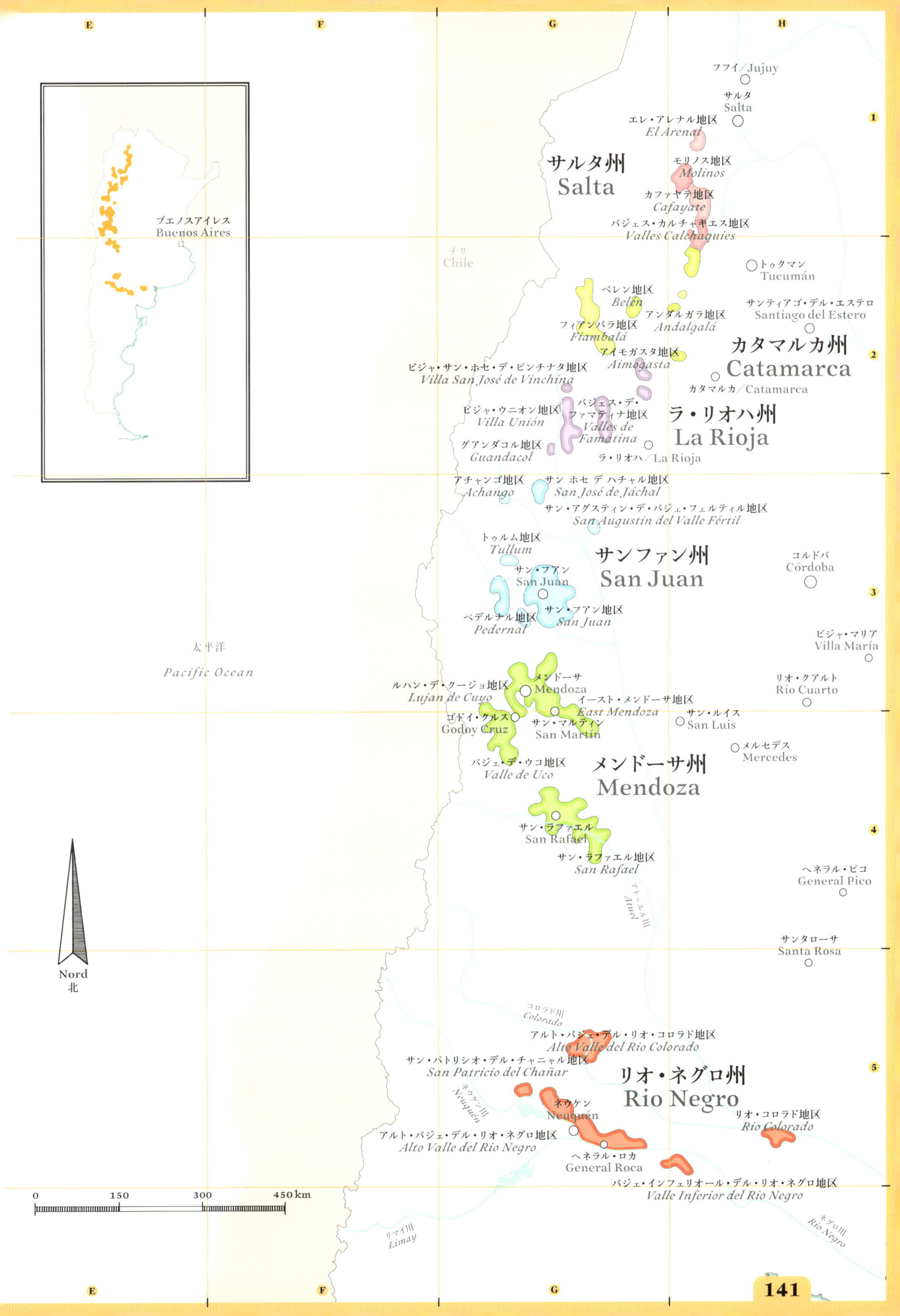

ブエノスアイレス
Buenos Aires
フフイ／Jujuy
サルタ
Salta
エレ・アレナル地区
El Arenal
サルタ州
Salta
モリノス地区
Molinos
カファヤテ地区
Cafayate
バジェス・カルチャキエス地区
Valles Calchaquies
チリ
Chile
トゥクマン
Tucumán
ベレン地区
Belén
アンダルガラ地区
Andalgalá
サンティアゴ・デル・エステロ
Santiago del Estero
フィアンバラ地区
Fiambalá
カタマルカ州
Catamarca
アイモガスタ地区
Aimogasta
ビジャ・サン・ホセ・デ・ビンチナタ地区
Villa San José de Vinchina
カタマルカ／Catamarca
ビジャ・ウニオン地区
Villa Unión
バジェス・デ・ファマティナ地区
Valles de Famatina
ラ・リオハ州
La Rioja
グアンダコル地区
Guandacol
ラ・リオハ／La Rioja
アチャンゴ地区
Achango
サン ホセ デ ハチャル地区
San José de Jáchal
サン・アグスティン・デ・バジェ・フェルティル地区
San Augustin del Valle Fértil
トゥルム地区
Tullum
サンファン州
San Juan
コルドバ
Córdoba
サン・フアン
San Juan
サン・フアン地区
San Juan
ペデルナル地区
Pedernal
太平洋
Pacific Ocean
ビジャ・マリア
Villa María
メンドーサ
Mendoza
ルハン・デ・クージョ地区
Lujan de Cuyo
リオ・クアルト
Río Cuarto
イースト・メンドーサ地区
East Mendoza
ゴドイ・クルス
Godoy Cruz
サン・マルティン
San Martín
サン・ルイス
San Luis
メルセデス
Mercedes
バジェ・デ・ウコ地区
Valle de Uco
メンドーサ州
Mendoza
サン・ラファエル
San Rafael
サン・ラファエル地区
San Rafael
ヘネラル・ピコ
General Pico
アトゥエル川
Atuel
サンタローサ
Santa Rosa
Nord
北
コロラド川
Colorado
アルト・バジェ・デル・リオ・コロラド地区
Alto Valle del Rio Colorado
サン・パトリシオ・デル・チャニャル地区
San Patricio del Chañar
リオ・ネグロ州
Rio Negro
ネウケン川
Neuquén
ネウケン
Neuquén
リオ・コロラド地区
Rio Colorado
アルト・バジェ・デル・リオ・ネグロ地区
Alto Valle del Rio Negro
ヘネラル・ロカ
General Roca
バジェ・インフェリオール・デル・リオ・ネグロ地区
Valle Inferior del Rio Negro
0 150 300 450 km
リマイ川
Limay
ネグロ川
Rio Negro

U.S.A.

アメリカ合衆国

グランドキャニオンからナイアガラの滝まで、壮大なスケールに圧倒される風景の中に、ブドウ農園はある。ワインは50州で造られているが、その多くはブドウ栽培により適した地域からブドウを仕入れている。ワイン生産国としてはまだ大国と肩を並べるほどではないが、アンクル・サムの国は現在、世界一のワイン消費国となっている。

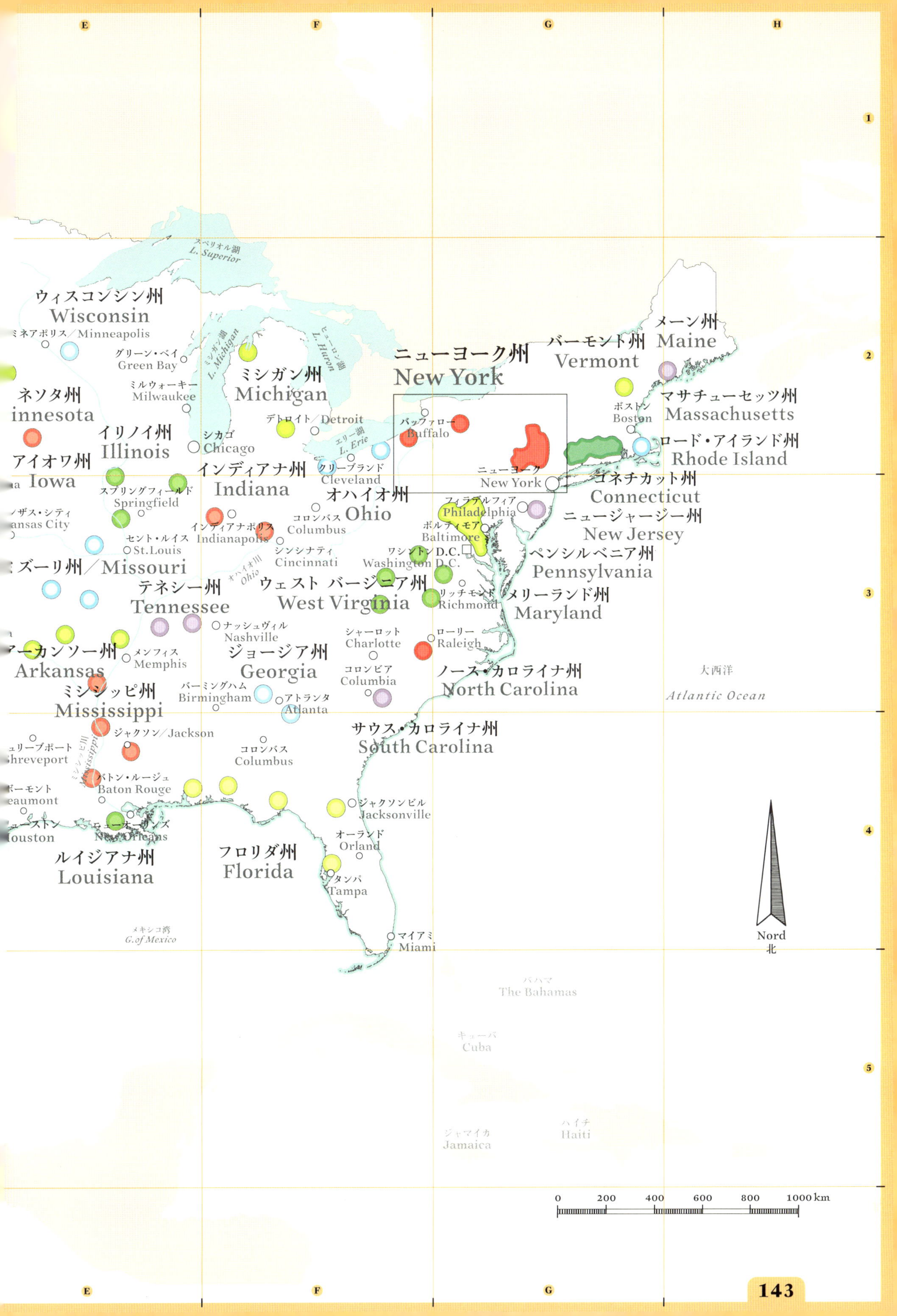
スペリオル湖 L. Superior
ウィスコンシン州 Wisconsin
ミネアポリス／Minneapolis
グリーン・ベイ Green Bay
ミルウォーキー Milwaukee
ミシガン湖 L. Michigan
ヒューロン湖 L. Huron
ミシガン州 Michigan
シカゴ Chicago
デトロイト／Detroit
エリー湖 L. Erie
イリノイ州 Illinois
アイオワ州 Iowa
インディアナ州 Indiana
スプリングフィールド Springfield
クリーブランド Cleveland
オハイオ州 Ohio
コロンバス Columbus
インディアナポリス Indianapolis
セント・ルイス St.Louis
シンシナティ Cincinnati
ミズーリ州／Missouri
テネシー州 Tennessee
オハイオ川 Ohio
ウェスト バージニア州 West Virginia
ナッシュヴィル Nashville
メンフィス Memphis
アーカンソー州 Arkansas
ジョージア州 Georgia
シャーロット Charlotte
コロンビア Columbia
バーミングハム Birmingham
アトランタ Atlanta
ミシシッピ州 Mississippi
ジャクソン／Jackson
ミシシッピ川 Mississippi
コロンバス Columbus
バトン・ルージュ Baton Rouge
ニューオーリンズ New Orleans
ルイジアナ州 Louisiana
フロリダ州 Florida
ジャクソンビル Jacksonville
オーランド Orland
タンパ Tampa
マイアミ Miami
メキシコ湾 G. of Mexico
ニューヨーク州 New York
バッファロー Buffalo
ニューヨーク New York
フィラデルフィア Philadelphia
ボルティモア Baltimore
ワシントン D.C. Washington D.C.
リッチモンド Richmond
ローリー Raleigh
ノース・カロライナ州 North Carolina
サウス・カロライナ州 South Carolina
バーモント州 Vermont
メーン州 Maine
ボストン Boston
マサチューセッツ州 Massachusetts
ロード・アイランド州 Rhode Island
コネチカット州 Connecticut
ニュージャージー州 New Jersey
ペンシルベニア州 Pennsylvania
メリーランド州 Maryland
大西洋 Atlantic Ocean
バハマ The Bahamas
キューバ Cuba
ジャマイカ Jamaica
ハイチ Haiti
Nord 北
0 200 400 600 800 1000 km
E F G H
1 2 3 4 5

ニューワールド
カリフォルニア州
ゴールドラッシュ
ワイナリー

U.S.A アメリカ合衆国

世界ランキング（生産量）
4

栽培面積（ha）
441,000

年間生産量（100万ℓ単位）
2,360

黒ブドウと白ブドウの栽培比率

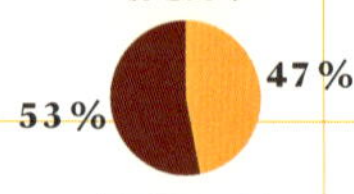

収穫時期
9〜10月

ワイン造りの始まり
1560年

貢献した民族
ヨーロッパからの入植者

歴史

南アメリカ大陸とは異なり、入植者の到来前に野生のブドウが豊かに実っていた。最初の栽培者たちは土着品種を育てようとしたが、上手く行かなかった。

この地にヨーロッパ品種をもたらしたのは、ボルドー地方出身のジャン・ルイ・ヴィーニュという人物である。1831年、この地に渡ってまもなく、西海岸にある人口わずか700人のロサンゼルスで栽培を始めた。ヴィーニュはフランス語で「ブドウ樹」を意味するが、まさに言い得て妙な姓名である。ジャン＝ルイは絶妙なタイミングでブドウを導入した。17年後、ゴールドラッシュが起こり、この地に30万もの冒険家が集結した。一攫千金を実現したものは少なかったが、その多くがこの地域に定住することを選んだ。こうしてサンフランシスコが誕生し、ワインは需要の高い飲料となり、畑は拡大していった。

カリフォルニア州のゴールドラッシュとともにワインの需要が跳ね上がった

アメリカ合衆国のワイン史は、鉄道の歴史と密接に関係している。19世紀、鉄道網の発展により、ブドウが栽培されていなかった州の住民も主要な産地からブドウを調達して、ワインを造ることができるようになった。

1919年1月16日の憲法修正第18条によりで、酒類の製造・販売が禁止された。禁酒法は14年も続き、ワイン産業に大打撃を与えた。

主な栽培品種

● カベルネ・ソーヴィニヨン（Cabernet Sauvginon）、ジンファンデル（Zinfandel）、メルロ（Merlot）、ピノ・ノワール（Pinot Noir）、シラー（Syrah）*
● シャルドネ（Chardonnay）、コロンバール（Colombard）、ソーヴィニヨン・ブラン（Sauvignon Blanc）、リースリング（Riesling）

*現地ではシラーズ（Shiraz）と呼ばれている。

現代

あまりにも標準化されたワインと評されることが多かったが、アメリカのワインはより個性豊かになり、品種の種類も増えた。各々の地域が異なるポテンシャルを持ち、気候も変化に富み、生産者の好奇心も旺盛で、ニューワールドのなかでも最も多様性に富んだワイン生産国となっている。

1978年からアメリカ政府認定栽培地域（AVA）制度が導入され、242地区が認定されている。フランス原産地統制呼称（AOC）に相当するもので、ワイン生産者によって使用されるブドウの産地を区分することが可能となった。この制度が導入されてから、テロワールの概念が造り手の精神に浸透し、長い間、品種名や生産者名が前面に押し出されていたエチケットに、生産地区の呼称が大きく記されるようになった。アメリカワインの市場ほど、流行に左右される市場はないだろう。映画やドラマの登場人物がある産地、ある品種に一目ぼれするだけで、関係する生産者のワインの売上が急激に伸びる。

造り手の精神に浸透していったテロワールの概念

5 まずは知っておきたい産地

ソノマ・ヴァレー
ナパ・ヴァレー
ウィラメット・ヴァレー
フィンガー・レイクス
ヤキマ・ヴァレー

New York

ニューヨーク州

ワインの産地としてよりも、
ニューヨーク・シティで有名な州。

栽培面積（ha）
14,900

黒ブドウと白ブドウの栽培比率
30％ 70％

AVA*
9

*American Viticultural Area, アメリカ政府認定ブドウ栽培地域

生産されるワインの大半が国内向けではあるが、この産地は特に品種が独特で、コンコードやナイアガラのようなアメリカの交配種が70％を占めている。西部は地中海沿岸地域に近い気候だが、東部はフランスのアルザス地方やドイツなどの中央ヨーロッパを想起させる厳しい冬を迎える。そのため、フィンガー・レイクス地域の生産者が香り高いリースリング種やゲヴュルツトラミネール種の栽培に傾倒するのは当然のことであろう。収穫されたブドウのうち、ワインになるのは33％のみで、それ以外はブドウジュースとなる。

主な栽培品種

● コンコード（Concord）、ナイアガラ（Niagra）、メルロ（Merlot）

● シャルドネ（Chardonnay）、リースリング（Riesling）、ゲヴュルツトラミネール（Gewürztraminer）

アメリカ品種

ワシントン州
Washington

コロンビア・ゴージ地区
Colombia Gorge

チェハレム・マウンテンズ地区
Chehalem Mountains

ヤムヒル・カールトン地区
Yamhill-Carlton

ポートランド Portland

リボン・リッジ地区
Ribbon Ridge

マクミンヴィル地区
McMinnville

ダンディー・ヒルズ地区
Dundee Hills

エオラ・アミティ・ヒルズ地区
Eola-Amity Hills

アイダホ州
Idaho

大平洋
Pacific Ocean

Nord
北

ウィラメット・ヴァレー地域
Willamette Valley

スネーク・リバー・ヴァレー地域
Snake River Valley

エルクトン地区
Elkton

レッド・ヒル・ダグラス地区
Red Hill Douglas

アムクワ・ヴァレー地域
Umpqua Valley

ローグ・ヴァレー地域
Rogue Valley

アップルゲート・ヴァレー地区
Applegate Valley

カリフォルニア州
California

ネバダ州
Nevada

0 50 100 150 km

Oregon
オレゴン州

ニューワールドのブルゴーニュ地方という形容がふさわしい。カリフォルニア州ほど暑くない夏、ワシントン州よりも穏やかな冬に恵まれたオレゴン州には、気品あるピノ・ノワールが育つ絶好の条件が揃っている。

栽培面積（ha）
11,300

黒ブドウと白ブドウの栽培比率

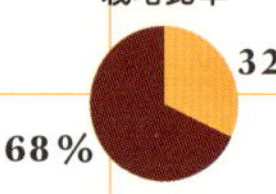

AVA*
18

*American Viticultural Area, アメリカ政府認定ブドウ栽培地域

ワイン生産が大きく発展したのは1960年以降であるが、アメリカ合衆国で最も上質なワインができる地である。隣接する州とは異なり、オレゴン州ではブドウの質が毎年異なるため、ワインにはそれぞれの産年の特徴が表れる。多様な土壌と微気候を誇るこの地は、気まぐれなピノ・ノワール種にとっての楽園であり、そのワインの価格も気品もブルゴーニュ地方の偉大なワインに迫る勢いである。ここでは生産者は実業家というよりも農業者である。農園は家族経営であることが多く、有機農法を実践しているところも多い。

主な栽培品種

● カベルネ・ソーヴィニヨン（Cabernet Sauvignon）、ピノ・ノワール（Pinot Noir）
● ピノ・グリ（Pinot Gris）、シャルドネ（Chardonnay）、リースリング（Riesling）

Nord
北

カナダ
Canada

ピュージェット・サウンド地域
Puget Sound

レイク・シュラン地区
Lake Chelan

スポケーン
Spokane

シアトル
Seattle

コロンビア・ヴァレー地域
Colombia Valley

タコマ
Tacoma

アンシエント・レイクス地区
Ancient Lakes

アイダホ州
Idaho

オリンピア
Olympia

ナチェス・ハイツ地区
Naches Heights

ワルーク・スロープ地区
Wahluke Slope

ラトルスネイク・ヒルズ地区
Rattlesnake Hills

大平洋
Pacific Ocean

ヤキマ・ヴァレー地区／Yakima Valley

レッド・マウンテン地区
Red Mountain

スナイプス・マウンテン地区
Snipes Mountain

ワラワラ・ヴァレー地区
Walla Walla Valley

コロンビア・ゴージュ地区
Columbia Gorge

ホース・ヘヴン・ヒルズ地区
Horse Heaven Hills

オレゴン州
Oregon

0 50 100 150 km

Washington
ワシントン州

数年前から、アメリカ合衆国第2位のワイン産地となるべく奮闘してきた。2000～2009年でワイナリーの数は6倍になった。

栽培面積（ha）
20,200

黒ブドウと白ブドウの栽培比率

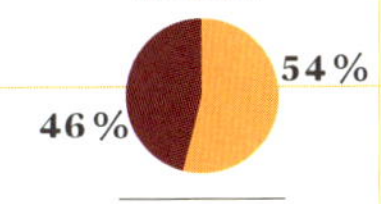

AVA*
14

*American Viticultural Area, アメリカ政府認定ブドウ栽培地域制度

ブドウ畑はバンクーバーからカリフォルニア北部まで続くカスケード山脈によって二分されている。この山塊は大平洋からの雲をせき止め、そこから流れる水は東部全体をまんべんなく潤している。
ブドウの栽培地は拡大しているが、オレゴン州とは異なり、生産者の大半が他の栽培農家からブドウを仕入れている。この現象はワシントン州では多品種をブレンドする傾向が強いことに関係している。ヨーロッパとは異なり、大規模なワイナリーは畑を所有していなくてもワインを造ることができる。反対に、栽培農家は畑を所有していてもワインを造らないことがある。評判の良い栽培農家がその貴重な収穫物を30ほどの「ワインメーカー」に卸すこともある。テロワールを愛する者にとっては歯がゆいことかもしれないが、アメリカ人にとっては、数十～数百km離れた畑からブドウを仕入れることはごく普通のことである。ワインが美味しければ、全て良し！である。

主な栽培品種

- ● カベルネ・ソーヴィニヨン（Cabernet Sauvignon）、メルロ（Merlot）、シラー（Syrah）
- ● シャルドネ（Chardonnay）、リースリング（Riesling）

A
B
C
D
1
2
3
4
5
オレゴン州
Oregon
0 50 100 150km
グース湖
Goose Lake
ファー・ノース地域
Far North
シャスタ湖
Shasta Lake
ユリーカ
Eureka
トリニティ・レイクス地区
Trinity Lakes
メンドシーノ岬
Cape Mendocino
レディング
Redding
ハニー湖
Honey Lake
インランド・ヴァレーズ地域
Inland Valleys
ネバダ州
Nevada
ノース・ユバ地区
North Yuba
サクラメント・ヴァレー地区
Sacramento Valley
メンドシーノ地区
Mendocino
ネバダ地区
Nevada
タホ湖
Lake Tahoe
クリア・レイク地区
Clear Lake
プレイサー地区／Placer
サクラメント
Sacramento
エル・ドラド地区
El Dorado
ノース・コースト地域
North Coast
ソノマ地域
Sonoma Valley
ナパ地域
Napa Valley
ボデガ湾
Bodega Bay
ソラノ地区／Solano
ロス・カーネロス地区
Los Carneros
アマドール地区／Amador
ローダイ地区
Lodi
カラヴェラス地区
Caraveras
シエラ・フットヒルズ地域
Sierra Foothills
オークランド
Oakland
モデスト
Modesto
サンフランシスコ／San Francisco
サンフランシスコ・ベイ地区
San Francisco Bay
サンノゼ／San José
リヴァモア・ヴァレー地区
Livermore Valley
サンタ・クララ地区
Santa Clara
オーエンズ川
Owens
サンタ・クルーズ地区
Santa Cruz
マデラ地区
Madera
フレズノ
Fresno
モントレー湾
Monterey Bay
サン・ベニート地区
San Benito
サン・ホワンキン・ヴァレー地区
San Joaquin Valley
オーエンズ湖
Owens Lake
モントレー地区
Monterey
太平洋／Pacific Ocean
セントラル・コースト地域
Central Coast
ベーカーズフィールド
Bakersfield
サンルイス・オビスポ地区
San Luis Obispo
サザン・カリフォルニア地域
Southern California
サンタ・マリア
Santa Maria
サンタ・バーバラ地区
Santa Barbara
サンタ・バーバラ
Santa Barbara
ロサンゼルス地区
Los Angeles
クカモンガ・ヴァレー地区
Cucamonga Valley
サン・ミゲル島
San Miguel
サンタ・クルス島
Santa Cruz
ロサンゼルス／Los Angeles
リバーサイド／Riverside
Nord
北
ロングビーチ
Long Beach
アナハイム
Anaheim
サンタ・ローザ島
Santa Rosa
サンタ・カタリナ島
Santa Catalina
テメキュラ・ヴァレー地区
Temecula Valley
ソルトン湖
Salton Sea
サン・ニコラス島
San Nicolas
サンディエゴ地区
San Diego
サンディエゴ／San Diego
サン・クレメンテ島
San Clemente
メキシコ
Mexico

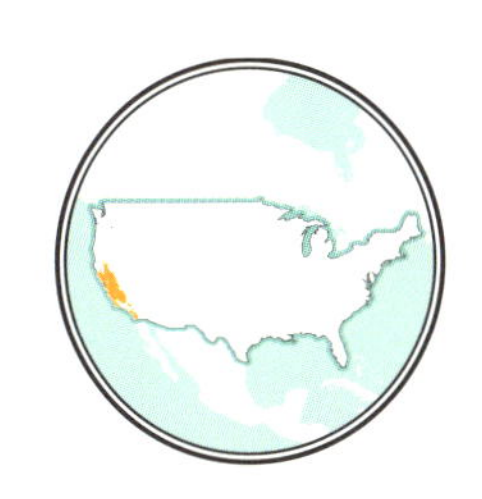

California

カリフォルニア州

イタリア全体よりも面積が広く、アルゼンチン全体よりも多いブドウ株数を有するカリフォルニア州では、ワイン産業は1つの研究事業のようになっている。最先端のテクノロジーが導入されたこの地では、革新が伝統を凌駕する傾向にある。

栽培面積 (ha)

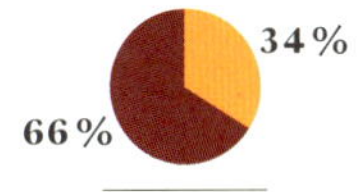

246,000

黒ブドウと白ブドウの栽培比率

34%

66%

AVA*

149

*American Viticultural Area, アメリカ政府認定ブドウ栽培地域

カリフォルニア州は憧れの土地、ドリームマシーンのような存在である。驚くべきは、正反対のものに囲まれているというその立地条件である。海や国立公園だけでなく、ブドウ畑も大都市のすぐ近くにあることが多く、1,000kmにも及ぶ広大な栽培地は、豊かな陽光、太平洋の爽やかな風による温和な気候の恩恵を受けている。

ニューワールドのワイン産地のうち、そのワインのクオリティーで、ヨーロッパで最初に一目置かれる存在になったのはこのカリフォルニア州である。1976年にパリで開催されたブラインド・テイスティングの会で、2品のカリフォルニアワインが偉大なブルゴーニュワイン、ボルドーワインよりも高い評価を得て、センセーションを巻き起こした。

現在、国内生産量の90%以上を誇るほどの大産地となり、国内のAVAの半数以上がここに集中している。生産量を上回る需要に対応するために、ワイナリーはセントラル・ヴァレーの巨大な砂漠に着目し、強烈な太陽の光で焼けた土地に、シエラ・ネバダ山脈からの豊富な水を引き込むための灌漑水路の整備に資本を投入している。

国内生産量の90%以上を誇り国内のAVAの半数が集中するカリフォルニア州

規模は小さいが、ロシアン・リヴァーが流れる山間の谷も、海風が吹き込むため、ブドウ栽培に適した地区となっている。この海風がなければブドウは育たなかったであろう。気温の変動があまりないため、ほぼ毎年、一定した品質のブドウができる。

赤ワインに関しては、カベルネ・ソーヴィニヨンが王様である。白ワインについては、シャルドネが他の品種に土地を譲ることなく、州全域に君臨している。シャルドネは海岸地帯には慣れていない品種だが、暑さを和らげてくれる太平洋からの涼風を味方につけている。ワインはオーク樽で熟成され、トースト香とバニラ香を帯びたスタイルが世界的な成功をもたらした。

主な栽培品種

- カベルネ・ソーヴィニヨン（Cabernet Sauvignon）、メルロ（Merlot）
- シャルドネ（Chardonnay）

Sonoma & Napa

ウェストコーストに位置する双子の地区は、カリフォルニアワインの顔ともいえる存在。モザイク状に入り組んだ多様な土壌に恵まれ、数多くの*AVA*を擁している。ナパ地域は世界的に名が知られているが、一方でソノマ地域は生産者のプロ意識の高さで注目されている。

Sonoma
ソノマ地域

栽培面積（ha）

24,200

黒ブドウと白ブドウの栽培比率

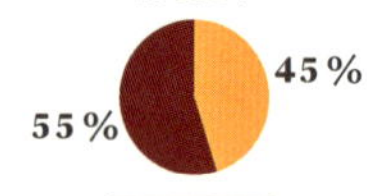

AVA*

18

*American Viticultural Area, アメリカ政府認定ブドウ栽培地域

サンフランシスコから30分ほどのところに、アメリカワインの新スターの畑が広がっている。太平洋に近い広大な土地に、多様な土壌が共存している。夏暑い北部はジンファンデル種をベースとした濃厚な赤ワインの生産に適しており、より温暖な南部はシャルドネ種が特に好むテロワールとなっている。

主な栽培品種

- ● ピノ・ノワール（Pinot Noir）、ジンファンデル（Zinfandel）
- ● シャルドネ（Chardonnay）

Napa ナパ地域

栽培面積（ha）

18,200

黒ブドウと白ブドウの栽培比率

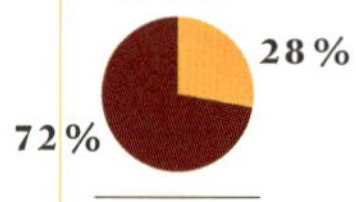

AVA*

17

*American Viticultural Area, アメリカ政府認定ブドウ栽培地域制度

東のヴァカ山脈、西のマヤカマス山脈に挟まれた産地の呼称は、畑の間を流れるナパ川から来ている。1970年代後半、この「豊饒の地」は、生産施設の近代化とテロワールへの適応化に取り組むアメリカの生産者の模範となった。カリフォルニア州を訪ねるワインファンにとっては絶対に外せない巡礼の地となっている。ワイナリーはテイスティング・ルームやワインメーカーと会う機会を設けるなど、ワイン観光を満喫できる環境を完備している。まるでワインのディズニーランドのようだ！

主な栽培品種

- ● カベルネ・ソーヴィニヨン（Cabernet Sauvignon）、メルロ（Merlot）
- ● シャルドネ（Chardonnay）

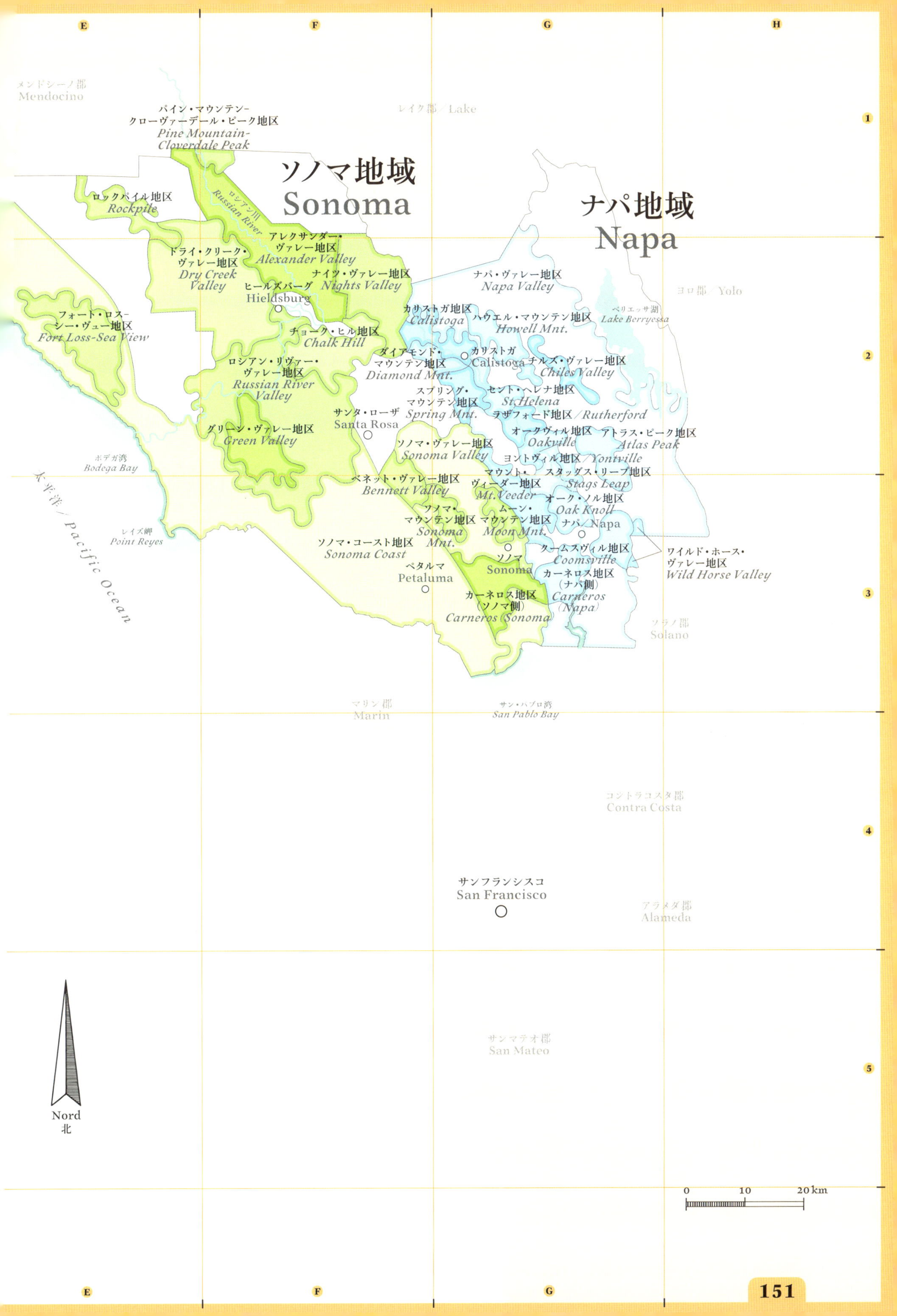

ソノマ地域
Sonoma
ナパ地域
Napa
メンドシーノ郡
Mendocino
レイク郡／Lake
ヨロ郡／Yolo
パイン・マウンテン－クローヴァーデール・ピーク地区
Pine Mountain-Cloverdale Peak
ロックパイル地区
Rockpile
ロシアン川
Russian River
アレクサンダー・ヴァレー地区
Alexander Valley
ドライ・クリーク・ヴァレー地区
Dry Creek Valley
ナイツ・ヴァレー地区
Nights Valley
ヒールズバーグ
Hieldsburg
フォート・ロス－シー・ヴュー地区
Fort Loss-Sea View
チョーク・ヒル地区
Chalk Hill
ロシアン・リヴァー・ヴァレー地区
Russian River Valley
グリーン・ヴァレー地区
Green Valley
ボデガ湾
Bodega Bay
太平洋／Pacific Ocean
レイズ岬
Point Reyes
ナパ・ヴァレー地区
Napa Valley
ベリエッサ湖
Lake Berryessa
カリストガ地区
Calistoga
ハウエル・マウンテン地区
Howell Mnt.
ダイアモンド・マウンテン地区
Diamond Mnt.
カリストガ
Calistoga
チルズ・ヴァレー地区
Chiles Valley
スプリング・マウンテン地区
Spring Mnt.
セント・ヘレナ地区
St.Helena
ラザフォード地区／Rutherford
サンタ・ローザ
Santa Rosa
オークヴィル地区
Oakville
アトラス・ピーク地区
Atlas Peak
ソノマ・ヴァレー地区
Sonoma Valley
ヨントヴィル地区／Yontville
マウント・ヴィーダー地区
Mt.Veeder
スタッグス・リープ地区
Stags Leap
ベネット・ヴァレー地区
Bennett Valley
オーク・ノル地区
Oak Knoll
ソノマ・マウンテン地区
Sonoma Mnt.
ムーン・マウンテン地区
Moon Mnt.
ナパ／Napa
ソノマ・コースト地区
Sonoma Coast
ソノマ
Sonoma
クームズヴィル地区
Coomsville
ワイルド・ホース・ヴァレー地区
Wild Horse Valley
ペタルマ
Petaluma
カーネロス地区（ナパ側）
Carneros（Napa）
カーネロス地区（ソノマ側）
Carneros（Sonoma）
ソラノ郡
Solano
マリン郡
Marin
サン・パブロ湾
San Pablo Bay
コントラコスタ郡
Contra Costa
サンフランシスコ
San Francisco
アラメダ郡
Alameda
サンマテオ郡
San Mateo
Nord
北
0 10 20 km

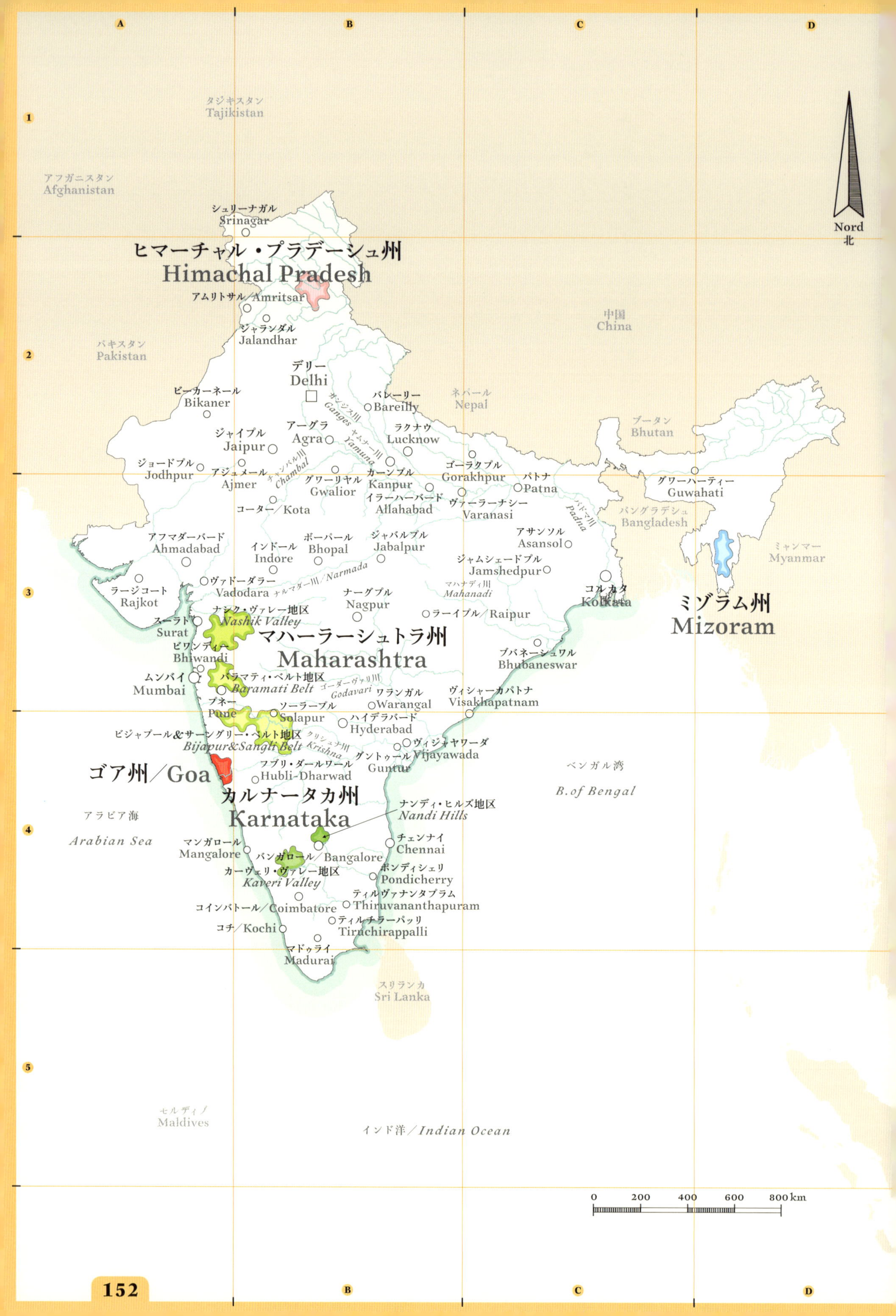

A
B
C
D
1
2
3
4
5
Nord
北
タジキスタン
Tajikistan
アフガニスタン
Afghanistan
パキスタン
Pakistan
中国
China
ネパール
Nepal
ブータン
Bhutan
バングラデシュ
Bangladesh
ミャンマー
Myanmar
スリランカ
Sri Lanka
モルディブ
Maldives
ヒマーチャル・プラデーシュ州
Himachal Pradesh
ミゾラム州
Mizoram
マハーラーシュトラ州
Maharashtra
ゴア州／Goa
カルナータカ州
Karnataka
ナシク・ヴァレー地区
Nashik Valley
バラマティ・ベルト地区
Baramati Belt
ビジャプール&サーングリー・ベルト地区
Bijapur&Sangli Belt
ナンディ・ヒルズ地区
Nandi Hills
カーヴェリ・ヴァレー地区
Kaveri Valley
シュリーナガル
Srinagar
アムリトサル／Amritsar
ジャランダル
Jalandhar
デリー
Delhi
ビーカーネール
Bikaner
バレーリー
Bareilly
ガンジス川
Ganges
ヤムナー川
Yamuna
アーグラ
Agra
ラクナウ
Lucknow
ジャイプル
Jaipur
ジョードプル
Jodhpur
アジュメール
Ajmer
チャンバル川
Chambal
グワーリヤル
Gwalior
カーンプル
Kanpur
ゴーラクプル
Gorakhpur
パトナ
Patna
イラーハーバード
Allahabad
ヴァーラーナシー
Varanasi
パドマ川
Padma
グワーハーティー
Guwahati
コーター／Kota
アフマダーバード
Ahmadabad
インドール
Indore
ボーパール
Bhopal
ジャバルプル
Jabalpur
アサンソル
Asansol
ジャムシェードプル
Jamshedpur
ラージコート
Rajkot
ヴァドーダラー
Vadodara
ナルマダー川／Narmada
マハナディ川
Mahanadi
ナーグプル
Nagpur
コルカタ
Kolkata
ラーイプル／Raipur
スーラト
Surat
ビワンディー
Bhiwandi
ブバネーシュワル
Bhubaneswar
ムンバイ
Mumbai
ゴーダーヴァリ川
Godavari
ワランガル
Warangal
ヴィシャーカパトナ
Visakhapatnam
プネー
Pune
ソーラープル
Solapur
ハイデラバード
Hyderabad
クリシュナ川
Krishna
ヴィジャヤワーダ
Vijayawada
グントゥール
Guntur
フブリ・ダールワール
Hubli-Dharwad
ベンガル湾
B. of Bengal
アラビア海
Arabian Sea
チェンナイ
Chennai
マンガロール
Mangalore
バンガロール／Bangalore
ポンディシェリ
Pondicherry
ティルヴァナンタプラム
Thiruvananthapuram
コインバトール／Coimbatore
ティルチラーパッリ
Tiruchirappalli
コチ／Kochi
マドゥライ
Madurai
インド洋／Indian Ocean
0
200
400
600
800 km

ニューワールド
ヒマラヤ山脈
モンスーン
シルクロード

INDIA
インド

飲酒が咎められる風習、熱帯季節風（モンスーン）の強い、ワイン生産に不利な条件が多く、その発展は考えられないと思われていた。そのインドが今、ニューワールドを構成する国の1つと認められるようになった。

世界ランキング（生産量）
41

栽培面積（ha）
114,000

年間生産量（100万ℓ単位）
17

黒ブドウと白ブドウの栽培比率

40％ 60％

収穫時期

2月

ワイン造りの始まり
17
世紀

貢献した民族
イギリス人
ポルトガル人

歴史

食用ブドウの栽培の歴史は数千年前に遡るが、ワイン生産が本格的に始まったのは、この地に相次いで移住したヨーロッパの入植者、すなわちポルトガル人、イギリス人の手によってであった。1497年、ヴァスコ・ダ・ガマ（ポルトガルのクリストファー・コロンブスに相当する人物）がヨーロッパ人で初めて、南アフリカの喜望峰を経由してインドに到着する航路を開いた。インドへの航路発見はコロンブスの計画でもあったが、彼はアンクル・サムの国に漂着した。ポルトガル人はまもなく、自分たちが得意とするブドウ酒をこの地で再現し始めた。つまりポルトワインに似た酒精強化ワインである。17世紀に入ると、イギリスの影響力が増したが、ヨーロッパからのワインの輸入は莫大な費用を要した。そこでイギリス人たちは、自分たちの飲み分を確保するために、ブドウ畑を拡大することに決めた。19世紀、害虫フィロキセラの猛襲により生産は著しく低下した。

現代

インドは住民1人あたりのワイン消費量が世界で最も低い国となっている。わずか9mℓ/年でコーヒースプーン1杯分でしかない。一方、フランス人の1人あたりの年間消費量は44ℓである。多くのニューワールドの国々と同様、急速な成長を見せている（2016年：+30％）。将来有望なインドワインの

インドワインの市場は全生産量の90％を占める5ワイナリーによる独占状態である

市場は、全生産量の90％を占める5ワイナリーによって独占されている。南部は非常に暑い気候であるため、収穫が年に2回行われる。この驚くべき収穫法はブラジル北部でも見られる。

主な栽培品種

- ● カベルネ・ソーヴィニヨン（Cabernet Sauvignon）、メルロ（Merlot）、シラー（Syrah）
- ● ユニ・ブラン（Ugni Blanc）、シャルドネ（Chardonnay）、シュナン・ブラン（Chenin Blanc）

SOUTH AFRICA

南アフリカ共和国

アフリカ大陸の南端にあるブドウ畑は、地中海地域に似た気候と風土の恩恵を受けている。南アフリカ共和国のワインは、啓蒙時代（18世紀）にヨーロッパの君主の食卓を飾っていたことから、ヨーロッパへ渡った最初のニューワールド・ワインと言える。国を象徴する品種、ピノタージュが特に有名。

5 まずは知っておきたい産地

- コンスタンシア
- ダーリン
- ケープ・ポイント
- ステレンボッシュ
- パール

歴史

17世紀中葉、ケープ植民地の初代総督、ヤン・ファン・リーベックが、オランダ産のブドウ樹の植付けを命じた。最初の実は1659年に収穫された。このようにブドウの初収穫の年を明示できる国は間違いなく南アフリカのみであろう。当初の入植者たちは醸造法についてあまり知識を持っていなかったが、1688年にこの地に流れてきたユグノー(ナントの勅令の廃止後亡命したフランスのプロテスタント教徒)の10世帯ほどの移住者により、ワイン生産が活発化した。この時からもう「フレンチ・タッチ」が存在していたのである。

フィロキセラの襲来と南アフリカ共和国産製品の世界規模のボイコットを引き起こしたアパルトヘイトの危機により、ワイン産業は輝きを失ったが、1990年代の初め、ネルソン・マンデラの釈放後に復活した。

主な栽培品種

● カベルネ・ソーヴィニヨン(Cabernet Sauvignon)、シラー(Syrah)、メルロ(Merlot)、ピノタージュ(Pinotage)

● シュナン・ブラン(CheninBlanc)、コロンバール(Colombard)、シャルドネ(Chardonnay)、

土着品種

現代

アフリカ大陸最大のワイン生産国であり、ニューワールド・ワインのなかで、ヨーロッパに最も早く浸透した国でもある。涼しい風の吹く海岸地帯は白ブドウ品種の栽培に適しており、内陸部には黒ブドウ品種が良く育つ条件が揃っている。ピノタージュという国産の品種があるが、これは1925年にステレンボッシュ大学(ケープタウンから30km)のアブラハム・ペロード教授によるピノ・ノワールとサンソーの交配で生まれた品種である。世界で最も新しい品種の1つでもある。十分な日照量と乾いた暑い気候はこの品種に相応しく、黒い果実、ココナッツの実、コーヒーの香りを帯びた気品のある赤ワインを生む。ピノタージュ単一品種で、あるいは数品種との混合で仕込まれるワインは、時を経てその魅力を開花させる長期熟成型である。

ピノタージュは南アフリカ産の黒ブドウ品種

原産地呼称については、地域(Region)〈コースタル地方、ブレード・リヴァー地方、オリファンツ・リヴァー地方…〉、地区(District)〈ステレンボッシュ、パール、コンスタンシア、ウースター…〉、小地区(Ward)〈フランシュック、プレッテンバーグ…〉、農園(Estate)に区分され、上質なワイン造りの環境が整っている。

世界ランキング(生産量)
7

栽培面積(ha)
126,000

年間生産量(100万ℓ単位)
1,050

黒ブドウと白ブドウの栽培比率
45% 55%

収穫時期
2月

ワイン造りの始まり
1659年

貢献した民族
フランス人

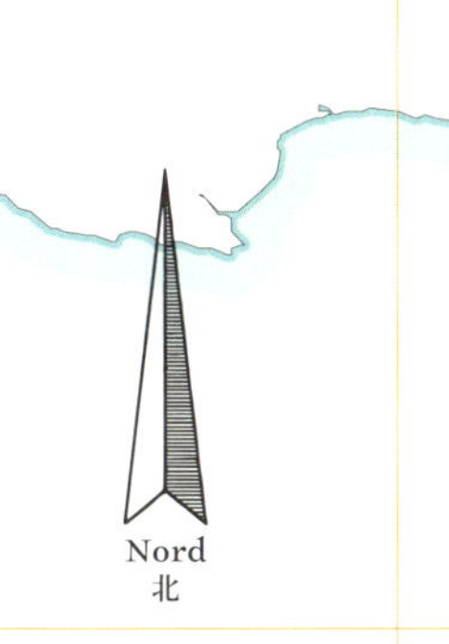

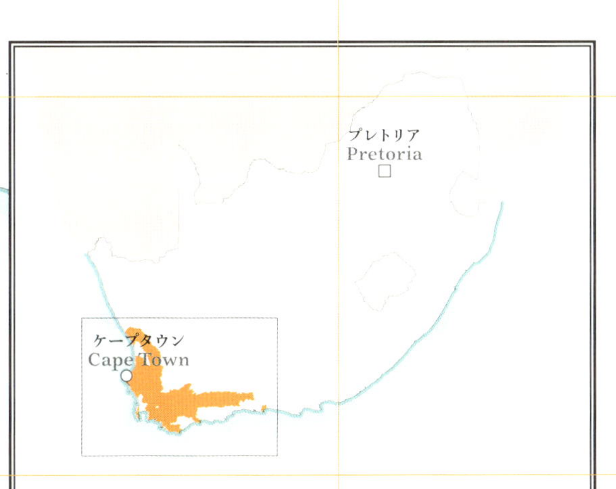

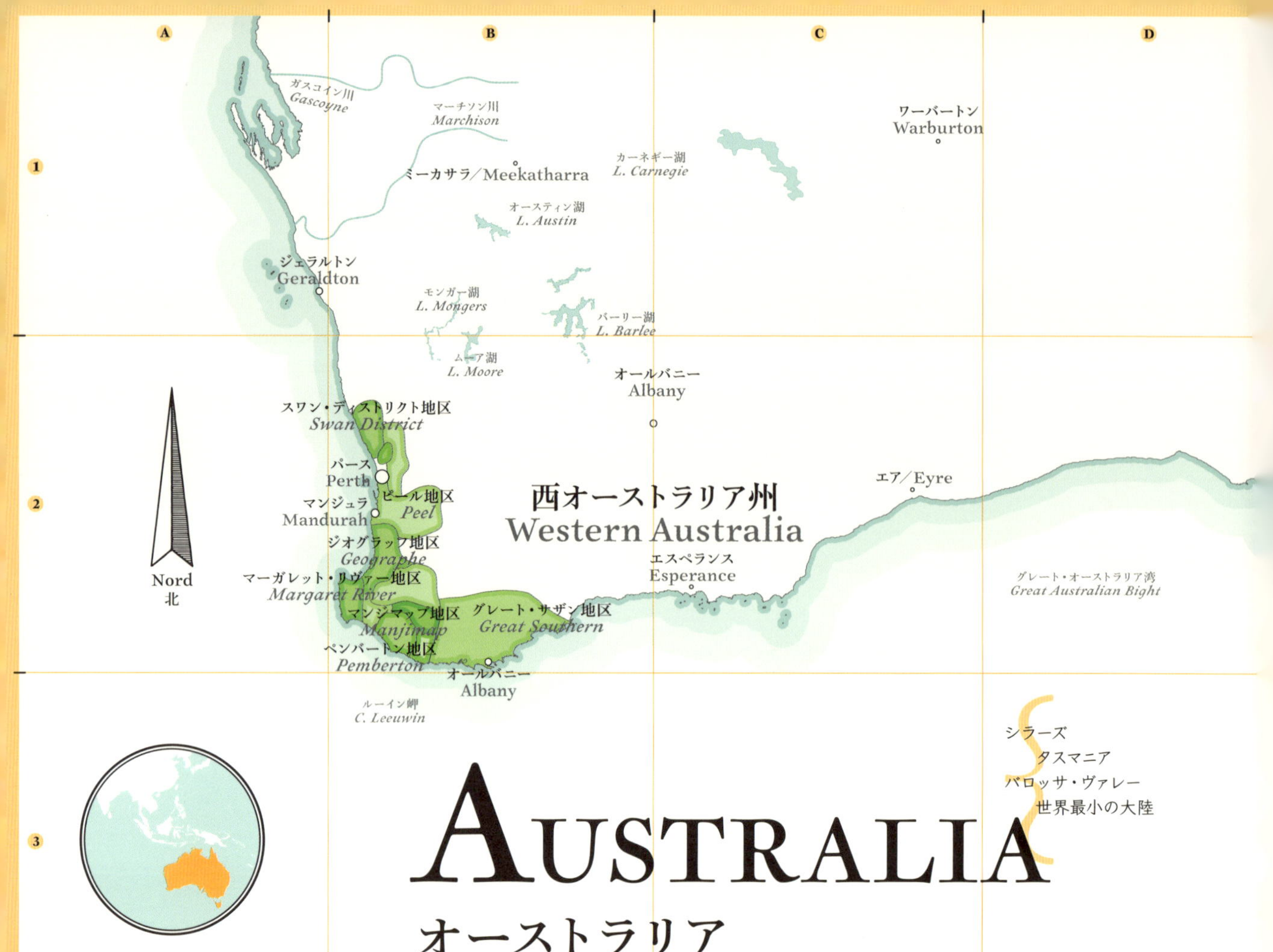

シラーズ
タスマニア
バロッサ・ヴァレー
世界最小の大陸

AUSTRALIA
オーストラリア

高性能の生産設備、気候の多様性、土地に合った品種の選抜を基盤とするワイン産業の発展で、この世界最小の大陸はニューワールドを代表する国の1つとなっている。

歴史

最初のブドウ樹が植えられたのは18世紀末だが、まずまずのワインができるようになったのは1824年に移住してきた、イギリス人のジェームズ・バズビーの貢献によってであった。彼はヨーロッパ全土から収集したブドウ株300本以上をシドニーの植物園に植えた。この研究から、オーストラリアのワイン産業が生まれたのである。イギリス人は、ブドウ栽培に適した土地が本国になかったため、この地でブドウ畑を開拓する好機を得た。1828年に、シラー種の最初の株がヨーロッパより渡来した。19世紀末、砂漠気候の平原に水を引き、栽培面積を拡大するための大規模な土木工事が行われた。

本国では難しいブドウ栽培をオーストラリアで行う好機を得たイギリス人

現代

産地は地中海性に似た気候の南部の沿岸地帯に集中している。オーストラリアはニューワールドの国々のなかで、フランスのローヌ地方原産のシラーを赤ワインの主品種として取り入れた唯一の国である。南オーストラリア州、ニュー・サウス・ウェールズ州で育つシラーは、熟した果実の香りと、スパイス感のある濃厚なワインに変身する。温暖な気候のビクトリア州、タスマニア州はピノ・ノワールとシャルドネの栽培地として優れている。ドルが強い状況下で、輸入が極限まで促進され、国内で最も売れている銘柄はニュージーランド産となっている……。旱魃が深刻化しているだけでなく、地球温暖化の影響で、ブドウ栽培が不可能となるかもしれない危機にさらされている。

オーストラリアのスター品種となったシラー

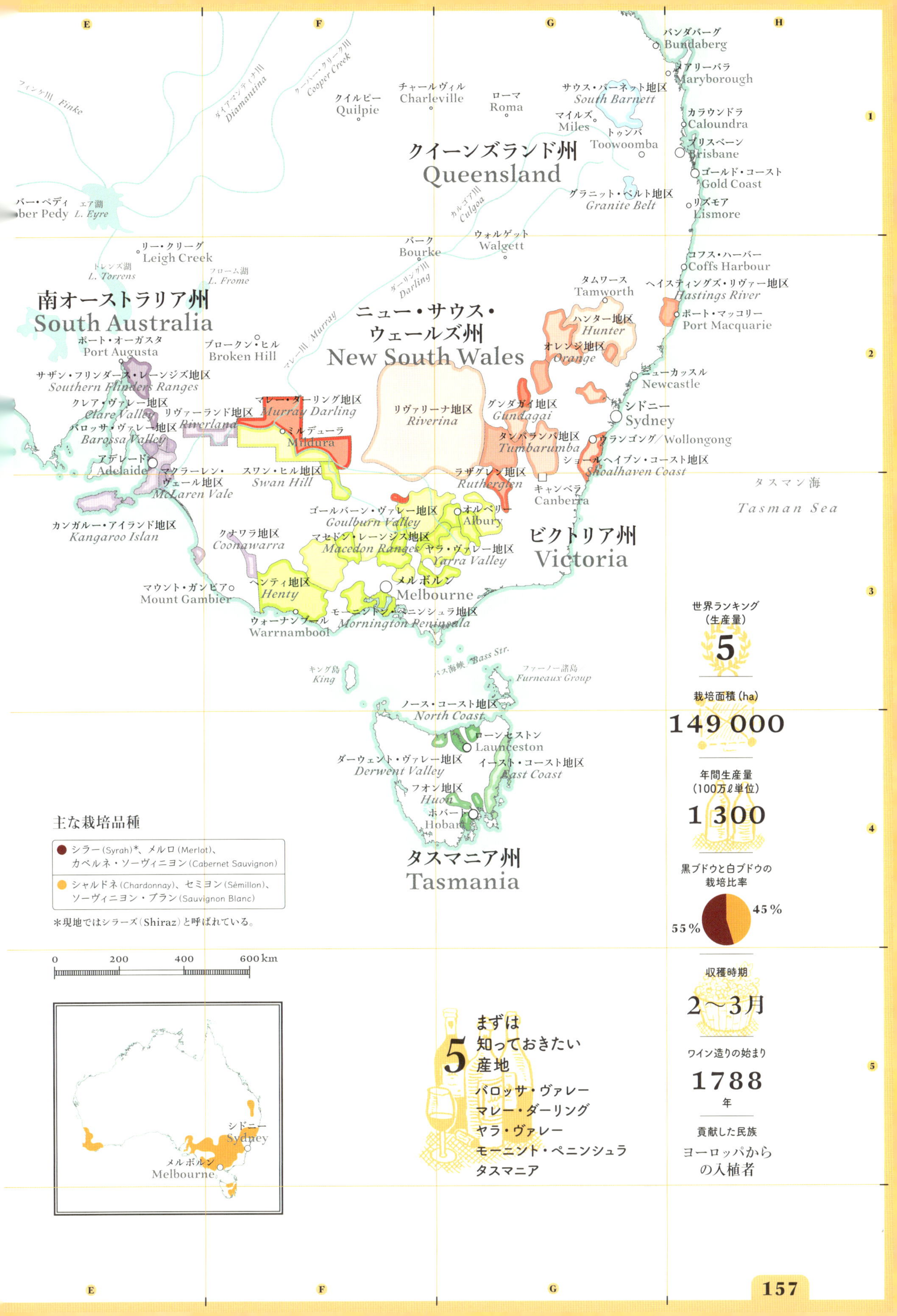

クイーンズランド州
Queensland
南オーストラリア州
South Australia
ニュー・サウス・ウェールズ州
New South Wales
ビクトリア州
Victoria
タスマニア州
Tasmania
バンダバーグ
Bundaberg
メアリーバラ
Maryborough
サウス・バーネット地区
South Barnett
チャールヴィル
Charleville
クイルピー
Quilpie
ローマ
Roma
マイルズ
Miles
トゥンバ
Toowoomba
カラウンドラ
Caloundra
ブリスベーン
Brisbane
ゴールド・コースト
Gold Coast
グラニット・ベルト地区
Granite Belt
リズモア
Lismore
エア湖
L. Eyre
リー・クリーグ
Leigh Creek
トレンズ湖
L. Torrens
フローム湖
L. Frome
バーク
Bourke
ウォルゲット
Walgett
ダーリング川
Darling
マレー川
Murray
カルゴア川
Culgoa
フィンケ川
Finke
ダイアマンティナ川
Diamantina
クーパー・クリーク川
Cooper Creek
コフス・ハーバー
Coffs Harbour
タムワース
Tamworth
ヘイスティングズ・リヴァー地区
Hastings River
ポート・マッコリー
Port Macquarie
ハンター地区
Hunter
オレンジ地区
Orange
ニューカッスル
Newcastle
シドニー
Sydney
ウランゴング
Wollongong
ショールヘイブン・コースト地区
Shoalhaven Coast
キャンベラ
Canberra
グンダガイ地区
Gundagai
タンバランバ地区
Tumbarumba
ラザグレン地区
Rutherglen
リヴァリーナ地区
Riverina
ポート・オーガスタ
Port Augusta
ブロークン・ヒル
Broken Hill
サザン・フリンダーズ・レーンジズ地区
Southern Flinders Ranges
クレア・ヴァレー地区
Clare Valley
バロッサ・ヴァレー地区
Barossa Valley
リヴァーランド地区
Riverland
マレー・ダーリング地区
Murray Darling
ミルデューラ
Mildura
アデレード
Adelaide
マクラーレン・ヴェール地区
McLaren Vale
スワン・ヒル地区
Swan Hill
カンガルー・アイランド地区
Kangaroo Islan
クナワラ地区
Coonawarra
マウント・ガンビア
Mount Gambier
ヘンティ地区
Henty
ウォーナンブール
Warrnambool
ゴールバーン・ヴァレー地区
Goulburn Valley
マセドン・レーンジズ地区
Macedon Ranges
オルベリー
Albury
ヤラ・ヴァレー地区
Yarra Valley
メルボルン
Melbourne
モーニントン・ペニンシュラ地区
Mornington Peninsula
タスマン海
Tasman Sea
バス海峡
Bass Str.
キング島
King
ファーノー諸島
Furneaux Group
ノース・コースト地区
North Coast
ローンセストン
Launceston
ダーウェント・ヴァレー地区
Derwent Valley
イースト・コースト地区
East Coast
フオン地区
Huon
ホバート
Hobart
主な栽培品種
シラー(Syrah)*、メルロ(Merlot)、カベルネ・ソーヴィニヨン(Cabernet Sauvignon)
シャルドネ(Chardonnay)、セミヨン(Sémillon)、ソーヴィニヨン・ブラン(Sauvignon Blanc)
*現地ではシラーズ(Shiraz)と呼ばれている。
0
200
400
600 km
シドニー
Sydney
メルボルン
Melbourne
世界ランキング(生産量)
5
栽培面積(ha)
149 000
年間生産量(100万ℓ単位)
1 300
黒ブドウと白ブドウの栽培比率
55%
45%
収穫時期
2～3月
ワイン造りの始まり
1788年
貢献した民族
ヨーロッパからの入植者
5 まずは知っておきたい産地
バロッサ・ヴァレー
マレー・ダーリング
ヤラ・ヴァレー
モーニントン・ペニンシュラ
タスマニア

A B C D

ゲアドナー湖
L. Gairdner

ポート・オーガスタ
Port Augusta

ニュー・サウス・ウェールズ州
New South Wales

サザン・フリンダース・レーンジズ地区
Southern Flinders Ranges

ファー・ノース地域
Far North

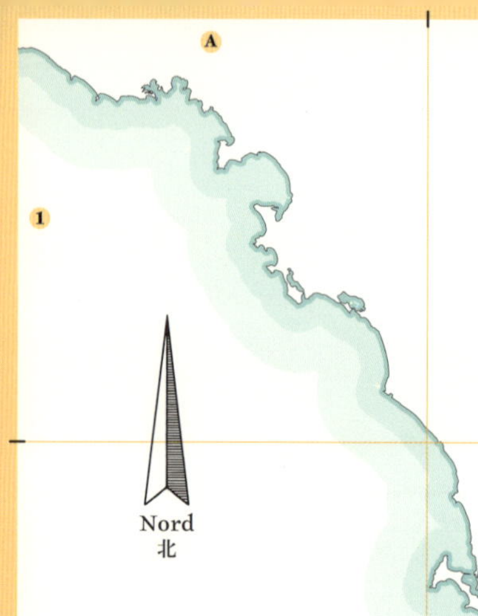

クレア・ヴァレー地区
Clare Valley

ロウアー・マレー地域
Lower Murray

マウント・ロフティー・ランジ地域
Mount Lofty Ranges

バロッサ・ヴァレー地区
Barossa Valley

リヴァーランド地区
Riverland

イーデン・ヴァレー地区
Eden Valley

アデレード・プレインズ地区
Adelaide Plains

グレート・オーストラリア湾
Great Australian Bight

ポート・リンカーン
Port Lincoln

スペンサー湾 / Spenser G.

アデレード
Adelaide

バロッサ地域
Barossa

アデレード・ヒルズ地区
Adelaide Hills

マクラーレン・ヴェール地区
McLaren Vale

ラングホーン・クリーク地区
Longhorne Creek

サザン・フルーイオ地区
Southern Fleurieu

カレンシー・クリーク地区
Currency Creek

カンガルー・アイランド地区
Kangaroo Island

ビクター・ハーバー
Victor Harbor

ヴィクトリア州
Victoria

フルーイオ地域
Fleurieu

0 50 100 km

ライムストーン・コースト地域
Limestone Coast

パッサウェー地区
Padthaway

マウント・ベンソン地区
Mount Benson

ラットンブリー地区
Wrattonbully

ローブ地区
Robe

クナワラ地区
Coonawarra

マウント・ガンビア地区
Mount Gambier

マウント・ガンビア
Mount Gambier

South Australia

南オーストラリア州

この数年で、オーストラリアワインの花形となった産地。

栽培面積（ha）
76,000

黒ブドウと白ブドウの栽培比率

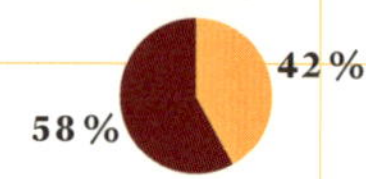

栽培面積はそれほど広くないが、国内生産量の半分を占める第一の産地となっている。アデレード市の貢献により、多くの新世代の生産者が集まり、ワイン研究所が設置され、「リースリング街道」と呼ばれる有名なバロッサ・ヴァレー地区、クレア・ヴァレー地区などでワインツーリズムが促進された。シラーとリースリングという、正反対の特性を持つ黒ブドウ品種と白ブドウ品種が共存する、珍しい産地である。ヨーロッパではシラーは温暖なローヌ地方に集中しており、一方でリースリングは冷涼なライン川流域を好む。サウス・オーストラリア州では日中は焼け付くように暑く、夜は凍えるほど寒くなるため、どちらの品種にも適応できる。フィロキセラの被害を免れたこの地には、世界最古とされるブドウ樹の一部が残っている。

4 まずは知っておきたい地区

- バロッサ・ヴァレー
- クレア・ヴァレー
- クナワラ
- イーデン・ヴァレー

主な栽培品種

- ● シラー（Syrah）*、カベルネ・ソーヴィニヨン（Cabernet Sauvignon）
- ● シャルドネ（Chardonnay）、リースリング（Riesling）、セミヨン（Sémillon）

*現地ではシラーズ（Shiraz）と呼ばれている。

Victoria

ビクトリア州

ピノ・ノワールからシラーまで、発泡性ワインからデザートワインまで、実にバラエティーに富んだワインを産出している。その多様性は世界でも群を抜くほどである。

栽培面積（ha）

23,000

黒ブドウと白ブドウの栽培比率

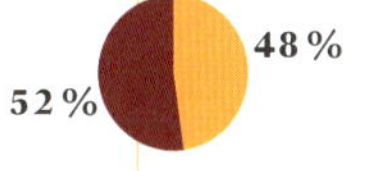

歴史的にオーストラリアワインを代表する産地だったが、フィロキセラの襲来で、1877年に政府がブドウ樹の伐根を命じてから、その勢いは失速した。生産者の数は南オーストラリア州よりも多いが、生産量は3倍も少ない。これは小規模な家族経営のワイナリーが多いことを示している。

主な栽培品種

- ● シラー（Syrah）*、カベルネ・ソーヴィニヨン（Cabernet Sauvignon）、ピノ・ノワール（Pinot Noir）
- ● シャルドネ（Chardonnay）、リースリング（Riesling）

*現地ではシラーズ（Shiraz）と呼ばれている。

5 まずは知っておきたい地区

- ヒースコート
- ラザグレン
- ジロング
- ピレニーズ
- ヤラ・ヴァレー

New South Wales

ニュー・サウス・ウェールズ州

フランスよりも広大なこの州は、多様な土壌と気候に恵まれている。
国内生産量の30%を占める。

栽培面積 (ha)

39,000

黒ブドウと白ブドウの栽培比率

45% 55%

長い間、シラーとシャルドネが君臨してきたが、ベルデホやテンプラニーリョなどの新たな品種の栽培に挑戦する新世代の生産者が増えている。シドニーの北に位置するハンター・ヴァレー地区では間違いなく世界最高級のセミヨンが実る。造り手たちはシドニーの世界的な知名度を活用して、ワインツーリズムを発展させ、世界中から訪れる観光客にテイスティングの場を提供している。

主な栽培品種

- シラー (Syrah)*、カベルネ・ソーヴィニヨン (Cabernet Sauvignon)
- シャルドネ (Chardonnay)、セミヨン (Sémillon)

*現地ではシラーズ (Shiraz) と呼ばれている。

Western Australia
西オーストラリア州

州都のパースが陸の孤島のような場所にあるため、
この地方のワインの輸出はあまり進んでおらず、
主に現地で消費されている。

栽培面積（ha）
9,000

黒ブドウと白ブドウの栽培比率
44％ 56％

シラーが君臨する国で、マーガレット・リヴァー地区がもう1つの黒ブドウの王であるカベルネ・ソーヴィニヨンで名声を確立した。この品種は世界中で栽培されているが、この国の最西端の地に新たな楽園を見出したようである。その土壌の一部は砂利質でボルドー地方左岸の土壌に似ている。この地方の鳥はブドウの実が大好物であるため、生産者は収穫時期になると、貴重な実が奪われないように巨大な網でブドウ樹を守らなければならない。

グレーター・パース地域
Greater Perth
スワン・ディストリクト地区
Swan District
パース／Perth
パース・ヒルズ地区
Perth Hills
ロッキングハム／Rockingham
マンジュラ
Mandurah
ピール地区
Peel
サウスウェスト・オーストラリア地域
South-West Australia
バンバリー
Bunbury
ジオグラッフ地区
Geographe
マーガレット・リヴァー地区
Margaret River
ブラックウッド・ヴァレー地区
Blackwood Valley
マンジマップ地区
Manjimup
ペンバートン地区
Pemberton
グレート・サザン地区
Great Southern
アルバニー
Albany
ルーウィン岬
C.Leeuwin
インド洋／Indian Ocean
Nord
北
0 50 100 km

- カベルネ・ソーヴィニヨン（Cabernet Sauvignon）、シラー（Syrah）*
- シャルドネ（Chardonnay）、ソーヴィニヨン・ブラン（Sauvignon Blanc）

＊現地ではシラーズ（Shiraz）と呼ばれている。

Tasmania
タスマニア州

島のような大陸に属する離島である
タスマニアは、他の地方よりも冷涼で
湿度のある気候となっている。

栽培面積（ha）
1,538

黒ブドウと白ブドウの栽培比率
48％ 52％

元々は発泡性ワインの生産が盛んであったが、スティルワインでも頭角を現し始めている。地球の向こう側から移住してきた若い世代の造り手たちが、素晴らしいピノ・ノワール、シャルドネ、ピノ・グリでこの島ならではの独特な個性を引き出そうと試みている。

バス海峡 Bass Str.
ファーノー諸島
Furneaux Group
ノース地域
North
パイパース・リヴァー
Pipers River
ノース・イースト地区
North East
デボンポート
Devonport
ローンセストン
Launceston
ノース・ウエスト地区
North West
テイマー・ヴァレー地区
Tamar Valley
イースト・コースト地区
East Coast
インド洋
Indian Ocean
イースト・コースト地域
East Coast
コール・リヴァー・ヴァレー地区
Coal River Valley
ダーウェント・ヴァレー地区
Derwent Valley
ホバート／Hobart
サウス地域
South
ポート・アーサー
Port Arthur
ヒューオン・ヴァレー地区
Huon Valley
タスマン海
Tasman Sea
Nord
北
0 50 100 km

- ピノ・ノワール（Pinot noir）、カベルネ・ソーヴィニヨン（Cabernet Sauvignon）
- シャルドネ（Chardonnay）、ソーヴィニヨン・ブラン（Sauvignon Blanc）、ピノ・グリ（Pinot Gris）

Qui fait du vin aujourd'hui?

近現代にワインを造り始めた地域は？

バスク系、イタリア系移民の渡来
immigrants basques et italiens

20世紀は、原産地呼称の概念が発展した時代である。生産者たちはワインの品質がテロワールの特性に密接に関係していることを知った。産地は細かく区分され、地図に明記されている。スウェーデンやベトナムなどの意外な国が、ワイン生産に乗り出しているが、まだ始まったばかりで、ワイン産地と呼べるほどに発展するかわからないため、今の段階ではまだワインの伝統について語ることはできない。

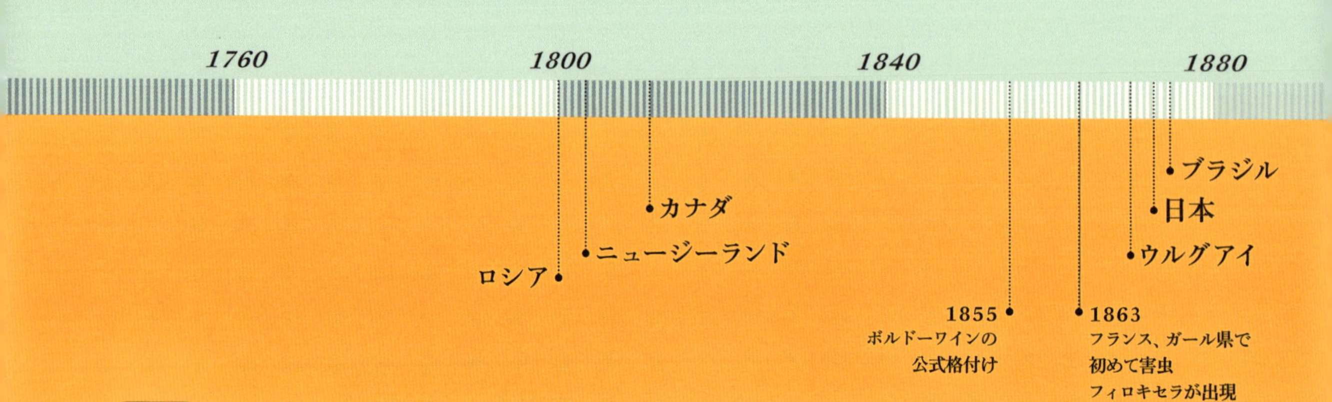

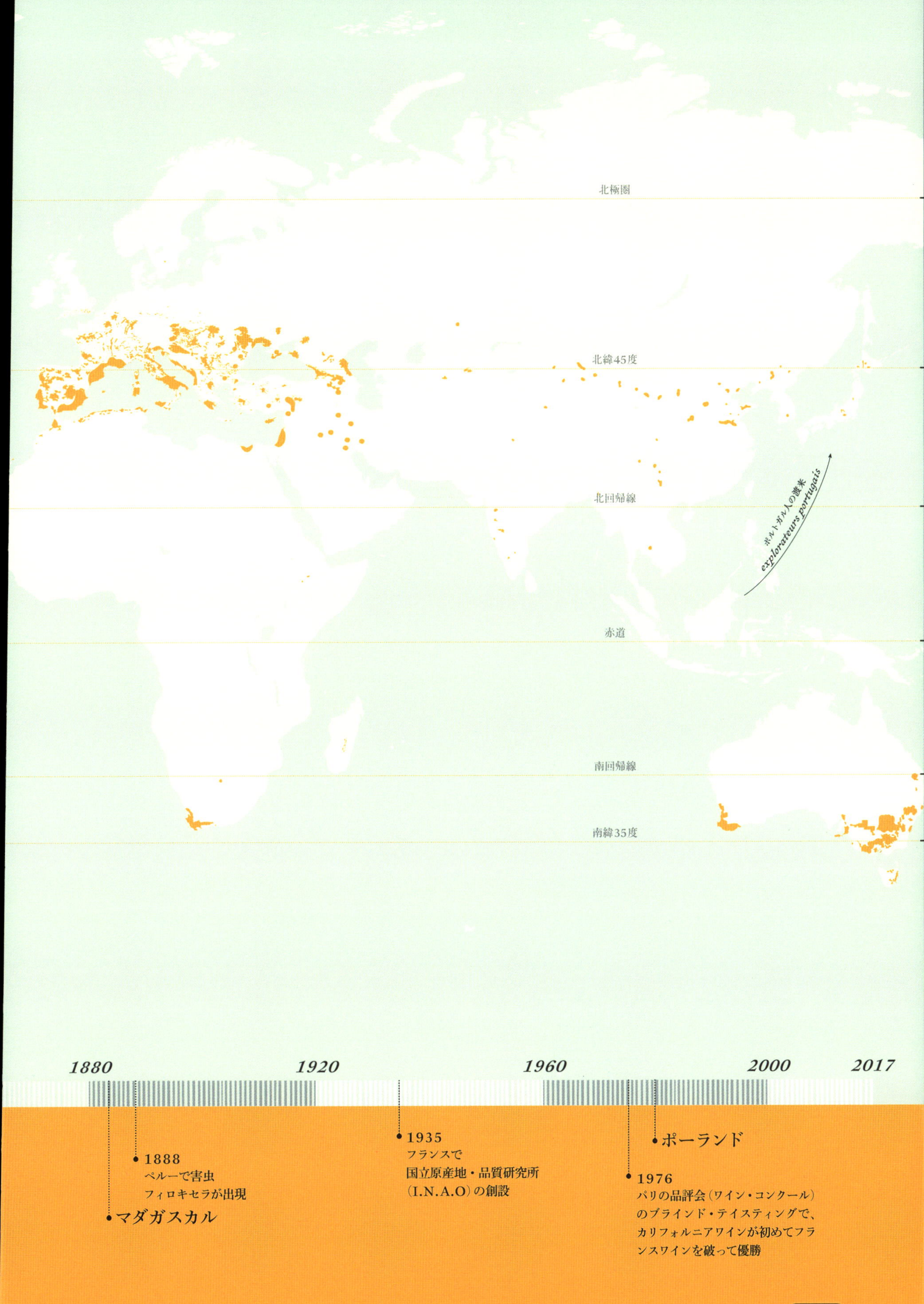

1888
ペルーで害虫
フィロキセラが出現

マダガスカル

1935
フランスで
国立原産地・品質研究所
(I.N.A.O)の創設

ポーランド

1976
パリの品評会(ワイン・コンクール)
のブラインド・テイスティングで、
カリフォルニアワインが初めてフラ
ンスワインを破って優勝

ETHIOPIA

エチオピア

この国の生産者たちは、ニシキヘビやカバから
ブドウを守るために、畑の周りに大きな堀を作らなければならない。
これより良い策はあるだろうか？

歴史

修道院の近くで発見されたブドウ樹から、4世紀にキリスト教が国教として受け入れられた時にワイン造りが始まったと考えられている。1935年、イタリアのムッソリーニがエチオピアに侵攻し、その占領は6年続いた。イタリア人がブドウを植えたが、畑はあまり整備されていなかった。「タッジ」という地酒があり、ホップに似た「ゲショ」という植物と蜂蜜で造られていた。

現代

赤道に近いため、ブドウの成育サイクルが早く、収穫期が年に2回ある。この現象で収穫量は増えるが、ブドウが冬眠に入るのを妨げるため、果実の質が落ちてしまう。2007年にフランスのネゴシアン（卸売商）が進出して以来、エチオピアはアフリカ大陸一のワイン生産国である南アフリカ共和国に近づこうとしている。ただ、畑を所有しているワイナリーは2社のみで、発展への道のりはまだ長い。

**赤道に近い
エチオピアでは、収穫期が
年に2度訪れる**

世界ランキング（生産量）
46

年間生産量（100万ℓ単位）
7

収穫時期
**11～12月
6～7月**

ワイン造りの始まり
300年

貢献した宗教
キリスト教

主な栽培品種

- サンジョヴェーゼ（Sangiovese）、メルロ（Merlot）、シラー（Syrah）
- シュナン・ブラン（Chenin Blanc）、シャルドネ（Chardonnay）、ソーヴィニヨン・ブラン（Sauvignon Blanc）

ジウエイ地域 Ziway

アワッシュ川下地域 Awash

エリトリア Eritoria / スーダン Sudan / ジブチ Djibouti / ソマリア Somalia / ケニア Kenya / 紅海 Red Sea

アディグラト Adigrat / メックエル Mekele / ゴンダール Gondar / タナ湖 L. Tana / バハル・ダール Bahir Dar / 青ナイル川 Blue Nile / デセ／Dese / アッベ湖 L. Abbe / アワッシュ川 Awash / ディレ・ダワ Dire Dawa / ジジガ Jijiga / ハラール Harar / ネジョ／Nejo / アディスアベバ Addis Ababa / デブレ・ゼイト Debre Zeyit / ナズレト Nazret / ネケムテ Nekemte / メトゥ Metu / ギヨン Giyon / ジンマ Jima / ホサイナ Hosaina / ジウエイ Ziway / シャシャメイン Shashemene / アワッサ Awasa / ドドラ Dodola / ゴバ Goba / アコボ川 Akobo / オモ川 Omo / アルバミンチ Arba Minch / ディラ／Dilla / ゴーデ Gode / ジンカ Jinka / アバヤ湖 L. Abaya / キブレメンギスト Kibremengist / ウビ・シェベリ川 Webi Shebeli / チュー・バヒル湖 L. Chew Bahir / ダワ川 Dawa / トゥルカナ湖 L. Turkana

Nord 北

0 150 300 km

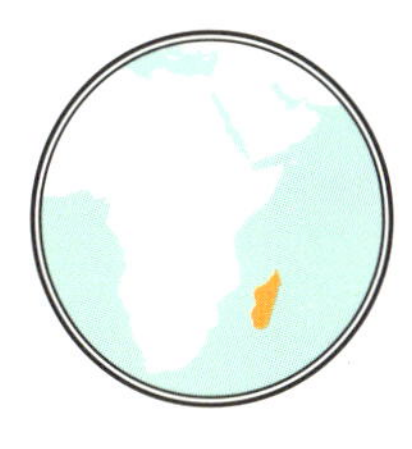

MADAGASCAR

マダガスカル

世界ランキング（生産量）
45

栽培面積（ha）
2,700

年間生産量（100万ℓ単位）
8

収穫時期
1〜3月

ワイン造りの始まり
19 世紀

貢献した民族
フランス人

12月から4月にかけてモンスーンの影響を受ける熱帯性気候下でのブドウ栽培は、驚くべきものであり、また実に興味深い。

歴史

島に初めてブドウ樹が植えられた時期については、いろいろな説がある。アラブ人が海岸沿いに植えたという説もあれば、南アフリカのケープタウンに移住していたプロテスタントの宣教師が植えたという説もある。いずれにせよ、フランス人の植物学者と開拓者が、19世紀に初めてワイン用のブドウ栽培の研究と試行を行ったことは事実である。1971年、スイスの対外協力省とマダガスカル共和国間で、ワイン生産促進のための協定が結ばれた。国営企業のベツィレオ・ブドウ栽培／ワイン醸造所（C.V.V.B）が農家にブドウ栽培を奨励しており、ワイン醸造用に収穫したブドウを買い取ることを保証している。

現代

フランスよりも大きいマダガスカル島では、ブドウ畑はこの国に多く見られる水田と同じように、段々に広がっている。海抜500〜1,500mの地点に集中しているため、平原の厳しい熱帯性気候の影響を受けにくい。ブドウ栽培には適さない気候条件が拡大の可能性を狭めている。さらに、この国ではガラスが製造されておらず、ボトルを輸入しなければならないため、生産者の作業が複雑になり、生産費も跳ね上がる。いろいろな障害はあるが、生産量は50年前から徐々に増え続けている。

フランスよりも大きいマダガスカル島ではブドウ畑は段々状に広がっている

主な栽培品種

- ヴィラール・ノワール（Villard Noir）、シャンブルサン（Chambourcin）、ヴァルセット（Varousset）、プティ・ブーシェ（Petit Bouschet）
- クデール13（Couderc 13）、ヴィラール・ブラン（Villard Blanc）

アンブル岬 Cap d'Ambre
アンツィラナナ Antsiranana
アンバンジャ Ambanja
マハヴァヴィ川 Mahavavy
サンバヴァ Sambava
アンダパ Andapa
モザンビーク海峡 Mozangique Chan.
アンツォヒヒ Antsohihiy
マルアンツェトラ Maroantsetra
マハジャンガ Mahajanga
ソフィア川 Sofia
マナナラ Mananara
キンコニー湖 L. Kinkony
マルブエー Marovoay
マハジャンバ川 Mahajamba
ソアニエラナ・イヴォンゴ Soanierana Ivongo
アラオトラ湖 L. Alaotra
ヴォイビナニー Vohibinany
アンパラファラヴォラ Amparafaravola
トゥアマシナ Toamasina
ツィルアヌマンディディ Tsiroanomandidy
アンタナナリヴ Antananarivo
ミアンドリバズ Miandrivazo
アンタニフォツィ Antanifotsy
マアノロ Mahanoro
ツィリビーナ川 Tsiribihina
アンツィラベ Antsirabe
ヌシ・バリカ Nosy Varika
モロンダバ Morondava
アンバトフィナンドラアナ Ambatofinandrahana
マナンジャリ Mananjary
フィアナランツォア Fianarantsoa
マンゴキ川 Mangoki
アンバラボー Ambalavao
イコンゴ Ikongo
イオトリー湖 L. Ihotry
中央高地 HautesPlateaux
トゥリアラ Toliara
オニラヒ川 Onilahy
バンゲーヌドラヌ Vangaindrano
ベティウキ Betioky
インド洋 Indian Ocean
マンダレー川 Mandare
トラニャロ Tôlanaro
アンブブンベ Ambovombe
アンパニヒ Ampanihy
セントマリー岬 Cape Sainte-Marie
Nord 北
0 100 200 300 km

A
B
C
D
1
2
3
4
5
タンボフ
Tambov
クルスク
Kursk
ヴォロネジ
Voronezh
バラコヴォ
Balakovo
サラトフ
Saratov
ヴォルガ川
Volga
コパール川
Khoper
カムイシン
Kamyshin
ドン川／Don
ヴォルゴグラード
Volgograd
ウクライナ
Ukraine
ヴォルガ川
Volga
ロストフ地域
Rostov
ヴォルゴドンスク
Volgodonsk
ロストフ・ナ・ドヌ地区
Rostov-na-Donu
エリスタ
Elista
アストラハン
Astrakhan
アゾフ海／Sea of Azov
スタヴロポリ地域
Stavropol
クラスノダール
Krasnodar
スタヴロポリ
Stavropol
ダゲスタン地域
Daghestan
ノヴォロシースク
Novorossiysk
クラスノダール地域
Krasnodar
ピャチゴルスク
Pyatigorsk
キズリャル
Kizlyar
ソチ
Sochi
ウラジカフカス
Vladikavkaz
マハチカラ
Makhachkala
黒海／Black Sea
カスピ海／Caspian Sea
デルベント
Derbent
ジョージア
Georgia
トルコ
Turkey
アルメニア
Armenia
アゼルバイジャン
Azerbaijan
モスクワ
Moskva
Nord
北
イラン／Iran
0 50 100 150 200 km
イラク／Iraq
シリア
Syria

ブズルク
Bouzoulouk

RUSSIA

ロシア

カザフスタン
Kazakhstan

ソビエト体制下で荒廃する前は、ツァーリ（皇帝）たちから奨励されていたブドウ畑は、ワインよりもウォッカの消費量が2倍多いこの国で、今も存続しようとしている。

世界ランキング（生産量）
12

栽培面積（ha）
85,000

年間生産量（100万ℓ単位）
520

黒ブドウと白ブドウの栽培比率

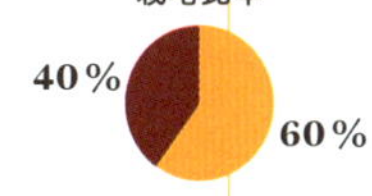

収穫時期
9〜10月

ワイン造りの始まり
18
世紀

歴史

ブドウは数千年前からコーカサス地方で栽培されていたが、ワイン生産が本格的に始まったのは19世紀で、「ロシアンシャンパーニュ」を生んだレフ・ゴリツィン公子の登場からである。アルコール依存症の問題に対処するために、ソビエト社会主義共和国連邦（USSR）はワインの生産と消費を奨励した。1杯のウォッカよりも1杯のワインのほうがまだ良いというのはもっともである。1956年、政府は消費量を抑えるために国産の酒類の価格を引き上げた。朗報はワインの消費量が10年で3倍になったことだ。ただし、残念なことにウォッカの消費量は不動のままである……。何とも豪快な国民だ！

アルコール依存症の問題に対処するためにソビエト連邦（USSR）はワインの生産と消費を奨励した

トルクメニスタン
Turkmenistan

現代

2000年代から、大手ワイナリーがボルドー方式、シャンパーニュ方式の醸造技術を用いて、ワイン産業の発展に取り組んでいる。ブドウ株の数がポルトガルよりも3倍も少ないロシアがなぜ世界ランク12位の生産国になり得たのか？ それはブドウを輸入しているからである！ロシア人は地産地消に特にこだわっておらず、南アフリカ共和国産のブドウから造られるワインは、凡庸なものが多い。

主な栽培品種

- ● カベルネ・ソーヴィニヨン（Cabernet Sauvignon）、メルロ（Merlot）
- ● ルカツィテリ（Rkatsiteli）、アリゴテ（Aligoté）、ミュスカデ（Muscat）、リースリング（Riesling）

CANADA

カナダ

ロッキー山脈と針葉樹林の国で、控えめながらも
斬新なワイン生産が行われている。
その厳しい気候は極甘口のアイスワインの
生産に最適である。

世界ランキング（生産量）
28

栽培面積（ha）
12,000

年間生産量（100万ℓ単位）
70

黒ブドウと白ブドウの栽培比率
35％ / 65％

収穫時期
8〜10月

ワイン造りの始まり
1811年

貢献した民族
ヨーロッパからの入植者

主な栽培品種
- ● カベルネ・フラン（Cabernet Franc）、メルロ（Merlot）、ピノ・ノワール（Pinot Noir）
- ● ヴィダル（Vidal）、シャルドネ（Chardonnay）、リースリング（Riesling）

歴史

クリストファー・コロンブスがアメリカを発見するよりもはるか前の西暦1,000年に、アイスランドのヴァイキングがグリーンランドから現在のカナダの地に漂着した。伝説によると、自生のブドウが豊かに実っていたことから、彼らはこの地を「ヴィンランド」と名付けたという。カナダワインの父と言われているのは、ヨハン・シラーという人物である。ドイツ出身の兵士で靴職人でもあった彼は、1811年にトロント郊外で野生のブドウを手なずけて栽培することに成功した。ワインは専ら近隣の住人に売るために造られた。長くて寒い冬、灼熱の夏をもたらす気候から逃れるために、生産者たちは暑さを和らげ、寒波を押し返す五大湖の周辺に集結している。1988年に調印した米国との自由貿易協定に後押しされ、ヨーロッパ原産品種の栽培、カナダワインの世界進出が促進されている。

現代

カナダ人は昔からワインよりもビールを好む国民で、このことが国産ワインの発展を遅らせている一因となっている。オンタリオ州とブリティッシュ・コロンビア州で、国内生産量の80%を産出している。カナダはアイスワインを今も生産することのできる数少ない国の1つである。これは収穫を氷点下になるまで遅らせて完熟した実を樹上で凍結させ、糖分を濃縮させる製法で造られる極甘口ワインである。この製法はオーストリアやドイツで生まれたものだが、数年前からカナダは世界1位のアイスワイン生産国となっている。

カナダは世界1位のアイスワイン生産国となっている。

オンタリオ州／Ontario

ノバスコシア州／Nova Scotia

ケベック州／Québec

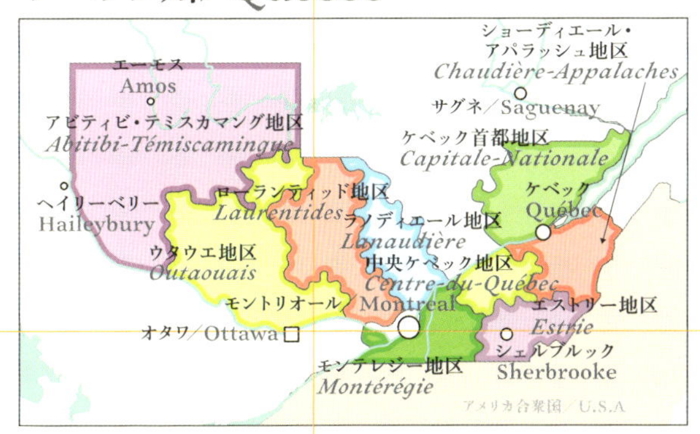

ブリティッシュ・コロンビア州
British Columbia

NEW ZEALAND ニュージーランド

ソーヴィニヨン・ブラン
マールボロ地方
南アルプス山脈
火山性土壌

「オールブラックス」の国はこの20年間でニューワールドワインの至宝となり、総栽培面積の60%近くを占めるソーヴィニヨン・ブランを見事に操る産地となった。

世界ランキング（生産量）
14

栽培面積（ha）
39,000

年間生産量（100万ℓ単位）
310

黒ブドウと白ブドウの栽培比率

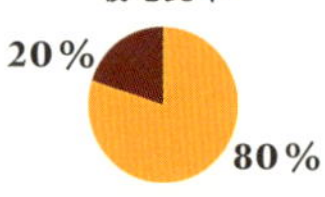

収穫時期

2〜3月

ワイン造りの始まり
1819年

貢献した民族
イギリス人

歴史

ヨーロッパより遠く離れたニュージーランドは、人類が地球上で最後に発見した土地の1つである。13世紀にはマオリ族に占有されていたが、1840年にイギリス人により植民地化された。ワインの歴史は国家の歴史と同じぐらい浅い。フランス人のジャン=バティスト・ポンパリエ、イギリス人のジェームズ・バズビー（そう、あのオーストラリアワインを発展させた人物）が、この地のワイン産業の開拓者となり、19世紀にその専門知識を農家へ伝授していった。第二次世界大戦後、大規模なプランテーション計画が実施された。ワイン産業が最も急速に発展した国は中国であるが、2番手はニュージーランドである。そのワインは世界の至る所で名声を博し、ラグビーに次ぐ国の誇りとなっている。

ワインの歴史も国家の歴史も浅い国

主な栽培品種

- ● ピノ・ノワール（Pinot Noir）、メルロ（Merlot）、シラー（Syrah）
- ● ソーヴィニヨン・ブラン（Sauvignon Blanc）、ピノ・グリ（Pinot Gris）、シャルドネ（Chardonnay）、リースリング（Riesling）

現代

ワイン産地を知るためには、この国を構成する2つの島を区別して考える必要がある。より赤道に近い北島では、カベルネ・ソーヴィニヨン、メルロ、シャルドネが見事な完熟度に達する。南島はソーヴィニヨン・ブランとピノ・ノワールが極上の実をつける豊饒の地である。この島を縦断するように南アルプス山脈（ヨーロッパのものとは別もの）が伸びており、西からの湿った空気から守られた東側にブドウ畑が集中している。ここでは起伏の多い地形を経過することで和らぐ海風の作用で、爽快かつ淡麗な白ワインが生まれる。土壌と気候の多様性に造り手のインスピレーションが加わり、実に幅広い品種が栽培されている。マールボロ地方はソーヴィニヨン・ブランを、ホークス・ベイ地方はシラーを、セントラル・オタゴ地方はピノ・ノワールを、ワイパラ・ヴァレー地方はリースリングを、ギスボーン地方はシャルドネを昇華させるテロワールを備えている。ニュージーランドは国際市場への扉を開いた大手ワイナリーの貢献で名声を得たが、そのワイン産業は、ブドウに対する知識を深めることに専心する、数多くの家族経営の醸造元によって支えられている。

爽快さと淡麗さが際立つニュージーランドワイン

E F G H

1 2 3 4 5

マールボロ
セントラル・オタゴ
ホークス・ベイ
ギスボーン
ワイパラ・ヴァレー

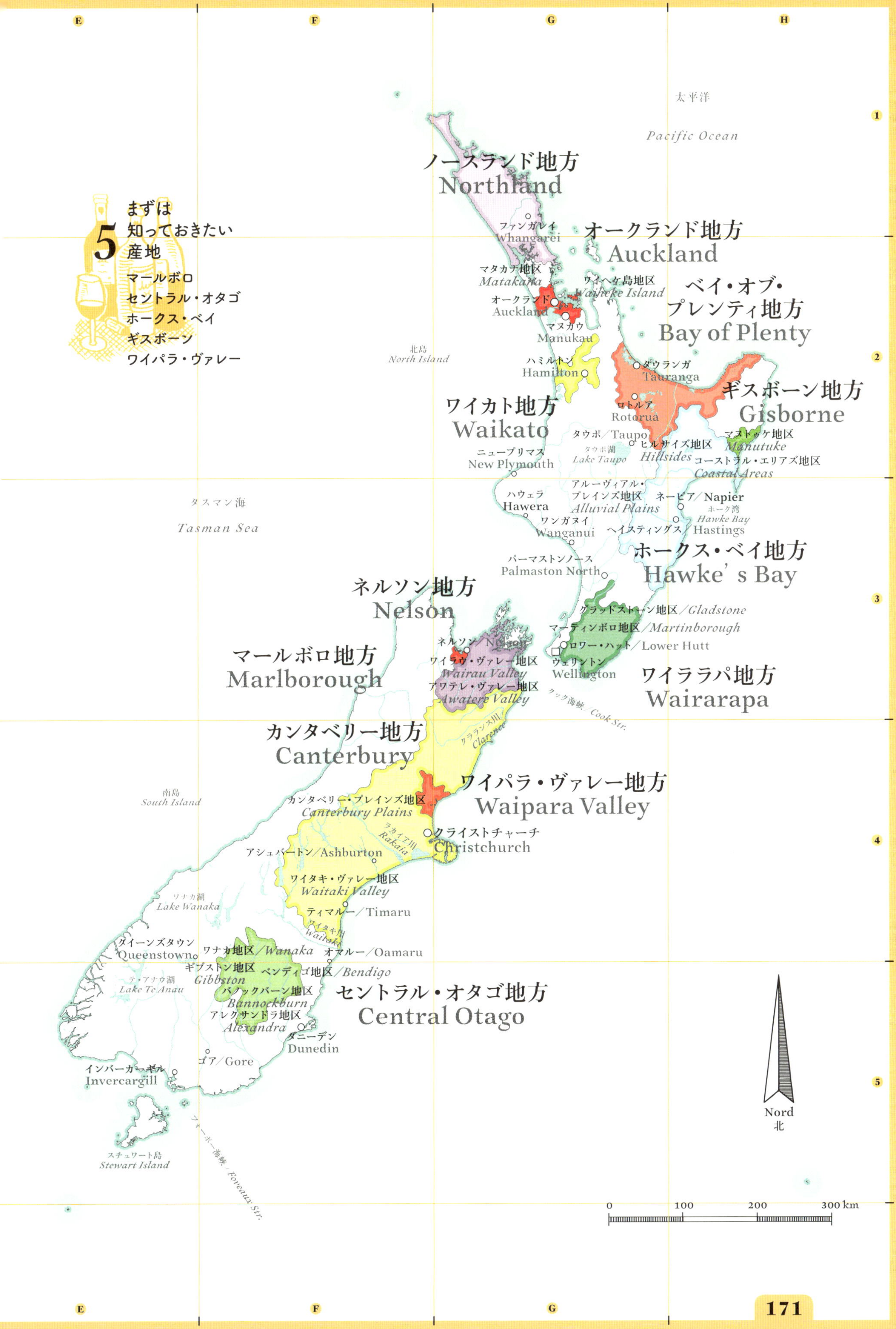

太平洋
Pacific Ocean

ノースランド地方
Northland

ファンガレイ
Whangarei

オークランド地方
Auckland

マタカナ地区
Matakana

ワイヘケ島地区
Waiheke Island

オークランド
Auckland

マヌカウ
Manukau

ベイ・オブ・プレンティ地方
Bay of Plenty

北島
North Island

ハミルトン
Hamilton

タウランガ
Tauranga

ロトルア
Rotorua

ギスボーン地方
Gisborne

ワイカト地方
Waikato

タウポ／Taupo

タウポ湖
Lake Taupo

ヒルサイズ地区
Hillsides

マヌトゥケ地区
Manutuke

コーストラル・エリアズ地区
Coastal Areas

ニュープリマス
New Plymouth

アルーヴィアル・プレインズ地区
Alluvial Plains

ネーピア／Napier

ホーク湾
Hawke Bay

ハウェラ
Hawera

ワンガヌイ
Wanganui

ヘイスティングス／Hastings

タスマン海
Tasman Sea

ホークス・ベイ地方
Hawke' s Bay

パーマストンノース
Palmaston North

ネルソン地方
Nelson

グラッドストーン地区／Gladstone

マーティンボロ地区／Martinborough

ロワー・ハット／Lower Hutt

ネルソン／Nelson

マールボロ地方
Marlborough

ワイラウ・ヴァレー地区
Wairau Valley

ウェリントン
Wellington

アワテレ・ヴァレー地区
Awatere Valley

ワイララパ地方
Wairarapa

クック海峡／Cook Str.

カンタベリー地方
Canterbury

クラランス川
Clarence

ワイパラ・ヴァレー地方
Waipara Valley

南島
South Island

カンタベリー・プレインズ地区
Canterbury Plains

ラカイア川
Rakaia

クライストチャーチ
Christchurch

アシュバートン／Ashburton

ワイタキ・ヴァレー地区
Waitaki Valley

ワナカ湖
Lake Wanaka

ティマルー／Timaru

ワイタキ川
Waitaki

クイーンズタウン
Queenstown

ワナカ地区／Wanaka

オマルー／Oamaru

ギブストン地区
Gibbston

ベンディゴ地区／Bendigo

テ・アナウ湖
Lake Te Anau

バノックバーン地区
Bannockburn

セントラル・オタゴ地方
Central Otago

アレクサンドラ地区
Alexandra

ダニーデン
Dunedin

ゴア／Gore

インバーカーギル
Invercargill

Nord
北

スチュワート島
Stewart Island

フォーボー海峡／Foveaux Str.

0 100 200 300 km

ブラジル
Brazil
クアレイム川
Cuareim
アルティガス／Artigas
アルティガス地区
Artigas
サルトグランデ・ダム
Salto Grande Dam
リベラ／Rivera
サルト地区
Salto
リベラ地区
Rivera
アラペイ・グランデ川
Arapey Grande
サルト／Salto
北内陸地域
North Inland
タクアレンボ
Tacuarembó
ウルグアイ川
Uruguay
タクアレンボ地区
Tacuarembó
パイサンドゥー地区
Paysandú
ケグアイ・グランデ川
Queguay Grande
ネグロ川
Negro
パイサンドゥー
Paysandú
メロ／Melo
ジャグアロン川
Yaguarón
パソ・デル・パルマール湖
Paso del Palmar
リンコン・デル・ボルデ湖
Rincón del Bonete Lake
タクアリ川
Tacuarí
ミリン湖
Lagoa Mirim
フレイ・ベントス
Fray Bentos
ドゥラスノ地区
Durazno
中央地域
Central
トレインタ・イ・トレス
Treinta y Tres
ネグロ川
Negro
メルセデス
Mercedes
ドゥラスノ
Durazno
トリニダ
Trinidad
リオ・ネグロ地区
Río Negro
ソリアノ地区
Soriano
リオ・デ・ラ・プラタ地域
Río de la Plata
セボリャティ川
Cebollatí
フロリダ
Florida
コロニア地区
Colonia
サン・ホセ地区
San José
フロリダ地区
Florida
ラバジェハ地区
Lavalleja
コロニア
Colonia
サン・ホセ
San José
カネローネス
Canelones
カネローネス地区
Canelones
ミナス
Minas
ロチャ地区
Rocha
マルドナド地区
Maldonado
ロチャ
Rocha
Nord
北
ラス・ピエドラス
Las Piedras
パンド
Pando
サン・カルロス
San Carlos
モンテビデオ
Montevideo
マルドナド
Maldonado
アルゼンチン
Argentina
大西洋
Atlantic Ocean
0 50 100 150 km

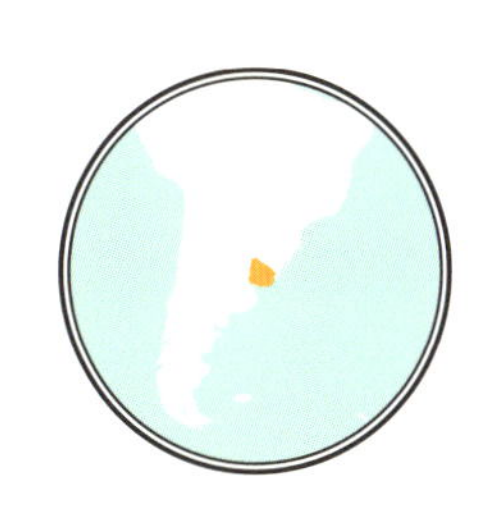

URUGUAY

ウルグアイ

チリ、アルゼンチン、南アフリカ共和国、オーストラリアとほぼ同じ緯度にあるウルグアイは、ニューワールドの恐るべきアウトサイダーというべき存在である。

歴史

ブドウ樹は16世紀に、スペインのコンキスタドールの手によって初めてこの地にもたらされた。しかし本格的なブドウ園が誕生したのは、1870年にバスク地方の人々が移住し始めた時からである。

ピレネー地方から ウルグアイへ渡り 第2の春を迎えたタナ種

彼らの荷物の中には、数十年後にウルグアイワインの顔となるタナ種が詰められていた。ピレネー地方原産で、ブレンドワインのみに使用されていたこの黒ブドウ品種が、大西洋の向こう側で確かな名声を得るようになると誰が予想できただろうか。1990年以降、同国のワイン産業は品質第一の理念のもとに大躍進している。

5 まずは知っておきたい産地

カネローネス
モンテヴィデオ
コロニア
サン・ホセ
マルドナド

現代

生産量が限られているだけでなく、良質なものを好む同胞の間で人気なこともあり、国境を越えるボトルは非常に少ない。輸出量は全生産量の5%に過ぎない。19県あるうちの15県がワインを生産しているが、カネローネス県のみで国内生産量の60%を占める。ニューワールドの多くのワイン生産国と同様に、ウルグアイにもその赤ワインを象徴する品種が存在する。それはタナ種であり、主要生産国の典型的なスタイルと競合することのない、独特な個性を備えたワインを生む。後はあらゆる好みに対応できる白ブドウ品種を見出すだけである。シャルドネが考えられるが、定番過ぎるし、すでに世界中で栽培されている。トロンテスはどうだろうか？だが、すでにお隣のアルゼンチンで広く普及している。アルバリーニョも悪くないのでは？ 実際に最近の研究で、このスペイン北西部原産の品種が、ウルグアイ南部の地に良く適応することが確認されている。今後の展開に注目したい。

輸出量は全生産量のわずか5%

主な栽培品種

- ● タナ(Tannat)、カベルネ・ソーヴィニヨン(Cabernet Sauvignon)、メルロ(Merlot)
- ● ユニ・ブラン(Ugni Blanc)、シャルドネ(Chardonnay)、ソーヴィニヨン・ブラン(Sauvignon Blanc)

世界ランキング(生産量)
26

栽培面積(ha)
9,000

年間生産量(100万ℓ単位)
100

黒ブドウと白ブドウの栽培比率

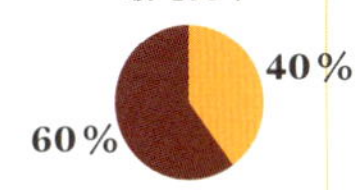

収穫時期
2〜3月

ワイン造りの始まり
1870年

貢献した民族
スペイン人

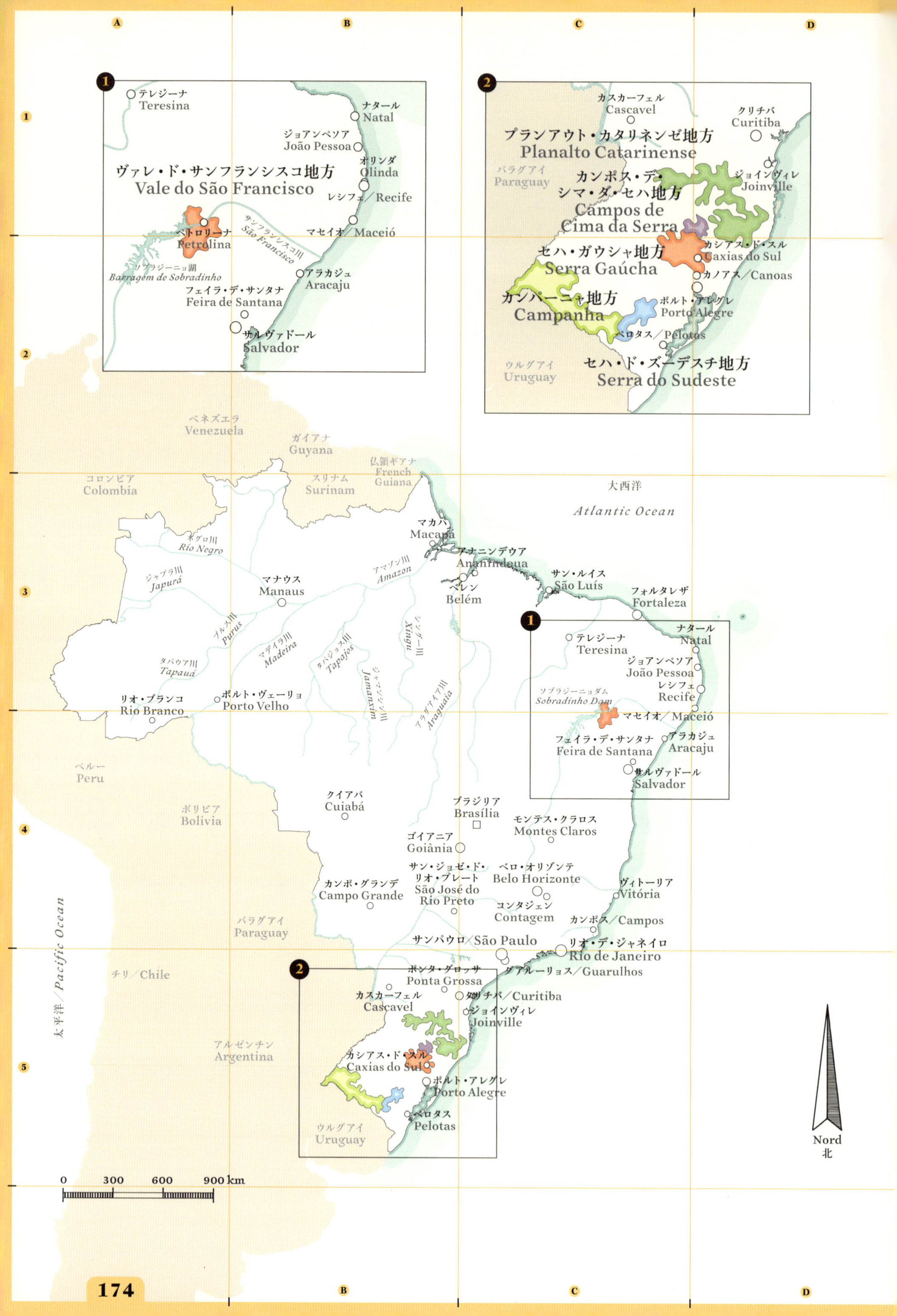
ヴァレ・ド・サンフランシスコ地方
Vale do São Francisco
テレジーナ
Teresina
ナタール
Natal
ジョアンペソア
João Pessoa
オリンダ
Olinda
レシフェ／Recife
マセイオ／Maceió
ペトロリーナ
Petrolina
サンフランシスコ川
São Francisco
ソブラジーニョ湖
Barragem de Sobradinho
アラカジュ
Aracaju
フェイラ・デ・サンタナ
Feira de Santana
サルヴァドール
Salvador
カスカーフェル
Cascavel
クリチバ
Curitiba
プランアウト・カタリネンゼ地方
Planalto Catarinense
パラグアイ
Paraguay
カンポス・デ・シマ・ダ・セハ地方
Campos de Cima da Serra
ジョインヴィレ
Joinville
セハ・ガウシャ地方
Serra Gaúcha
カシアス・ド・スル
Caxias do Sul
カノアス／Canoas
カンパーニャ地方
Campanha
ポルト・アレグレ
Porto Alegre
ペロタス／Pelotas
ウルグアイ
Uruguay
セハ・ド・ズーデスチ地方
Serra do Sudeste
ベネズエラ
Venezuela
ガイアナ
Guyana
スリナム
Surinam
仏領ギアナ
French Guiana
コロンビア
Colombia
大西洋
Atlantic Ocean
マカパ
Macapá
ネグロ川
Río Negro
アナニンデウア
Ananindeua
サン・ルイス
São Luís
ジャプラ川
Japurá
マナウス
Manaus
アマゾン川
Amazon
ベレン
Belém
フォルタレザ
Fortaleza
プルス川
Purus
マデイラ川
Madeira
タパジョス川
Tapajos
シングー川
Xingu
タパウア川
Tapauá
ジャマンシン川
Jamanxim
アラグアイア川
Araguaia
リオ・ブランコ
Rio Branco
ポルト・ヴェーリョ
Porto Velho
ソブラジーニョダム
Sobradinho Dam
ペルー
Peru
クイアバ
Cuiabá
ブラジリア
Brasília
ボリビア
Bolivia
モンテス・クラロス
Montes Claros
ゴイアニア
Goiânia
サン・ジョゼ・ド・リオ・プレート
São José do Rio Preto
ベロ・オリゾンテ
Belo Horizonte
カンポ・グランデ
Campo Grande
ヴィトーリア
Vitória
コンタジェン
Contagem
パラグアイ
Paraguay
カンポス／Campos
サンパウロ／São Paulo
リオ・デ・ジャネイロ
Rio de Janeiro
チリ／Chile
ポンタ・グロッサ
Ponta Grossa
グアルーリョス／Guarulhos
クリチバ／Curitiba
太平洋／Pacific Ocean
アルゼンチン
Argentina
Nord
北
0 300 600 900 km
A B C D
1 2 3 4 5

原産地表示
エスプマンテ
ヴァレ・ドス・ヴィニェドス地区
サウージ！

BRAZIL
ブラジル

南アメリカ第3位の生産量を誇るブラジルは、最も新しいワイン生産国でもある。
ブドウ畑は熱帯性気候の北部、大陸性気候の南部の2地域に広がっているが、
このように極端に異なる2タイプの気候のもとでブドウが栽培されている国は、
世界でこのブラジルのみである。

世界ランキング（生産量）
23

栽培面積（ha）
86,000

年間生産量（100万ℓ単位）
130

黒ブドウと白ブドウの栽培比率

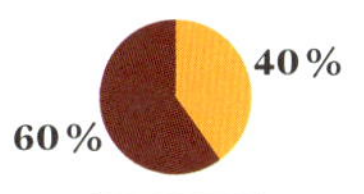

収穫時期
2〜3月

ワイン造りの始まり
1875年

貢献した民族
イタリア人

歴史

19世紀末に、アメリカ品種であるイザベルの栽培が始まり、畑が拡大した。質よりも収量が良いことで知られるこの品種に加え、イタリア人移住者の到来以降、ヨーロッパ品種も栽培されるようになった。移住者はヴァレ・ドス・ヴィニェドス地区に定着し、一面をブドウ樹で覆い、故郷のイタリアを思わせる建物を築いた。20世紀の初め、この地域は数カ月に及ぶ旱魃に見舞われた。その時、どうしても教会を建てなければならなかったが、セメントを

南半球で最も優れた発泡性ワインを産出する国ブラジル

作るための水が不足していた。そこで、住民たちは躊躇うことなく、水の代わりにワインを使った。キリスト教にワインが欠かせないことは周知のことであり、ブラジル人はその確かな証を築いたと言えるだろう。

現代

リオ・デ・ジャネイロでブラジルワインを注文すると驚くかもしれない。国産ワインの存在を知っているブラジル人がほとんどいないからだ。広大な国土、州ごとに課される不条理な税金が国産ワインの流通を妨げている。ブラジルワインを買うなら、ブラジリアよりもマイアミのほうが安い。セハ・ガウシャ地方が国内生産量の60％を占め、上質なワインのほぼ全てがこの地方で造られている。
輸出量は全生産量の1％に満たないが、発泡性のエスプマンテへの注目が高まっており、ブラジルは南半球で最良の発泡性ワインを産出する国となっている。現在、ヨーロッパの品種であるヴィティス・ヴィニヘラ種の栽培面積はまだ全体の10％に過ぎないため、今後の発展が大いに期待できる。北部では非常に新しいヴァレ・ド・サンフランシスコ地区の畑が、熱帯性気候の砂漠性地帯にある。四季はないが、晴れの日が年間300日もあり、高度な灌漑設備が整っているため、年に2度の収穫が可能となっている。

主な栽培品種

- ● イザベル（Isabelle）、カベルネ・ソーヴィニヨン（Cabernet Sauvignon）、メルロ（Merlot）
- ● シャルドネ（Chardonnay）、ナイアガラ（Niagara）、ミュスカデ（Muscat）

JAPAN

日本

ワインは富裕層の間でトレンドとなったが、
この日本酒の国では、生産規模はまだ控えめと言えるだろう。

世界ランキング（生産量）
27

栽培面積（ha）
18,000

年間生産量（100万ℓ単位）
86

黒ブドウと白ブドウの栽培比率

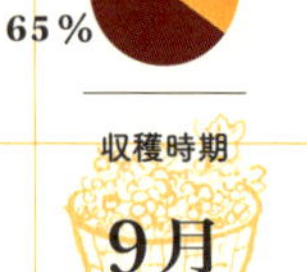

収穫時期
9月

ワイン造りの始まり
1874年

貢献した民族
ポルトガル人

歴史

シルクロードより渡ってきたブドウは仏教徒によって栽培されたが、ワインが造られることはなかった。大航海者、ポルトガルの宣教師が16世紀半ばにこの島に辿り着き、大名にワインを献上した。川上善兵衛（1868〜1944）は「日本のワインぶどうの父」と称される人物で、近代日本で初めてブドウ品種の交雑研究に取り組み、日本を代表する黒ブドウ品種、マスカット・ベーリーAを生み出した。白ワインを象徴する品種は、中国原産と思われる甲州である。1970年代に酒類の輸入が自由化されたことにより、日本人は国産ワインよりも先に世界中のワインを賞味できるようになった。

ブドウを植えたのは仏教徒だが、ワインを造ることはなかった

現代

産地は北海道と本州に集中している。最良のテロワールは東京の南西にある富士山麓の火山性土壌である。市場は国内生産量の80%を占める5企業にほぼ独占されており、ワインの大半は南アメリカから輸入したブドウ液をベースに醸造されている。そのため、真の「日本ワイン」と「日本で醸造されたワイン」を区別することが重要であるが、これまでは外国産のブドウ液を使用して国内で醸造したワインも、エチケットに国産ワインと表示できると法で定められていたため、区別が難しかった（2018年10月30日からは日本ワインと表示できなくなる）。ヨーロッパ品種を導入する傾向に流されず、その栽培面積は全体の5%以下であるが、それでもヨーロッパ品種による興味深いワインが生まれている。日本では酒類の広告宣伝が法で規制されていないため、ワインの宣伝を目にすることが多い。

主な栽培品種

● メルロ（Merlot）、マスカット・ベーリーA（Muscat Bailey A）

● 甲州（Koshu）、ミュラー・トゥルガウ（Müller-Thurgau）、シャルドネ（Chardonnay）

土着品種

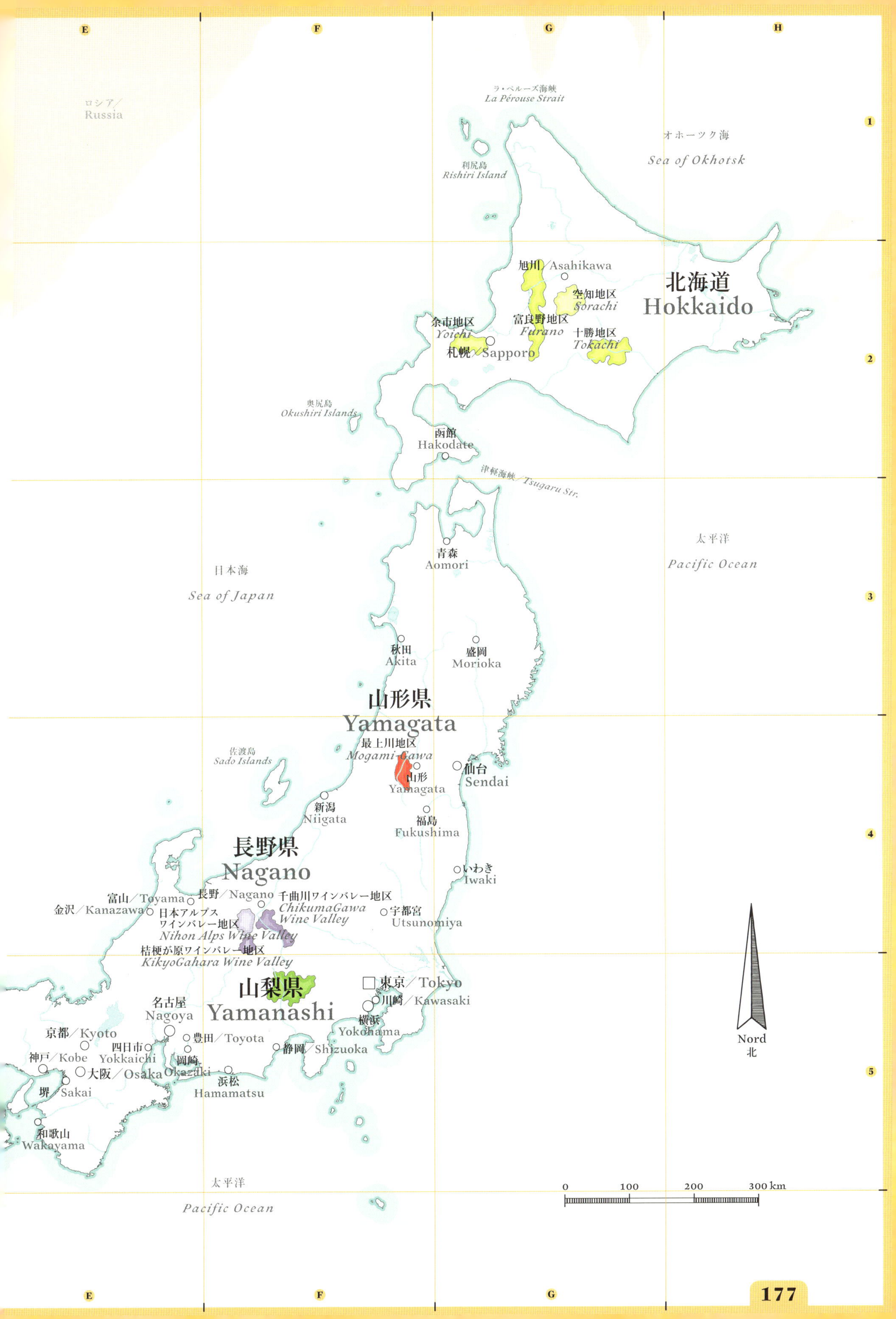

ロシア／Russia
ラ・ペルーズ海峡
La Pérouse Strait
利尻島
Rishiri Island
オホーツク海
Sea of Okhotsk
旭川／Asahikawa
北海道
Hokkaido
空知地区
Sorachi
富良野地区
Furano
余市地区
Yoichi
十勝地区
Tokachi
札幌／Sapporo
奥尻島
Okushiri Islands
函館
Hakodate
津軽海峡／Tsugaru Str.
青森
Aomori
太平洋
Pacific Ocean
日本海
Sea of Japan
秋田
Akita
盛岡
Morioka
山形県
Yamagata
最上川地区
Mogami-Gawa
佐渡島
Sado Islands
山形
Yamagata
仙台
Sendai
新潟
Niigata
福島
Fukushima
長野県
Nagano
いわき
Iwaki
富山／Toyama
長野／Nagano
千曲川ワインバレー地区
ChikumaGawa Wine Valley
金沢／Kanazawa
日本アルプス
ワインバレー地区
Nihon Alps Wine Valley
宇都宮
Utsunomiya
桔梗が原ワインバレー地区
KikyoGahara Wine Valley
山梨県
Yamanashi
東京／Tokyo
川崎／Kawasaki
名古屋
Nagoya
横浜
Yokohama
京都／Kyoto
四日市
Yokkaichi
豊田／Toyota
静岡／Shizuoka
神戸／Kobe
岡崎
Okazaki
大阪／Osaka
浜松
Hamamatsu
堺／Sakai
和歌山
Wakayama
Nord
北
太平洋
Pacific Ocean
0 100 200 300 km

POLAND

ポーランド

ウォッカの産地として有名だが、
控えめながらも決然たるスタートを切った
ワイン産業。

歴史

現在残っている文書や考古学調査で、ブドウ栽培が10世紀に、キリスト教の伝播とともに始まったことが分かっているが、その規模は慎ましいものだった。この国で本格的に畑が拡大したのは現代になってからである。ベルリンの壁崩壊以降、世界への門戸が開かれ、さらに2004年のEU加盟が契機となり、ワイン生産が復活した。2008年、ポーランドの議会はブドウ栽培者の職業を公認し、各自で栽培したブドウでワインを醸造し、販売することを許可する法案を可決した。

**2004年の
EU加盟以降、
ワイン産業が復活した**

現代

ワイン産地の大部分は中央ヨーロッパを横断する山岳地帯、カルパチア山脈の麓に分布している。現代のブドウ栽培、ワイン醸造の父はロマン・ミスリウィエクである。厳しい冬に耐え、太陽の光を最大限に吸収できるように、ブドウ樹はコンクリートの柱を支えとして、地面から1.5mの高さまで伸びるように仕立てられている。ビールやウォッカが好まれるポーランドでは、ワインの1人当たりの年間消費量が5.5ℓと少なく、ワイン消費量がヨーロッパ一少ない国となっている。黒ブドウ品種の成熟を促す地球温暖化、国民の購買力の向上が、ワイン新興国の未来を握る二大ファクターとなっている。国産ワインが国内市場に止まるか、輸出に適した良質な特産品となるか、今後の展望を追う必要がある。

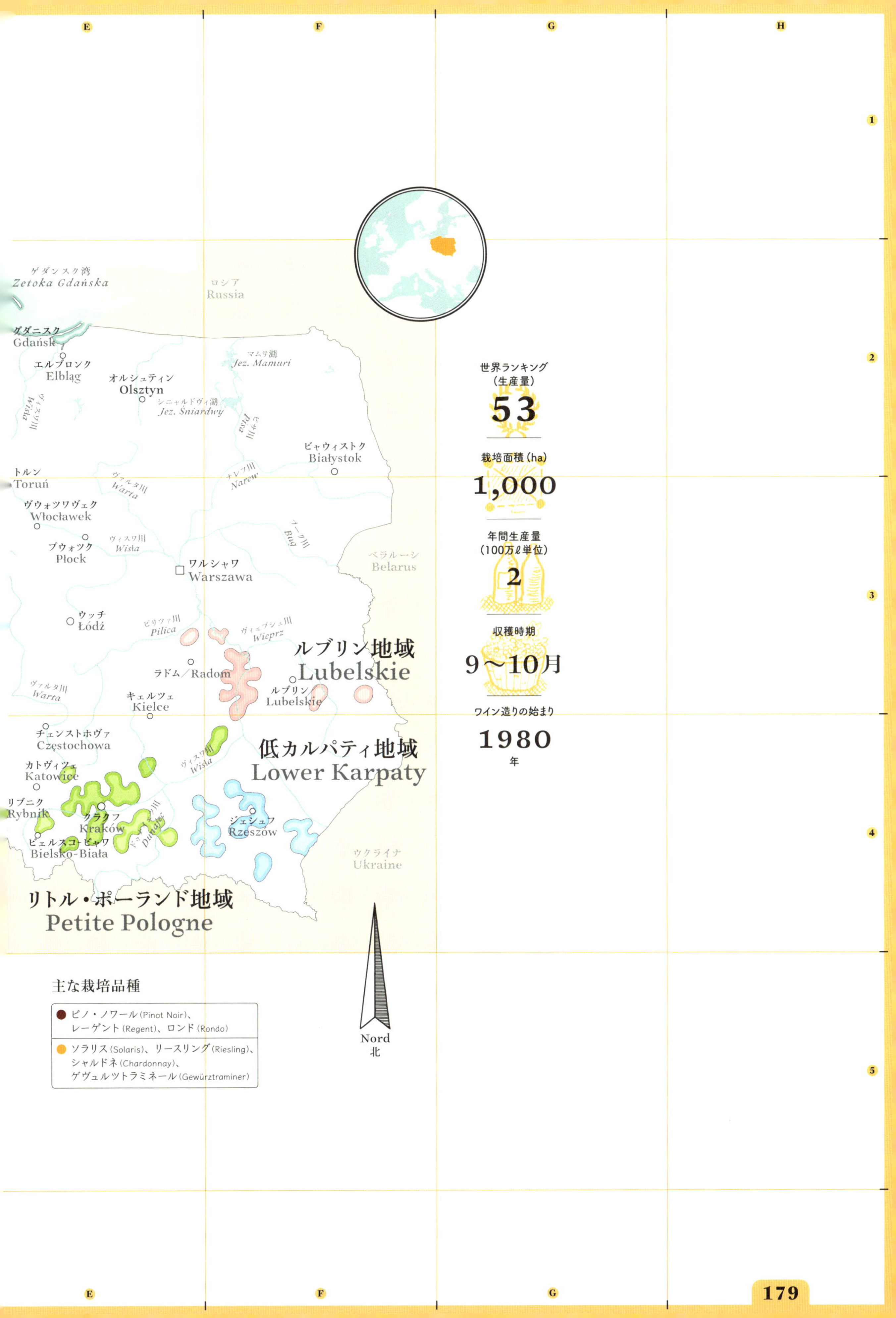
E
F
G
H
1
2
3
4
5
ゲダンスク湾
Zetoka Gdańska
ロシア
Russia
グダニスク
Gdańsk
エルブロンク
Elbląg
オルシュティン
Olsztyn
マムリ湖
Jez. Mamuri
シニャルドヴィ湖
Jez. Śniardwy
ヴィスワ川
Wisła
ビャウィストク
Białystok
トルン
Toruń
ヴァルタ川
Warta
ナレフ川
Narew
ヴウォツワヴェク
Włocławek
ブウォツク
Płock
ヴィスワ川
Wisła
ブーク川
Bug
ワルシャワ
Warszawa
ベラルーシ
Belarus
ウッチ
Łódź
ピリツァ川
Pilica
ヴィエプシュ川
Wieprz
ルブリン地域
Lubelskie
ラドム／Radom
ルブリン／Lubelskie
ヴァルタ川
Warta
キェルツェ
Kielce
チェンストホヴァ
Częstochowa
低カルパティ地域
Lower Karpaty
カトヴィツェ
Katowice
ヴィスワ川
Wisła
リブニク
Rybnik
クラクフ
Kraków
ジェシュフ
Rzeszów
ビェルスコ-ビャワ
Bielsko-Biała
ウクライナ
Ukraine
リトル・ポーランド地域
Petite Pologne
Nord
北
世界ランキング
（生産量）
53
栽培面積（ha）
1,000
年間生産量
（100万ℓ単位）
2
収穫時期
9〜10月
ワイン造りの始まり
1980
年
主な栽培品種
ピノ・ノワール（Pinot Noir）、レーゲント（Regent）、ロンド（Rondo）
ソラリス（Solaris）、リースリング（Riesling）、シャルドネ（Chardonnay）、ゲヴュルツトラミネール（Gewürztraminer）

La scène des outsiders

新規参入国の状況

若く、逞しく、エネルギッシュな新規参入国は自国のワインを造るために、厳しい自然の試練に挑む覚悟ができている。まだワイン産地と分類するほどの地域が存在せず、生産も試験的な段階であるため、地図で示すことは難しいが、果敢に挑戦する国々に触れないわけにはいかない。

Sweden スウェーデン

これほど寒い国でどうしてワイン造りが可能なのか？ それは太陽の恵みがあるからだ！ 北極に近い緯度に位置しているため、ヨーロッパの他の国々よりも日が長い時期がある。夏の間、フランスよりも2時間長い昼間の日光を浴びて、ブドウが完熟する。ワインの生産はまだまだ試験的なもので、慎重を要する。毎年11月に来る寒波が、わずか数十haの畑を脅かしている。

Paraguay パラグアイ

南米の他の生産国よりもやや影が薄い。近隣のアルゼンチンやチリのワインがニューワールドワインのスターになっている一方で、パラグアイは南米のワイン産業の勢いに乗り切れずにいる。この大陸のワイン生産国のなかでは海に面していない国であり、より優れたテロワールが集中するアンデス山脈からも離れていることを強調しておくべきだろう。

Zimbabwe ジンバブエ

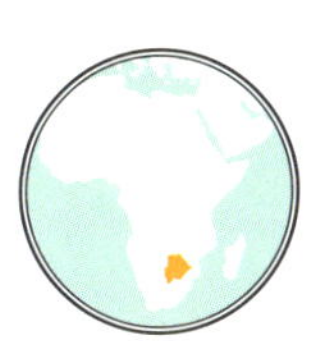

アフリカ大陸の他の国々と同様、ジンバブエのブドウ畑は、1980年の独立とともに復活した。サブサハラ地域の複雑な気候のもと、ブドウ樹は灼熱の平野よりも好条件を備えた標高1,500mの地帯に張り付いている。生産費の問題で、一部の生産者は1ℓ容量の紙パックにワインを詰めて販売せざるを得ないという状況にある。

Thailand タイ

ブドウ樹は17世紀にフランス人によって持ち込まれたが、起業家がこの国のワイン産業に投資し始めたのは第二次世界大戦後である。1995年から、総栽培面積は300haとなり、10ほどの生産者が栽培と醸造を行っている。東南アジアで最も勢いのある産地で、富裕層のワインへの関心の高まりが、地元生産者にとって大きな好機となっている。

Tahiti タヒチ

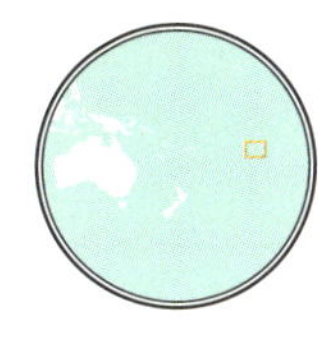

太平洋の果てにある島の一つで仏領ポリネシアに属するが、フランスとは国籍以外の共通点はない。現在、ワインを造っているのは1生産者のみ。大陸から最も離れた地で生み出されるワインである。コルク栓を手に入れるためにどれだけの旅が必要か、想像できるだろう。

Kazakhstan カザフスタン

ほとんど無名だが、無視できない規模の畑が広がっている。総栽培面積は13,000haでカナダを上回る。夏に灼熱の暑さになるため、生産者は甘口のデザートワインの生産に力を注いでいる。

Republic of Korea
韓国

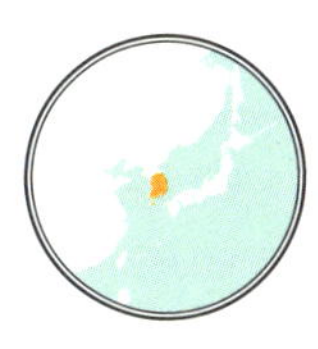

生産量は微々たるものだが、韓国人は美味しいものが好きな国民であり、毎年3,000万ℓ以上もの外国産ワインを輸入している。総栽培面積は20haほどで、ブルゴーニュ地方の1ドメーヌに相当する規模に過ぎない。

Répartition de la production mondiale

世界のワイン生産量（国別構成比）

*60*以上の国で*1*秒間に合計約*800ℓ*のワインが生産されているが、
上位*3*国のみで世界総生産量の半分を占める。

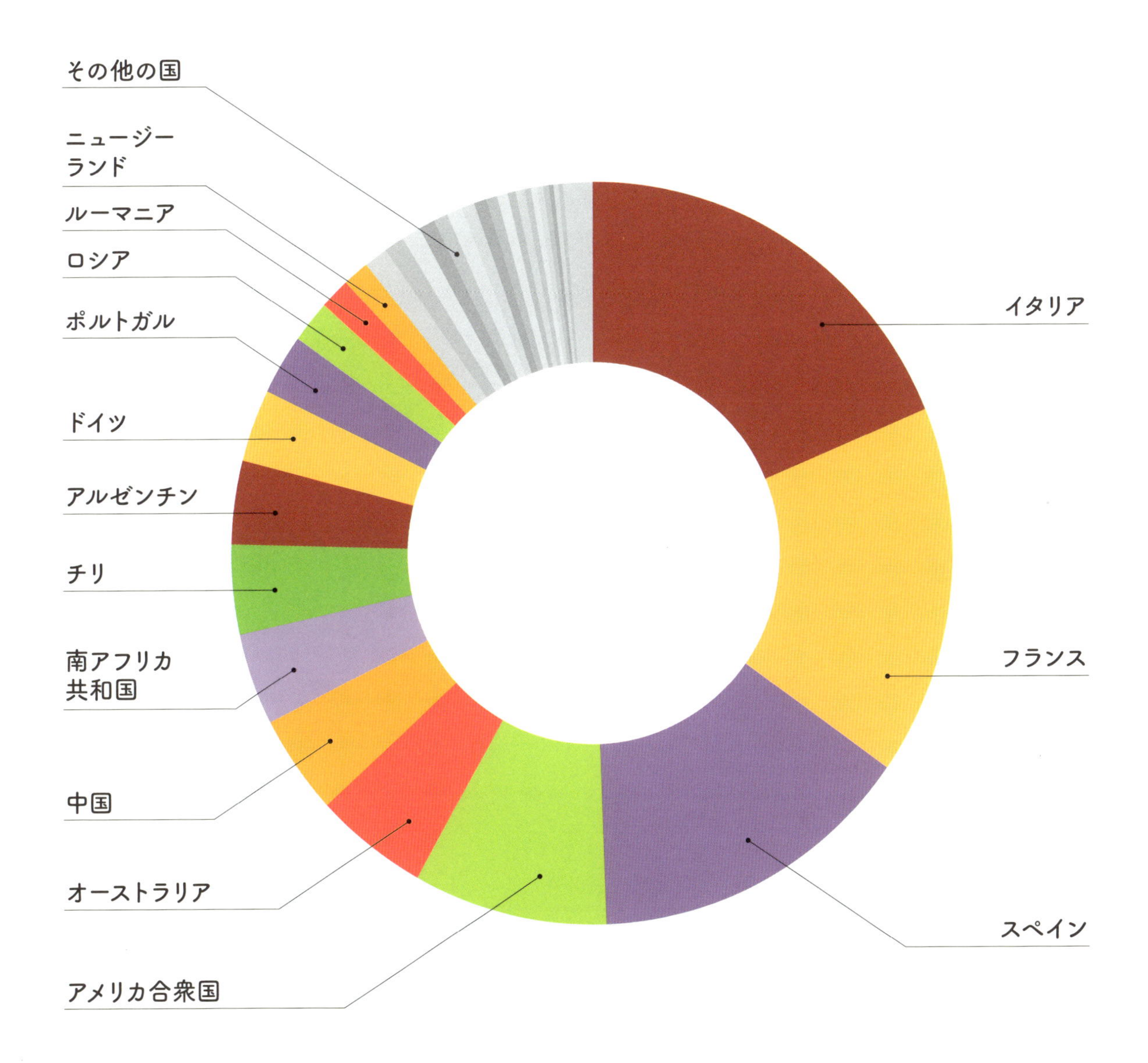

※順位はOIV(2016年)データより

Qui fera du vin demain?

未来の
ワイン産地

世界のワイン産地分布図は変化し続けており、地球温暖化は一部の産地にとって最悪の脅威となっている。アメリカの南オレゴン大学の気候学者であるグレゴリー・ジョーンズ教授による最近の調査で、この*50*年間で、ブドウ栽培に適する地帯が両極側に約*180km*も移動したことが確認されている。アイスランドでロゼワインができる日が来るのだろうか？　ブルゴーニュ地方はピノ・ノワールを断念してシラーを受け入れるようになるのか？　今後の変動を見守る必要がある。

Les cépages du monde

世界の
ブドウ品種

品種は固有の特性を備えたブドウ樹の種のことである。他の植物と同じように、それぞれの品種に、そのポテンシャルを十分に発揮することのできる相性の良いテロワールが存在する。同じ品種でも、イタリアのトスカーナ地方とチリでは、ワインの特徴が異なる。ブドウ品種は6,000種あることが確認されているが、約20品種で世界のワインのほとんどを占めている。

Merlot メルロ

267,000 ha（総栽培面積）

一緒にブレンドされることの多いカベルネ・ソーヴィニヨンよりも柔らかな味わいで、フルーティーな赤ワインと驚くべきロゼワインを生む。早熟であるため、地球温暖化の影響を最も受けている品種の1つである。

代表的な栽培地

1. フランス
2. イタリア
3. アメリカ合衆国
4. スペイン
5. ルーマニア

Pinot Noir ピノ・ノワール

86,000 ha (総栽培面積)

黒ブドウ品種のなかで最も爽やかで清々しい。気まぐれで繊細な面もあるが、このブルゴーニュの王はニューワールドを代表する生産国を魅了している。

代表的な栽培地

1. フランス
2. アメリカ合衆国
3. モルドバ
4. イタリア
5. ニュージーランド

Sauvignon Blanc

ソーヴィニヨン・ブラン

110,000 ha (総栽培面積)

寒くも暑くもない温和な気候を好む。長い間、サンセールやペサック・レオニャンの看板的な存在であったが、ニュージーランドで最も栽培されている品種となっている。弟子が師を追い抜く日が来るだろうか?

代表的な栽培地

1. フランス
2. ニュージーランド
3. チリ
4. 南アフリカ共和国
5. モルドバ

Chardonnay シャルドネ

198,000 ha（総栽培面積）

「シャンパーニュ地方とブルゴーニュ地方を席巻している白ブドウ品種」といえば、このシャルドネである。樽熟成にも耐えるストラクチャーを持ち、素晴らしい長熟のポテンシャルを秘めている。

代表的な栽培地

1. フランス
2. アメリカ合衆国
3. オーストラリア
4. イタリア
5. チリ

Grenache グルナッシュ

184,000 ha（総栽培面積）

その名を聞くだけで、齧り付きたくなるジューシーな品種。地中海地方の太陽のもとでその魅力を開花させ、果実味豊かなワインに変身する。

代表的な栽培地

1. フランス
2. スペイン
3. イタリア
4. アルジェリア
5. アメリカ合衆国

Cabernet Sauvignon

カベルネ・ソーヴィニヨン

290,000 ha（総栽培面積）

世界で最も栽培されている品種。ボルドーからチリまで、その豊かなタンニンから、長期熟成型の赤ワインが生まれる。その魅力を申し分なく開花させるためには、数年〜数十年間待たなければならない。

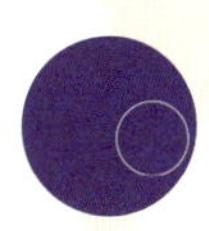

代表的な栽培地

1. フランス
2. チリ
3. アメリカ合衆国
4. オーストラリア
5. スペイン

Riesling リースリング

50,000 ha（総栽培面積）

地質を映し出す鏡ともいえる、育ったテロワールの個性を見事に体現する品種である。アルザス地方やドイツでは、村ごとに特徴の異なるリースリングワインができるといっても過言ではないだろう！　筋の通ったミネラル感が際立つ。

代表的な栽培地

1. ドイツ
2. アメリカ合衆国
3. オーストラリア
4. フランス
5. ウクライナ

Syrah シラー

185,000 ha（総栽培面積）

フルーティーで力強いワインを生むローヌ地方で名声を確立した後、シラーズという名でオーストラリアの花形となった。

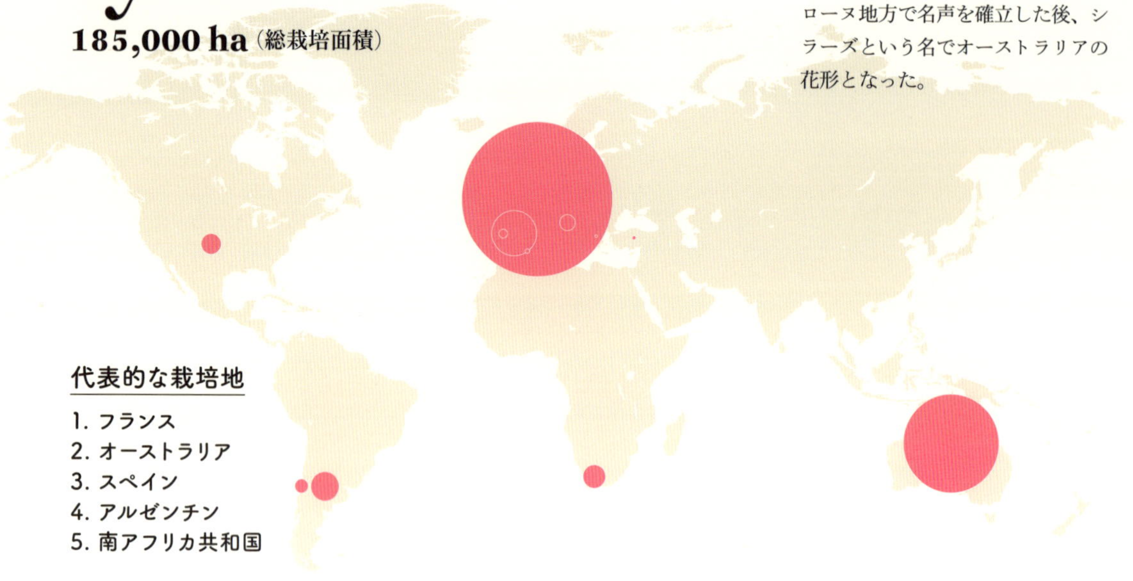

代表的な栽培地

1. フランス
2. オーストラリア
3. スペイン
4. アルゼンチン
5. 南アフリカ共和国

Chenin Blanc

シュナン・ブラン

35,000 ha（総栽培面積）

代表的な品種のなかでも特に控えめな品種が、名を知られるようになった！ ロワール地方原産の品種が南アフリカのスターとなった。発泡性ワインの醸造に適した酸味を備えている。

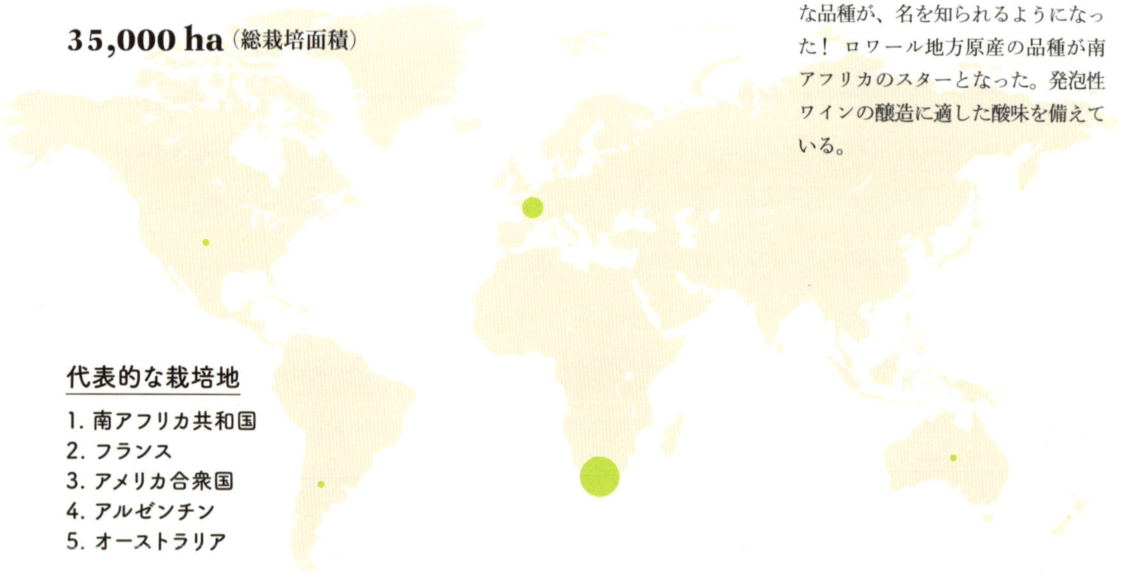

代表的な栽培地

1. 南アフリカ共和国
2. フランス
3. アメリカ合衆国
4. アルゼンチン
5. オーストラリア

世界の品種別栽培面積（ha）

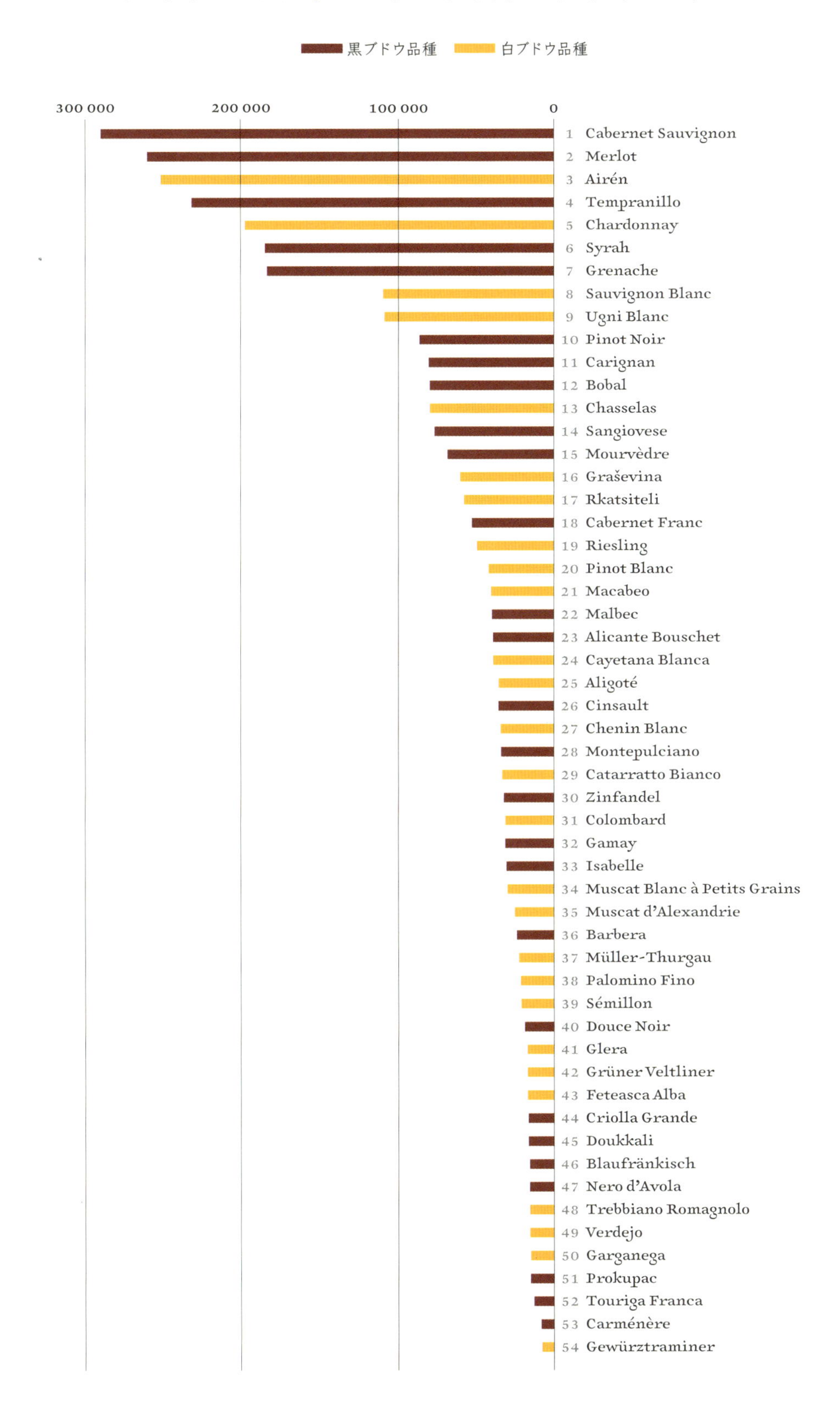

Les arômes des cépages

品種由来の
アロマ

ワインの魂である品種は、土壌、気候、造り手の影響を受けて、
独特なブーケを開花させる。だが、それぞれの品種に由来する、
そのアイデンティティーを形成するアロマが存在する。

マークの説明

各品種が好む気候

温暖な気候

冷涼な気候

温和な気候

prune プラム
poivre blanc 白胡椒
cerise チェリー
chocolat チョコレート
アグリアニコ
Aglianico
agrumes 柑橘類
amande アーモンド
pomme verte 青リンゴ
アイレン
Airén
prune プラム
cerise noire ブラックチェリー
cassis カシス
épices 香辛料
バルベーラ
Barbera
fruits exotiques トロピカルフルーツ
citron レモン
abricot アプリコット
poire 洋梨、pêche 桃
アルバリーニョ
Albariño
citron レモン
pomme リンゴ
acacia アカシア
noisette ヘーゼルナッツ
アリゴテ
Aligoté
cerise チェリー
sous-bois 森の下草
épices 香辛料
toast トースト
ブラウフレンキッシュ
Blaufränkisch
fruits jaunes 黄色い果実
fruits secs ナッツ
agrumes 柑橘類
オーセロワ
Auxerrois
cerise チェリー
prune プラム
cèdre 杉、cassis カシス
champignon キノコ
ボナルダ
Bonarda
framboise フランボワーズ
poivron vert 緑ピーマン
violette スミレ
poivre 胡椒
prune プラム
カベルネ・フラン
Cabernet Franc
pomme リンゴ、poire 洋梨
vanille バニラ
noisette ヘーゼルナッツ
toast トースト
シャルドネ
Chardonnay
cassis カシス
poivron vert 緑ピーマン
cèdre 杉、menthe ミント
réglisse 甘草
カベルネ・ソーヴィニヨン
Cabernet Sauvignon
amande アーモンド
noisette ヘーゼルナッツ
tilleul 菩提樹、acacia アカシア
pierre à fusil 火打石
シャスラ
Chasselas
abricot アプリコット
cannelle シナモン
coing マルメロ
brioche ブリオッシュ
tilleul 菩提樹
シュナン・ブラン
Chenin Blanc
framboise フランボワーズ
épices 香辛料
laurier ローリエ
cuir なめし革
カリニャン
Carignan
fenouil ウイキョウ
pomme リンゴ、tilleul 菩提樹
abricot アプリコット
pêche 桃
クレレット
Clairette
Fruits noirs 黒い果実
menthe ミント
réglisse 甘草
sous-bois 森の下草
カルメネール
Carménère

grenade ザクロ
framboise フランボワーズ
rose バラ、orange オレンジ
pêche 桃
サンソー
Cinsault
citron vert ライム
pamplemousse グレープフルーツ
fleurs blanches 白い花
buis つげ
コロンバール
Colombard
fruits rouges ベリー類
épices 香辛料
gibier ジビエ(野禽野獣類)
verni マニキュア様
コンコード
Concord
pamplemousse グレープフルーツ
citron レモン
fleurs blanches 白い花
フォル・ブランシュ
またはグロ・プラン
Folle Blanche ou Gros Plant
agrumes 柑橘類
cannelle シナモン
poire 洋梨
épices 香辛料
フルミント
Furmint
cerise チェリー
poivre vert 緑胡椒
cannelle シナモン
amande アーモンド
コルヴィーナ
Corvina
litchi ライチ
épices 香辛料、rose バラ
ananas パイナップル
violette スミレ
ゲヴュルツトラミネール
Gewürztraminer
framboise フランボワーズ
violette スミレ
café コーヒー
chocolat チョコレート
ドルチェット
Dolcetto
fraise イチゴ、groseille すぐり
cerise チェリー
épices 香辛料
ガメ
Gamay
fleurs blanches 白い花
pomme リンゴ
poire 洋梨
グレラ
Glera
garrigue ガリーグ(南仏の野生ハーブ)
poivre 胡椒、réglisse 甘草
cerise noire ブラックチェリー
laurier ローリエ
グルナッシュ
Grenache
pêche 桃
fenouil フェンネル
anis アニス、aneth ディル
グルナッシュ・ブラン
Grenache Blanc
pomme リンゴ、poire 洋梨
fruits exotiques トロピカルフルーツ
poivre blanc 白胡椒
silex シレックス
(火打石の一種)
グリューナー・ヴェルトリーナー
Grüner Veltliner
cerise チェリー、cacao カカオ
cassis カシス
cuir なめし革
épices 香辛料
マルベック
Malbec
fruits mûrs 完熟した果実
anis アニス
fenouil フェンネル
マカベウ
Macabeu
cerise チェリー、cacao カカオ
grenade ザクロ
réglisse 甘草
vanille バニラ
メンシア
Mencía

prune プラム、épices 香辛料
mûre マルベリー
fraise イチゴ
violette スミレ
メルロ
Merlot
abricot アプリコット
noisette ヘーゼルナッツ
fleurs 花
miel 蜂蜜
マルヴォワジー
Malvoisie
cassis カシス
mûre マルベリー
cerise noire ブラックチェリー
girofle クローブ
violette スミレ
モンドゥーズ
Mondeuse
fleurs blanches 白い花
acacia アカシア
tilleul 菩提樹
amande アーモンド
マルサンヌ
Marsanne
abricot アプリコット
zeste d'orange オレンジピール
coing マルメロ、miel 蜂蜜
fruit de la passion
パッションフルーツ
マンサン(プティ／グロ)
Manseng
prune プラム、origan オレガノ
mûre マルベリー
épices 香辛料
モンテプルチアーノ
Montepulciano
citron レモン
pamplemousse グレープフルーツ
pomme リンゴ
coquillage 貝
ムロン・ド・
ブルゴーニュ
Melon de Bourgogne
cassis カシス、mûre マルベリー
olive noire 黒オリーブ
truffe トリュフ
garrigue ガリーグ
(南仏の野生ハーブ)
ムールヴェードル
またはモナストレル
Mourvèdre ou Monastrell
fraise イチゴ、cerise チェリー
cacao カカオ
rose バラ
truffe トリュフ
ネッビオーロ
Nebbiolo
fleurs 花
muscade ナツメグ
citron レモン
abricot アプリコット
ミュラー・トゥルガウ
Müller-Thurgau
violette スミレ、pivoine 芍薬
fraise イチゴ
framboise フランボワーズ
pruneau プルーン
ネグレット
Négrette
acacia アカシア
chèvrefeuille すいかずら
pêche 桃
abricot アプリコット
raisin ブドウ
ミュスカデル
Muscadelle
orange オレンジ、pêche 桃
vanille バニラ
jasmin ジャスミン
caramel キャラメル
ミュスカ
Muscat
cerise noire ブラックチェリー
pruneau プルーン
mûre マルベリー
herbes séchées
ドライハーブ
ネグロアマーロ
Negroamaro
datte ナツメヤシ、café コーヒー
figue イチジク
chocolat noir
ブラックチョコレート
ペドロ・ヒメネス
Pedro Ximénez
cerise チェリー
prune プラム、poivre 胡椒
réglisse 甘草
tabac タバコ
ネーロ・ダヴォラ
Nero d'Avola

cassis カシス
mûre マルベリー、poivre 胡椒
violette スミレ
réglisse 甘草
プティ・ヴェルド
Petit Verdot
pamplemousse グレープフルーツ
citron レモン、vanille バニラ
rhubarbe ルバーブ
rose バラ
プティ・タルヴィーヌ
Petite Arvine
framboise フランボワーズ
poivron vert 緑ピーマン
poivre 胡椒
amande アーモンド
ピノー・ドニス
Pineau d'Aunis
agrumes 柑橘類
fleurs blanches 白い花
pomme リンゴ、pêche 桃
amande アーモンド
ピノ・ブラン
Pinot Blanc
agrumes 柑橘類、pomme リンゴ
abricot アプリコット
amande アーモンド
miel 蜂蜜
ピノ・グリ
Pinot Gris
reine-claude レーヌ・クロード
pomme リンゴ
fruits secs ナッツ
ピノ・ムニエ
Pinot Meunier
citron レモン
pamplemousse グレープフルーツ
aubépine 西洋さんざし
tilleul 菩提樹
ピクプール
Piquepoul
cerise チェリー、poivre 胡椒
cassis カシス
champignon キノコ
pruneau プルーン
ピノ・ノワール
Pinot Noir
prune プラム、mûre マルベリー
réglisse 甘草
tabac タバコ
bacon ベーコン
ピノタージュ
Pinotage
pamplemousse グレープフルーツ
citron レモン
silex シレックス(火打石の一種)
ananas パイナップル
cannelle シナモン
リースリング
Riesling
sous-bois 森の下草
épices 香辛料
cuir なめし革
fourrure 毛皮
プルサール
Poulsard
pêche 桃、pomme リンゴ
ananas パイナップル
noisette ヘーゼルナッツ
ルカツィテリ
Rkatsiteli
abricot アプリコット
coing マルメロ、pomme リンゴ
tilleul 菩提樹
miel 蜂蜜
ルーサンヌ
Roussanne
cassis カシス
framboise フランボワーズ
cerise チェリー
violette スミレ
プロクパッツ
Prokupac
pamplemousse グレープフルーツ
herbe coupée 刈りたての牧草
silex シレックス(火打石の一種)
amande アーモンド
citron レモン
ソーヴィニヨン・ブラン
Sauvignon Blanc
framboise フランボワーズ
fraise イチゴ、cuir なめし革
figue イチジク
violette スミレ
サンジョヴェーゼ
Sangiovese

cassis カシス
poivre 胡椒、mûre マルベリー
violette スミレ
cacao カカオ
シラー
またはシラーズ
Syrah ou Shiraz
noix くるみ、pomme verte 青りんご
café コーヒー
curry カレー粉
cannelle シナモン
サヴァニャン・ブラン
Savagnin Blanc
mûre マルベリー、réglisse 甘草
sous-bois 森の下草
cassis カシス
myrtille ビルベリー
タナ
Tannat
citron レモン、miel 蜂蜜
figue イチジク
noix くるみ
abricot アプリコット
セミヨン
Sémillon
citron レモン、melon メロン
iode ヨード
amande アーモンド
トレッビアーノ・ディ・ソアーヴェ
Trebbiano di Soave
cerise チェリー、prune プラム
tomate トマト
réglisse 甘草
tabac タバコ
テンプラニーリョ
Tempranillo
fleurs blanches 白い花、miel 蜂蜜
herbe coupée 刈りたての牧草
amande アーモンド
agrumes 柑橘類
シルヴァネーナー
Sylvaner
framboise フランボワーズ
prune プラム、cassis カシス
violette スミレ
menthe ミント
トゥリガ・ナシオナル
Touriga Nacional
fraise イチゴ、cerise チェリー
sous-bois 森の下草
poivre 胡椒
note fumée スモーク
トゥルソー
Trousseau
citron レモン、pêche 桃
fleurs blanches 白い花
rose バラ
トロンテス
Torrontés
framboise フランボワーズ
cassis カシス、poivre 胡椒
cerise noire ブラックチェリー
cannelle シナモン
ジンファンデル
またはプリミティーヴォ
Zinfandel ou Primitivo
agrumes 柑橘類
coing マルメロ
résine de pin 松脂
ユニ・ブラン
またはトレッビアーノ・トスカーノ
Ugni Blanc ou Trebbiano Toscano
fruits exotiques トロピカルフルーツ
agrumes 柑橘類、pêche 桃
chèvrefeuille すいかずら
abricot アプリコット
ベルデホ
Verdejo
cerise チェリー
cannelle シナモン
violette スミレ
épices 香辛料
ツヴァイゲルト
Zweigelt
citron レモン、pêche 桃
anis アニス
aubépine 西洋さんざし
tilleul 菩提樹
ヴェルメンティーノ
またはロール
Vermentino ou Rolle
zeste d'orange オレンジピール
abricot アプリコット、miel 蜂蜜
pêche blanche 白桃
acacia アカシア
ヴィオニエ
Viognier

Index

掲載国名索引

〈ア〉

〈カ〉

〈サ〉

〈タ〉

〈ナ〉

〈ハ〉

〈マ〉

〈ラ〉

Bibliographie

参考文献

〈原書参考文献〉 ※和訳のある書籍のみ併記しています

ROBINSON, Jancis, *The Oxford Companion to Wine*, Oxford, Oxford University Press, vol. IV, 2015

ANDERSON, Kym, *Which Winegrape Varieties are Grown Where?*, Adélaïde, University of Adelaide Press, 2013

ORHON, Jacques, *Les Vins du Nouveau Monde*, Montréal, Les Éditions de l'Homme, vol. I & II, 2009

PHILPOTT, Don, *The World of Wine and Food*, Lanham, Maryland, Rowman & Littlefield 2017

BELL, Bibiane & DOROZYNSKI, Alexandre, *Le Livre du Vin*, Paris, Éditions des Deux Coqs d'Or, 1968

NOCHEZ, Henri & BLANCHARD, Guy, *La Loire - Un fleuve de vins*, Roanne, Thoba's Editions, 2006

JOHNSON, Hugh, *Une Histoire Mondiale du Vin*, Hachette, 2012
(『ワイン物語』(上・中・下) 2008年 平凡社 著：ヒュー・ジョンソン 訳：小林章夫)

〈原書参考サイト〉

http://www.suddefrance-developpement.com/fr/fiches-pays.html

http://www.oiv.int/fr/

https://www.wine-searcher.com

http://www.winesofbalkans.com

https://italianwinecentral.com/

〈翻訳版参考書籍〉

『最新 世界大地図』 2017年 小学館(小学館クリエイティブ編)

『世界のワイン図鑑 The World Atlas of Wine 7th Edition』 2014年 ガイアブックス
著：ヒュー・ジョンソン、ジャンシス・ロビンソン 監修：山本 博 翻訳：腰高信子、寺尾佐樹子、藤沢邦子、安田まり

『受験のプロに教わる ソムリエ試験対策講座 ワイン地図帳付き〈2018年度版〉』 2018年 リトル・モア 著：杉山明日香

〈著者〉
ジュール・ゴベール=テュルパン *Jules Gaubert-Turpin*

ワイン、ガストロノミー、文化遺産を紹介する地図とガイドブックの作成に特化した広告会社、「Atelier Plum（アトリエ・プリュム）」（現在「Ces Gens-là（セ・ジョン-ラ）」に社名変更）を2013年に設立。2014年に『ボルドーワイン地図』を発行して以来、4冊のワインガイドブック（4か国語）、92のワイン産地を掲載した地図を作成している。本書ではライターとして概説の執筆を担当している。

〈地図デザイン〉
アドリアン・グラント・スミス・ビアンキ *Adrian Grant Smith-Bianchi*

グラフィックデザイナー。ジュールと共同で「Atelier Plum（アトリエ・プリュム）」（現在「Ces Gens-là（セ・ジョン-ラ）」に社名変更）を設立。同社が発行する出版物のデザインを担当。本書でも地図のデザインを手掛けている。

〈訳者〉
河 清美

広島県尾道市生まれ。東京外国語大学フランス語学科卒。翻訳家、ライター。共著書に『フランスAOCワイン事典』（三省堂）、主な訳書に『ワインは楽しい！』『コーヒーは楽しい！』『ウイスキーは楽しい！』『美しいフランス菓子の教科書』（小社刊）などがある。

ワインの世界地図

2018年11月27日　初版第1刷発行

著者　ジュール・ゴベール=テュルパン
地図　アドリアン・グラント・スミス・ビアンキ
訳　河 清美
装丁・DTP　小松洋子
校正　株式会社 鷗来堂
制作進行　関田理恵

発行人　三芳寛要
発行元　株式会社パイ インターナショナル
〒170-0005 東京都豊島区南大塚2-32-4
tel 03-3944-3981　fax 03-5395-4830
sales@pie.co.jp

印刷・製本　株式会社 シナノ

ISBN978-4-7562-5046-9 C0077
Printed in Japan